普通高等学校网络工程专业教材

计算机网络基础与实训教程

（第2版·微课版）

黄 源 舒 蕾 吴文明 主 编

谢 扬 陈和洲 杨瑞峰 副主编

U0384668

清华大学出版社

北 京

内 容 简 介

本书系统地介绍计算机网络的基本概念和技术应用,将理论与实践操作相结合,通过大量案例帮助读者快速学习计算机网络的相关技术。全书共9章,包括计算机网络概述、计算机网络通信基础、计算机网络体系结构与 IP 协议、局域网基础、广域网技术、IP 路由技术、因特网基础与应用、计算机网络安全与应用以及常见网络故障排除等内容。

本书适合高等学校计算机相关专业学生使用,也可供广大网络爱好者自学参考。

图书在版编目(CIP)数据

计算机网络基础与实训教程:微课版/黄源,舒蕾,吴文明主编. —2 版. —北京:清华大学出版社,2023.6(2024.9重印)

普通高等学校网络工程专业教材

ISBN 978-7-302-63651-9

Ⅰ.①计…　Ⅱ.①黄…②舒…③吴…　Ⅲ.①计算机网络—高等学校—教材　Ⅳ.①TP393

中国国家版本馆 CIP 数据核字(2023)第 091804 号

责任编辑:张　玥
封面设计:常雪影
责任校对:徐俊伟
责任印制:宋　林

出版发行:清华大学出版社
　　　　网　　　址:https://www.tup.com.cn, https://www.wqxuetang.com
　　　　地　　　址:北京清华大学学研大厦 A 座　　　　　　邮　　编:100084
　　　　社 总 机:010-83470000　　　　　　　　　　　　　邮　　购:010-62786544
　　　　投稿与读者服务:010-62776969,c-service@tup.tsinghua.edu.cn
　　　　质量反馈:010-62772015,zhiliang@tup.tsinghua.edu.cn
　　　　课件下载:https://www.tup.com.cn,010-83470236
印 装 者:三河市君旺印务有限公司
经　　销:全国新华书店
开　　本:185mm×260mm　　　　印　张:17　　　　字　　数:414 千字
版　　次:2019 年 5 月第 1 版　　2023 年 6 月第 2 版　　印　次:2024 年 9 月第 2 次印刷
定　　价:59.50 元

产品编号:101954-01

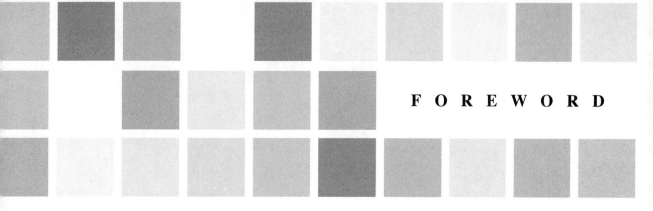

FOREWORD

第 2 版前言

计算机网络是计算机技术和网络通信技术相结合的产物。目前,计算机网络在全球的飞速发展已经对人们的生活方式和学习方式产生了深刻的影响。

本书第 1 版自 2019 年出版以来,被国内多所院校选为教材,深受师生好评,教学成果显著。第 2 版在第 1 版的基础上新增了最新的网络技术,使得本书内容能够紧跟计算机网络的发展潮流。

本书以理论与实践操作相结合的方式深入讲解计算机网络基本知识和基本技术,在内容设计上,既有可供教师在课堂上讲授的理论与典型案例,又有可供学生在课后动手练习的大量实习实训题目。二者结合,极大地激发了学生的学习积极性与创造性,让学生在课堂上跟上教师的思维,从而学到更多有用的知识和技能。

本书共 9 章,包括计算机网络概述、计算机网络通信基础、计算机网络体系结构与 IP 协议、局域网基础、广域网技术、IP 路由技术、因特网基础与应用、计算机网络安全与应用以及常见网络故障排除等内容。

本书特色如下:

(1) 采用理论、实践一体化的教学方式,既有需要教师讲述的理论内容,又有需要学生独立思考、上机操作的内容。

(2) 有丰富的教学案例,并配有教学课件、习题答案等多种教学资源。

(3) 紧跟时代潮流,注重技术变化。书中包含了最新的大数据和云计算知识。

(4) 编写本书的教师都具有丰富的教学经验,本书重点、难点突出,能够激发学生的学习热情。

本书可作为高等学校计算机科学与技术专业、软件工程、数据科学与大数据技术专业、信息管理与信息系统专业、网络工程专业、电子商务专业的教材,也可作为计算机网络爱好者的参考书。

本书建议学时为 50 学时,具体分布如下表所示:

F O R E W O R D

章　　节	建 议 学 时
计算机网络概述	4
计算机网络通信基础	8
计算机网络体系结构与 IP 协议	8
局域网基础	6
广域网技术	4
IP 路由技术	8
因特网基础与应用	4
计算机网络安全与应用	4
常见网络故障排除	4

　　本书由重庆航天职业技术学院黄源、舒蕾、吴文明任主编,谢扬、陈和洲、杨瑞峰任副主编。其中黄源编写了第 1 章、第 2 章、第 7 章和第 8 章,舒蕾编写了第 4 章、第 6 章,吴文明编写了第 5 章;谢扬、陈和洲共同编写了第 3 章,杨瑞峰编写了第 9 章。徐受蓉教授对书中部分内容进行了审阅。全书由黄源负责统稿工作。

　　编者在编写本书过程中参阅了大量的相关资料,在此向有关作者表示感谢!

　　由于编者水平有限,书中难免出现疏漏之处,衷心希望广大读者批评指正。

编　者

2023 年 2 月于重庆

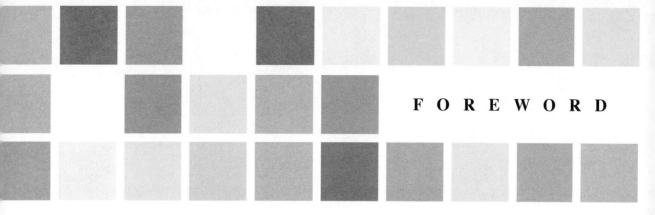

FOREWORD

第 1 版前言

计算机网络是计算机技术和网络通信技术相结合的产物。目前,计算机网络在全球的飞速发展已经对人们的生活方式和学习方式产生了深刻的影响。

本书以理论与实践操作相结合的方式深入讲解计算机网络基本知识和基本技术,在内容设计上,既有可供教师在课堂上讲授的理论与典型案例,又有可供学生在课后动手练习的大量实习实训题目。二者结合,极大地激发了学生的学习积极性与创造性,让学生在课堂上跟上教师的思维,从而学到更多有用的知识和技能。

本书共 8 章,主要包括计算机网络概述、计算机网络通信基础、计算机网络体系结构与 IP 协议、局域网基础、广域网技术、因特网基础与应用、计算机网络安全与应用以及常见网络故障排除等内容。

本书特色如下:

(1)采用理论、实践一体化的教学方式,既有需要教师讲述的理论内容,又有需要学生独立思考、上机操作的内容。

(2)有丰富的教学案例,并配有教学课件、习题答案等多种教学资源。

(3)紧跟时代潮流,注重技术变化。书中包含了最新的大数据和云计算知识。

(4)参加本书编写的教师都具有丰富的教学经验,本书重点、难点突出,能够激发学生的学习热情。

本书可作为高职高专院校计算机应用技术专业、计算机云计算专业、信息管理专业、计算机网络专业、电子商务专业的教材,也可作为计算机网络爱好者的参考书。

本书由重庆航天职业技术学院黄源、舒蕾、吴文明主编,陈和洲、叶婧靖、王军川副主编。其中黄源编写了第 1 章、第 6 章和第 8 章,舒蕾编写了第 4 章,吴文明编写了第 5 章,陈和洲编写了第 3 章,叶婧靖和黄源共同编写了第 2 章,王军川编写了第 7 章。徐受蓉教授对书中部分内容进行了审阅。全书由黄源负责统稿工作。

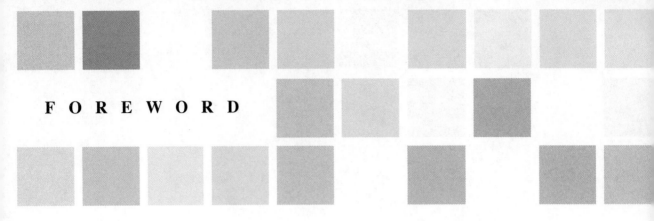

F O R E W O R D

    本书是校企合作共同编写的成果。在编写过程中,编者得到了北京神州数码云科信息技术有限公司重庆办事处刘佩经理的大力支持,编者在此表示感谢。本书得到了重庆市高等教育教学改革项目基金的支持,项目编号183225。

    编者在编写本书过程中参阅了大量的相关资料,在此向有关作者表示感谢!

    由于编者水平有限,书中难免出现疏漏之处,衷心希望广大读者批评指正。

编　者

2019 年 1 月于重庆

C O N T E N T S

目 录

CONTENTS

CONTENTS

C O N T E N T S

CONTENTS

CONTENTS

CONTENTS

CONTENTS

第 1 章 计算机网络概述

本章学习目标
- 了解计算机网络的定义。
- 了解计算机网络的产生与发展。
- 了解计算机网络的分类。
- 掌握计算机网络的拓扑结构。
- 了解计算机网络的最新技术。

本章先介绍计算机网络的定义,再介绍计算机网络的产生与发展及计算机网络的分类,接着介绍计算机网络的拓扑结构,最后介绍计算机网络的最新技术。

1.1 计算机网络的概念

扫一扫

1.1.1 计算机网络的定义

计算机网络是利用各种通信介质,以传输协议为基准,将分布在不同地理位置的计算机系统或计算机终端连接起来,以实现资源共享的网络系统。计算机网络有一套复杂的体系结构,是计算机技术和通信技术的完美结合。计算机网络推动人类文明进入新的发展阶段。

从上述定义可以看出,计算机网络主要具有以下 3 个特点:

(1)计算机网络中的计算机各种终端具有独立的功能。"独立的功能"是指接入网中的每一台设备都有自己的软件与硬件系统,并能独立地执行一系列指令操作。电信系统中的电话系统就不具有这一特点。

(2)计算机网络中的计算机应当分布在不同的位置。"分布在不同的位置"是指接入网中的计算机及各种终端应当是开放的,不受地理位置的限制,即使设备相距很远,也可以互相通信。在一个封闭的环境中的计算机组成的系统不能叫作计算机网络。

(3)计算机网络中的各种计算机及终端的工作应当基于网络通信协议。"基于网络通信协议"是指接入网中的每一台计算机或者终端都应当遵守网络通信协议,如 TCP/IP。网络通信协议可以同时支持软件系统和硬件系统。如果一台计算机没有安装网络通信协议,则不能算是真正接入了网络。

1.1.2 计算机网络的功能

计算机网络的功能十分丰富,一般认为网络具有数据通信、资源共享以及分布处理这 3 个主要的功能。

1. 数据通信

组建计算机网络的最初目的就是让分布在不同地理位置的计算机实现相互通信,因此在计算机网络中不但可以传输文本信息,还可以传输图形、语音、视频等各种信息。利用计算机网络的通信功能,可以在互联网上实现远程通信、远程教育、远程医疗、远程娱乐、视频会议、金融交易等各种应用。图 1-1 显示了互联网中的远程视频会议的场景。

图 1-1　互联网中的远程视频会议场景

2. 资源共享

互相连接在一起的计算机及各种终端设备可以通过网络来共享所有的资源,包括硬件资源、软件资源和信息资源,这也是计算机网络的主要功能之一。

一般认为计算机网络具有以下特点。

(1) 计算机网络中的硬件资源主要包含各种不同类型的硬件设备,如服务器、打印机、存储器、绘图仪、无线网卡等。

(2) 计算机网络中的软件资源主要包含网络操作系统、网络应用软件、网络数据库等。

(3) 互联网是一个开放的系统,接入其中的每一台计算机都可以共享网络中的公开的信息资源。用户可以通过浏览器或使用各种软件在网络中搜索到需要的数字化资源,并可下载至本地使用。

图 1-2 显示了使用百度搜索网络资源的结果。

3. 分布处理

随着网络技术的发展,分布处理技术也越来越受到重视,人们通过网络将一件较大的工作分配给网络中的多台计算机去共同完成。将大型项目分解以后,可以提高工作效率,节约大量时间。图 1-3 为分布式云计算的示意图。

1.1.3　计算机网络的组成

一个完整的计算机网络系统主要由硬件系统和软件系统两大部分组成。其中,硬件系统是计算机网络组成的基础,而软件系统则在硬件系统的基础上为计算机网络及其使用者提供各种服务。

1. 硬件系统

计算机网络的硬件系统主要由服务器、工作站与终端设备以及网络连接设备组成。

(1) 服务器。也称伺服器,是提供计算服务的设备,是网络中的核心设备。服务器依据提供的服务类型不同分为文件服务器、数据库服务器、应用程序服务器、Web 服务器等。

(2) 工作站与终端设备。终端设备是在网络中数量大、分布广的设备。一般认为一台

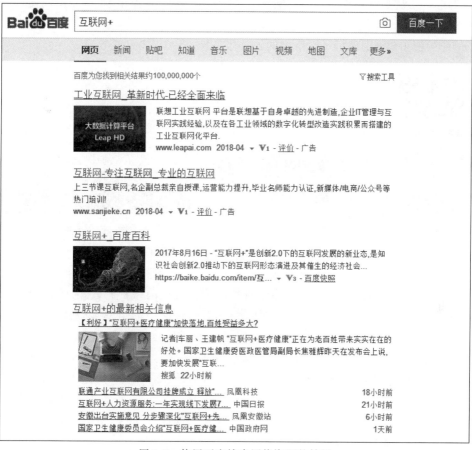

图 1-2　使用百度搜索网络资源的结果

图 1-3　分布式云计算的示意图

典型的终端设备和 PC 相似,唯一不同的是终端没有 CPU 和存储器。在局域网中,大量存在的终端设备是工作站,它是一种高端的通用微型计算机(简称微机)。

(3) 网络连接设备。用来实现在网络中的各类计算机之间、局域网之间以及局域网与广域网的连接。除了实现网络连接功能外,它还可以实现信号转换、信号放大以及路由选择等多种功能。常见的网络连接设备有集线器、中继器、交换机、路由器、调制解调器、网卡、网关、网桥、防火墙等。

图 1-4～图 1-6 分别显示了网络中的硬件服务器、终端设备和交换机。

图 1-4　硬件服务器

图 1-5　终端设备

图 1-6　交换机

2. 软件系统

计算机网络中的软件系统一方面用于管理和调控各种网络资源,另一方面也用于给用户提供服务和管理。计算机网络中的软件系统一般包含网络操作系统、网络通信协议和网络应用软件等。

(1) 网络操作系统。是网络的心脏和灵魂,是向网络计算机提供服务的特殊的操作系统。它主要负责整个网络的软硬件资源的管理及网络任务的调度。通过安装并使用网络操作系统,能够让用户与系统之间的交互作用达到最佳。常见的网络操作系统有 Windows NT、Windows 2000 Server、Windows Server 2008、UNIX、Linux、NetWare 等。图 1-7 为 Windows Server 2012 操作系统的标识。

图 1-7　Windows Server 2012 的标识

(2) 网络通信协议。是实现计算机之间相互连通并进行正确的数据传输的一组标准,它告诉计算机如何正确地通信。网络通信协议是计算机网络工作的基础。从构成上看,网络通信协议主要由 3 个要素组成:语义、语法和时序。语义是控制信息每个部分的意义,它规定了需要发出何种控制信息,以及完成哪些动作与做出什么样的响应。语法是用户数据与控制信息的结构与格式以及数据出现的顺序。时序是对事件发生顺序的详细说明。常见的网络通信协议有 TCP/IP、IPX/SPX 协议、NetBEUI 协议等。图 1-8 显示了 TCP/IP 架构。

(3) 网络应用软件。是基于互联网的应用而开发的软件,它能解决用户在网络中遇到的一些实际问题,如互联网销售系统、互联网远程传输软件、浏览器、网络电话、网络游戏平台、网络下载程序、Web 开发程序等。图 1-9 为 QQ 浏览器的标识。

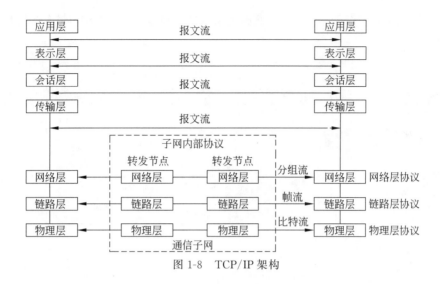

图 1-8 TCP/IP 架构

图 1-9 QQ 浏览器的标识

1.1.4 计算机网络的应用

计算机网络的应用极其广泛,可应用于当今社会的各个行业和领域,包括政治、军事、经济、科学、教育、医疗以及人们的日常生活等诸多方面,为人们的生活、学习和工作提供便利。一般认为,计算机网络在经济社会中的应用领域主要包含以下几个方面。

(1) 军事与工业中的应用。计算机网络最初的设计就是针对军事与工业而提出的。因此,随着计算机网络的不断发展,网络中最尖端的技术总是首先应用于军事和工业领域,如电子侦察卫星、气象卫星、情报卫星、海洋工程技术、智能机器人系统、无人机等。

(2) 商业应用。计算机网络在商业中的应用是以互联网为依托,通过构建无数的大大小小的局域网和广域网,使商业社会中的企业和公司实现资源共享。例如工厂可以通过网络使产品的设计、生产、销售、维护实现全面的信息化管理;医院可通过网络实现现代医疗的快速化和精准化;银行可通过网络实现全球化的货币管理;企业可通过网络实现全球化的金融贸易活动;公司可通过网络实现高效的运作和远程办公。

(3) 个人学习与生活应用。计算机网络对社会中个人的学习与生活也产生了极大的影响:电子邮件、微博、QQ 通信、网络社区、在线视频点播、网上学习、微信、在线支付、网上电视、网络购物……无数人类活动都以计算机网络作为背景。今天,计算机网络已经走进人们的生活和学习当中,并深深地改变了人们的生活方式和思维方式。图 1-10 为在携程上购买飞机票的界面。

图 1-10　在携程上购买飞机票的界面

1.2　计算机网络的产生与发展

1.2.1　计算机网络的产生

世界上最早的计算机——ENIAC 诞生于 1946 年的美国。自此以后,人们逐渐使用计算机来进行信息处理。20 世纪 60 年代以后,为了将分散在不同地理位置的信息点连接起来,以更好地应对战争的需要,美国国防部开始研究计算机网络。最早的网络叫作ARPAnet,中文叫作阿帕网,它也是互联网的始祖。ARPAnet 采用包交换机制来连接不同的主机。它的研究与应用奠定了因特网存在和发展的基础,较好地解决了异种机网络互联的一系列理论和技术问题。1983 年,美国国防部高级研究计划署和美国国防部通信局研制成功了用于异构网络的 TCP/IP,美国国家科学基金会(national science foundation,NSF)建立了 NSFNet。NSF 在全美建立了按地区划分的计算机广域网,并将这些地区网络和超级计算机中心互联起来。NSFNet 于 1990 年 6 月彻底取代了 ARPAnet 而成为因特网的主干网。如今,NSFNet 已成为因特网的重要骨干网之一。

ARPAnet 是一个较为原始的计算机网络。它虽然传输速度较慢,但具备了网络的基本形态和功能,因此 ARPAnet 的诞生通常被认为是网络传播的"创世纪"。它是一个成功的系统,为今后的计算机网络发展打下了坚实的基础。

1.2.2　计算机网络的发展

1. 面向终端的计算机网络

面向终端的计算机网络是将地理位置分散的多个终端设备用通信线路连接到一台大型主机上,它解决了早期在计算机资源匮乏情况下的资源共享问题。图 1-11 显示了面向终端的计算机网络的连接模式。

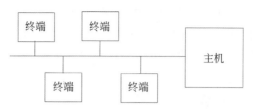

图 1-11　面向终端的计算机网络的连接模式

在面向终端的计算机网络系统中,大型主机是核心,既要承担数据处理任务,又要承担大部分的数据通信任务。而终端则分布在各地,通过通信线路与主机连接,形成简单的网络系统。

面向终端的计算机网络分为两种模式:具有通信功能的单机系统和具有通信功能的多机系统。

该种网络的优点是终端设备简单易用,易操作;缺点是主机负载较重,且系统不稳定,网络可靠性较低。

2. 计算机—计算机网络

计算机—计算机网络出现在 20 世纪 60 年代末到 70 年代初,它是由多台计算机相互连接在一起构成的系统,是伴随着计算机硬件的飞速发展而产生的。当时全球经济快速发展,为了满足大量终端设备协同工作的需求,计算机—计算机网络应运而生。它在面向终端的计算机网络系统中加入了大量的网络存储设备与转发设备,使得计算机与计算机之间能够互联互通。在该网络中,用户不仅可以使用本地的计算机软硬件资源,也可以使用网络中的其他计算机资源,以达到资源共享的目的。计算机—计算机网络也是现代局域网模型的始祖。图 1-12 显示了计算机—计算机网络的连接模式。

图 1-12　计算机—计算机网络的连接模式

常见的校园网络就是典型的计算机—计算机网络,它通过把学校里所有的计算机连接到一起实现信息与资源共享,同时也实现了学校内部网络与外部网络互通。

3. 基于协议的计算机网络

进入 20 世纪 70 年代,随着网络技术的快速发展,接入网络的用户越来越多。如何制定一个统一的互联网标准成为人们关心的头等大事。1977 年,国际标准化组织(international organization for standardization,ISO)为满足网络标准化发展的需要,在广泛研究各大制造厂商的网络体系结构的基础上开始着手制定开放互联的统一互联网标准。其后规划和通过了开放系统互联参考模型(open system interconnection reference model,OSI/RM),简称 OSI 模型。OSI 模型规定了互联的计算机系统之间的统一通信协议,即遵循 OSI 协议的网络产品都是国际认可的开放标准。OSI 模型的制定开创了一个统一的网络体系架构,使计算机网络的发展迈入了一个新时代。

基于协议的计算机网络以 OSI 模型为基础,它规范了网络体系结构模型和各大厂商的网络产品。从此以后,网络厂商按照统一的标准在市场上展开激烈竞争。今天人们使用的服务器产品有可能是 IBM 公司的,也有可能是联想公司的,还有可能是华为公司的或微软公司的。

4. 基于互联网的计算机网络

进入 20 世纪 90 年代后,随着计算机技术和通信技术的快速发展,全球出现了不计其数的计算机网络,它们大小不一,结构各异。为了将这些不同的网络互联在一起,因特网(Internet)诞生了。因特网是全球网络一体化的典型代表,它的特点是开放、互联、互通、高效与普及。

接入因特网,可以让地球上任意位置的用户都能享受互联网带来的便利。特别是在 1994 年以后,因特网逐渐进入商业化发展时期,全世界各个国家纷纷接入因特网,使得人类社会正式步入信息化时代。

截至 2021 年底,全球上网人口达到 49 亿,占全球总人数的 63%。我国网民规模达到了 10.32 亿人,较 2020 年 12 月新增 4296 万人,互联网普及率为 73%。图 1-13 显示了 2017—2021 年中国网民规模和互联网普及率的变化。

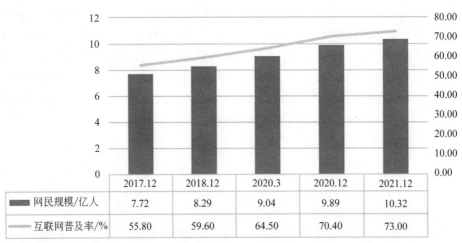

	2017.12	2018.12	2020.3	2020.12	2021.12
■ 网民规模/亿人	7.72	8.29	9.04	9.89	10.32
▬ 互联网普及率/%	55.80	59.60	64.50	70.40	73.00

图 1-13　中国网民规模和互联网普及率的变化

5. 基于移动网络的计算机网络

基于移动网络的计算机网络的特点是接入因特网的设备更加多元化,除了计算机,手机和平板计算机等移动端设备成为人们上网的主要方式。基于移动网络的计算机网络对网络带宽要求更高,更加贴近人们的生活需求,使用也更加便捷。此外,其网络智能化程度更高,网络对于移动设备的支持更好。图 1-14 显示了中国手机网民规模的变化。

扫一扫

1.3　计算机网络的分类

计算机网络的分类方式多种多样,按照不同的标准可以有不同的划分。

图 1-14　中国手机网民规模的变化

1.3.1　按照覆盖范围划分

按照网络覆盖的地理范围,可以把计算机网络分为局域网、城域网和广域网 3 种。

1. 局域网

局域网是一种在小范围内实施的计算机网络,它的地理覆盖范围一般为几十米到几十千米,如一个工厂、一个单位内部、一个学校的校园、一个住宅小区等,都可以看作一个局域网。与城域网和广域网相比,局域网组建简单,设备安装方便,且后期维护较容易。此外,在局域网内部数据传输较快,一般为 $10\sim100\mathrm{Mb/s}$,甚至可达 $1000\mathrm{Mb/s}$。

2. 城域网

城域网是中等规模的计算机网络,它的地理覆盖范围一般为几十千米到几百千米,如一个城市或一个地区等,都可以看作一个城域网。与局域网相比,城域网的组建复杂,功能齐全。

3. 广域网

广域网是一种综合型的计算机网络,它的地理覆盖范围一般为几百米到几百千米,甚至更大。如一个地区、一个国家或者几个大洲等,都可以看作一个广域网。与局域网和城域网相比,广域网组建十分复杂,设备众多,且数据传输率较低,网络传输不稳定。通过广域网能够实现大范围的数据传输,如国际性的因特网就是全球最大的广域网。

1.3.2　按照传输技术划分

按照网络传输技术,可以把计算机网络分为广播网络和点对点网络两种。

1. 广播网络

广播网络仅有一条通信信道,在网络中的所有计算机都共享这一条公共的通信信道。当某台计算机发送数据(分组)时,在这个网络中的其他计算机也会收到这个分组,并且将自己的地址与网络中的分组地址进行比较,如果一致,则接收,否则丢弃。

2. 点对点网络

点对点(peer-to-peer,P2P)网络又叫作对等互联网络。P2P 是一种网络新技术。在

P2P网络中,每条物理线路都连接两台计算机。如果在这两台计算机之间没有可直接连接的通路,那么则由中间节点进行存储和转发。因此,在点对点网络中,如何选择合适的路径显得尤为重要。是否采用路由转发机制是区分广播网络和点对点网络的显著区别。

1.4 计算机网络的拓扑结构

计算机网络的物理连接方式叫作网络的拓扑结构。常见的网络拓扑结构有总线、环形、星形、树状、网状等。

1. 总线

总线拓扑结构采用单个总线进行通信,它是一种共享传输信道的物理结构。在总线型网络中,所有的节点都通过对应的硬件接口直接连接到传输的总线上,在一个网段中,所有节点共享总线资源。图1-15显示了总线拓扑结构。

总线拓扑结构的优点是网络结构简单,易于扩充新的节点;缺点是网络故障诊断困难,网络性能较差,共享总线有可能会成为网络传输带宽的瓶颈。

2. 环形

在环形拓扑结构中,节点形成了一个闭合的环。在环路上,信息从一个节点单向传输到另一个节点,传输路径固定,传输频率固定。图1-16显示了环形拓扑结构。

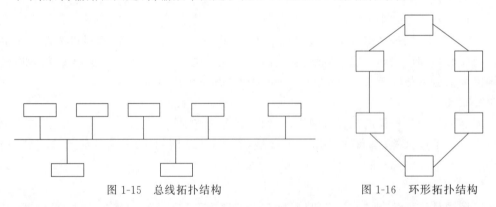

图1-15 总线拓扑结构   图1-16 环形拓扑结构

在环形拓扑结构中,每一个节点都可以接收信号或发送信号,信息在每一台设备上的延时是固定的,因此这种结构较适用于早期的局域网。

环形拓扑结构的优点是安装方便,结构简单,在局域网中无须选择路径,容易运行;缺点是可靠性较差,如果环中的某一节点出现故障,会导致整个网络无法正常运行。此外,环形网络一旦出现故障,需要对所有节点逐一进行检测,维护费用较高。

3. 星形

星形拓扑结构是以中央节点为中心连接而成的网络结构,它由中央节点和外围的若干节点连接而成。星形拓扑结构采取中央集中式的管理策略,建成后能以较高的传输率在连通的两个节点之间传输数据。星形拓扑结构广泛应用于大型局域网中。图1-17显示了星形拓扑结构。

星形拓扑结构的优点是安装方便,结构较简单,维护较容易,费用较低。它通常以集线器或交换机作为中央节点,因此中央节点的运行对于整个网络来讲至关重要。星形拓扑结构的缺点是网络太依赖于中央节点的正常运作,中央节点一旦出现任何问题,都将导致整个网络陷入瘫痪。

4. 树状

树状拓扑结构如图 1-18 所示,它像一棵倒立的树,树根在上,树枝在下。树状网络中可以包含无限多的分支,每个分支又可以包含多个节点。与总线和星形拓扑结构相比,树状拓扑结构更复杂,但是更容易分层管理。目前,较大的局域网中常使用树状拓扑结构,可以较轻松地扩展网络的分支节点。

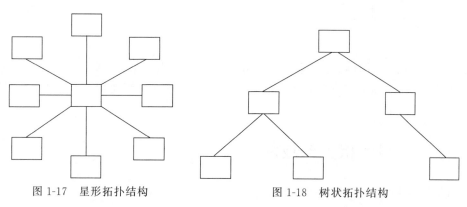

图 1-17　星形拓扑结构　　　　　　　　图 1-18　树状拓扑结构

树状拓扑结构的优点是易于扩展和维护。由于该网络可以延伸出很多分支和子分支,因而容易在网络中加入新的分支或新的节点。此外,如果在网络中出现故障,也可以比较容易地将故障部位与整个系统隔离开。树状拓扑结构的缺点与星形拓扑结构类似,若根节点出现故障,也会引起全网不能正常工作。

5. 网状

网状拓扑结构节点之间的连接是任意的、没有限制的,有一条或者多条线路可以连接彼此。因此网状拓扑结构中路径的选择是复杂的,必须借助网络协议中的路由选择算法来规划一条最合适的路径。图 1-19 显示了网状拓扑结构。

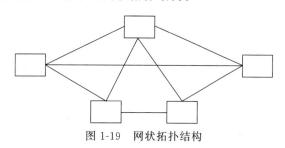

图 1-19　网状拓扑结构

网状拓扑结构的优点是系统可靠性高,极少出现网络瘫痪的现象。缺点是系统实施较复杂,成本高,布线困难。目前网状拓扑结构一般用于大型网络系统和公共网络通信网,中小型局域网则较少采用。

6. 混合型

混合型拓扑结构一般由以上两种或者多种拓扑结构混合而成。它可以综合多种网络拓扑结构的优点,并根据实际需要设计而成。目前常见的混合拓扑结构有两种:一种是星形拓扑结构和环形拓扑结构混合而成的星—环拓扑结构;另一种是星形拓扑结构和总线拓扑结构混合而成的星—总拓扑结构。图 1-20 显示了混合型拓扑结构。

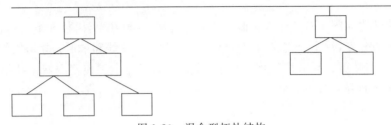

图 1-20 混合型拓扑结构

混合型拓扑结构的优点是故障诊断和隔离较为方便,易于扩展,速度较快。缺点是网络建设成本比较高,依赖于共享总线或者中心节点。目前建设的智能网络常采用混合型拓扑结构。

1.5 计算机网络相关新技术

1.5.1 物联网技术

1. 物联网技术的概念

物联网的概念是 1999 年由美国麻省理工学院教授凯文·阿什顿提出的。物联网最初的定义是:通过射频识别(radio frequency indentification,RFID)、红外感应器、全球定位系统、激光扫描器、气体感应器等信息传感设备,按约定的协议,把各种物品与互联网连接起来,进行信息交换和通信,以实现智能化识别、定位、跟踪、监控和管理的一种网络。简而言之,物联网就是物物相连的互联网。广义上说,当下涉及的信息技术的应用都可以纳入物联网的范畴。因此人们也认为,物联网是计算机网络技术的延伸和新的应用方向。

2. 物联网技术的特点及分类

物联网是一个基于互联网的信息承载体,它将网络技术、计算机技术与电子技术完美地结合,实现了让各种物品与互联网可靠连接与通信,其目的是实现物与物、物与人、物与网的连接,方便对物品的识别、管理和控制。

物联网的主要特点如下。

(1)它广泛应用了各种感知技术,包括温湿度传感器、二维码标签、RFID 标签和读写器、摄像头、红外线、GPS 等感知终端。

(2)它是一种建立在互联网上的泛在网络(即无所不在的网络)。物联网技术的重要基础和核心仍旧是互联网,通过各种有线和无线网络与互联网融合,将物体的信息实时、准确地传递出去。网络层是物联网的中枢,负责传递和处理感知层获取的信息。

(3)物联网不仅提供了传感器的连接,其本身也具有智能处理的能力,能够对物体实施智能控制。

(4)物联网的核心是对数据的分析与优化,它通过对海量数据的分析,做出最优决策,为工业化和信息化提供足够多的帮助。

物联网通常分为以下几种。

（1）私有物联网：一般面向单一机构提供服务。

（2）公有物联网：基于互联网向公众或大规模用户群体提供服务。

（3）社区物联网：向一个关联的社区或机构群体(如一个城市政府部门下属机构)提供服务。

（4）混合物联网：是上述两种或多种物联网的组合,但后台有统一的运维实体。

3. 物联网技术的应用

物联网的应用领域十分广泛,覆盖了产品服务、智能家居、智慧城市、智慧校园、交通物流、环境保护、公共安全、智能消防、智能电网、智能工业监测、个人健康、农业种植等领域。

1.5.2　大数据技术

1. 大数据的概念

大数据又称为巨量资料,指需要采用新的处理模式才能实现更强的决策力、洞察力和流程优化能力的海量、高增长率和多样化的信息资产。"大数据"的概念最早是由维克托·迈尔·舍恩伯格和肯尼斯·库克耶在《大数据时代》一书中提出的。大数据的真正含义在于对庞大的数据信息的专业化处理,因此大数据与计算机网络、云平台以及分布式处理密切相关。

2. 大数据的特点

大数据的特征主要包含以下几点。

（1）海量性。指大数据的规模,目前大数据的规模仍是一个不断变化的指标,单一数据集的规模范围从太字节(TB)级到拍字节(PB)级不等。简而言之,存储 1PB 数据需要两万台配备 50GB 硬盘的 PC。此外,各种意想不到的来源都能产生数据。

（2）多样性。这主要是由于新型多结构数据以及网络日志、社交媒体、互联网搜索、手机通话记录及传感器网络等产生的数据大量出现而形成的。

（3）高速性。高速描述的是数据被创建和移动的速度。在移动网络快速发展的时代,人们对数据的实时关注度持续升温。大数据的高速性要求对数据具有时间上的敏感性和精确的分析性,即能够根据数据做出正确的判断。

（4）价值性。指合理利用大数据以低成本创造更高的价值。

3. 大数据的应用

现代社会在高速发展,通过分析并合理地利用大数据,可以提高各行各业的办事效率。例如,利用大数据可以进行城市交通规划,可以预测犯罪的发生,可以精确地预测天气变化,可以预测和提高疾病的治愈率,可以有效降低金融业的风险等。

1.5.3　云计算技术

1. 云计算的概念

云计算是继 20 世纪 80 年代从大型计算机到客户—服务器体系结构的大转变之后的又一巨变。它是基于互联网的一种高级的服务模式,用户通过访问网络可以获得一系列服务。云计算的定义较多,现阶段广为接受的是美国国家标准与技术研究院(NIST)的定义:云计算是一种按使用量付费的模式,这种模式提供可用的、便捷的、按需的网络访问,进入可配置的计算资源共享池(资源包括网络、服务器、存储、应用软件、服务),这些资源能够被快速提供,只需投入很少的管理工作,或与服务供应商进行很少的交互。

2. 云计算的特点

云计算使计算分布在大量的分布式计算机上,而非本地计算机或远程服务器中。利用云计算,企业数据中心的运行将与互联网更相似。这使得企业能够将资源切换到需要的应用上,根据需求访问计算机和存储系统。云计算的特点如下。

(1)规模大。云具有相当的规模。Google云计算已经拥有100多万台服务器,亚马逊、IBM、微软、雅虎等公司的云均拥有几十万台服务器。企业私有云一般拥有数百台或上千台服务器。云能赋予用户前所未有的计算能力。

(2)可靠性高。云使用了数据多副本容错、计算节点同构可互换等措施来保障服务的高可靠性,使用云计算比使用本地计算机可靠。

(3)虚拟化。云计算支持用户在任意位置、使用各种终端获取应用服务。用户无须了解,也不用担心应用运行的具体位置。只需要一台笔记本计算机或者一部手机,就可以通过网络服务来实现用户需要的一切。

(4)通用性和扩展性强。云计算不针对特定的应用,云可以同时支撑无数的应用,可以通过动态地伸缩云的规模来满足不断增长的用户端需求。

(5)潜在的危险性。目前,云计算服务垄断在私有机构或企业手中,而它们仅仅能够提供商业信用。一旦商业用户大规模使用私有机构提供的云计算服务,则这些私有机构就有可能以数据的重要性为筹码挟制整个社会。在大力发展云计算、云服务的同时,需要考虑到在云计算中数据的潜在危险,这对于社会和个人都是至关重要的。

3. 云计算的应用

云计算的应用十分广泛,主要包含以下几个方面。

(1)云服务。是一种更广泛的服务方式,它是基于互联网的相关服务的存储、使用和交互模式。云服务指通过网络以按需、易扩展的方式获得服务。这种服务可以与IT、软件、互联网相关,也可以是其他服务。它将用户的数据存储在服务器提供的云端,以带给用户更好的服务。

(2)云安全。它通过网状的大量客户端对网络中软件行为的异常进行监测,获取互联网中木马、恶意程序的最新信息,推送到服务器端进行自动分析和处理,再把病毒和木马的解决方案分发到每一个客户端。

(3)云存储。是指将本地的数据存储在网络中,以便永久使用。

(4)云游戏。是以云计算为基础的游戏方式。在云游戏的运行模式下,所有游戏都在服务器端运行;在客户端,用户的游戏设备不需要任何高端处理器和显卡。云游戏是未来网络游戏的发展方向。

(5)云教育。是指基于云计算商业模式应用的教育平台服务。在云平台上,所有的教育机构、培训机构、管理机构等都集中整合成资源池,其中各个资源相互展示和互动,按需交流,从而降低教育成本,提高效率。

1.5.4 5G 网络

1. 5G 的概念

5G 是第五代移动通信技术（5th generation wireless systems）的简称，是最新一代蜂窝移动通信技术。5G 最大的应用之一是大规模设备通信，例如自动驾驶汽车、元宇宙硬件、游戏虚拟现实（virtual reality，VR）和智能工厂。

与 4G 相比，5G 网络是高度集成的，是一种范式的转换。5G 网络的新范式包括具有海量带宽的极高载波频率、顶级基站、高密度设备，以及前所未有的天线数量。根据国际电信联盟无线电通信局的标准，5G 的目标场景为增强移动宽带、超高可靠、超低时延通信、大规模物联网，其中包括移动互联网、工业互联网和汽车互联网以及其他具体场景。此外，5G 还将提供跨多技术网络的融合网络通信，以及与卫星、蜂窝网络、云、数据中心和家庭网关合作的开放通信系统。

2. 5G 的特点

5G 的特点较多，主要包含以下几点。

（1）高速度。4G 最重要的特征莫过于具有更快的无线通信速度。相对于 4G，5G 要解决的第一个问题就是提高速度的问题。只有网络速度大幅度提升，用户的体验与感受才会有较大提高。在传统互联网和 3G 时代，受到网络速度影响，流量是非常珍贵的资源，所有的社交软件都是访问机制，就是用户必须上网才能收到数据。而在 4G 时代，网络速度提高，带宽不再是极为珍贵的资源了，社交应用就变成了推送机制，所有的信息都可以推送到人们的手机上，这样的改变让用户体验实现了巨大转变。在 5G 时代，网速大大提升，也必然对相关业务产生巨大影响，它不仅让传统的视频业务有更好的体验，也催生大量的市场机会与运营机制。例如，5G 的上传速度达到 100Mb/s，网络贴片技术还可以保证某些用户不受拥堵的影响，直播的效果更好。在此背景下，每一个用户都可能成为一个直播电视台。同时，5G 的高速度还支持远程医疗、远程教育等从概念转向实际应用。

（2）泛在网。随着业务的发展，网络业务需要无所不包，广泛存在，这样才能支持更加丰富的业务，在复杂的场景中使用。泛在网有两个层面的含义。一是广泛覆盖，一是纵深覆盖。广泛是指人们社会生活的各个地方，需要广覆盖，以前高山峡谷就不一定需要网络覆盖，因为生活的人很少，但是如果 5G 能覆盖，就可以大量部署传感器，进行环境、空气质量甚至地貌变化、地震的监测，这就非常有价值。5G 可以为更多这类应用提供网络。纵深是指人们生活中虽然已经有网络部署，但是需要进入更高品质的深度覆盖。卫生间的网络质量不是太好，地下停车库基本没信号。5G 可以覆盖以前网络品质不好的卫生间、地下停车库。

（3）低功耗。5G 要支持大规模物联网应用，就必须有功耗的要求。这些年，可穿戴产品有一定发展，但是遇到很多瓶颈，最大的瓶颈是体验较差。以智能手表为例，每天充电，甚至不到一天就需要充电。所有物联网产品都需要通信与能源，虽然今天通信可以通过多种手段实现，但是能源的供应只能靠电池。若通信过程消耗大量的能量，就很难让物联网产品被用户广泛接受。低功耗主要采用两种技术手段实现，分别是美国高通等主导的 eMTC 和

15

华为主导的 NB-IoT。eMTC(enhance machine type communication)基于 LTE 协议演进而来,为了更加适合物与物之间的通信,也为了成本更低,该技术对 LTE 协议进行了裁剪和优化。eMTC 基于蜂窝网络部署,其用户设备通过支持 1.4MHz 的射频和基带带宽,可以直接接入现有的 LTE 网络。eMTC 支持上下行最大 1Mb/s 的峰值速率。NB-IoT(narrow band internet of things)的构建基于蜂窝网络,只消耗大约 180KHz 的带宽,可直接部署于 GSM 网络、UMTS 网络或 LTE 网络,以降低部署成本,实现平滑升级。NB-IoT 是一种基于蜂窝的窄带物联网技术,也是低功耗广域物联(LPWA)的最佳连接技术,NB-IoT 提供了完整的 OpenCPU(以模块作为主处理器的应用方式)解决方案,可为客户节省表计应用中的外部 MCU、晶体器件的成本。NB-IoT 承载着智慧家庭、智慧出行、智慧城市等智能世界的基础连接任务,广泛应用于智能表计、智慧停车、智慧路灯、智慧农业、白色家电等方面,是 5G 时代下的基础连接技术之一。NB-IoT 和 eMTC 面向了 5G 的海量连接(mMTC)场景,是走向 5G 物联网的基础。

(4) 低时延。5G 的一个新场景是无人驾驶、工业自动化的高可靠连接。人与人之间进行信息交流,140ms 的时延是可以接受的。但是如果这个时延用于无人驾驶、工业自动化,就令人无法接受。5G 对于时延的最低要求是 1ms,甚至更低,这就对网络提出严格的要求,而 5G 是这些新领域应用的必然要求。低时延还有一个重要的应用领域——工业控制。该领域对于时延要求最高,如对一台高速度运转的数控机床发出停机命令,如果不及时送达该信息,就无法保证生产的零件是高精密的。低时延就是信息送达后,机床马上做出反应,这样才能保证精密度。

1.5.5 人工智能

1. 人工智能的概念

人工智能(artificial intelligence,AI)是研究、开发用于模拟、延伸和扩展人的智能的理论、方法、技术及应用系统的一门新的技术科学。人工智能涉及计算机科学、心理学、哲学和语言学等学科,几乎涵盖了自然科学和社会科学所有学科,其范围已远远超出了计算机科学的范畴。

目前,在一些专门领域,人工智能的博弈、识别、控制、预测甚至超过人脑的能力,比如人脸识别技术。人工智能技术正在引发链式突破,推动经济社会从数字化、网络化向智能化加速跃进。

2. 人工智能的特征

人工智能的特征主要包含以下几点。

(1) 以大数据为基础。人工智能是建立在数据之上的技术。人工智能发展的高度取决于数据为其提供的大量知识和丰富的经验,即通过在各个领域巨大的数据库中进行采集、加工、处理、分析和挖掘;在有丰富数据的基础上,通过人工智能算法形成有价值的信息和知识模型,为人类提供服务。

(2) 以硬件为桥梁。人工智能是智能化机器,是智能物体与人类智慧的融合。人工智能系统能够借助传感器等硬件对外界环境进行感知。具体而言,使用人工智能作为现实与虚拟的接口,可实现人类与机器、人类与人类之间的共同协作。

（3）具备学习与推理能力。人工智能是人类赋予机器一些思维的特质,比如逻辑上的判断、推理、决策过程。人类通过把机器进行程式化设计的方法,将人类逻辑思维的过程用结构化的方法分解成一连串的数据运行步骤。这样能够使机器具备一些聪明的特性,帮助人类解决和处理一些只有思维和智力能够解决的问题。

1.6　本章小结

计算机网络是利用各种通信介质,以传输协议为基准,将分布在不同地理位置的计算机系统或计算机终端连接起来,以实现资源共享的网络系统。

计算机网络的功能十分丰富,主要具有数据通信、资源共享以及分布处理这 3 个主要的功能。

一个完整的计算机网络系统主要由硬件系统和软件系统两大部分组成。其中,硬件系统是计算机网络组成的基础,而软件系统则在硬件系统的基础上为计算机网络及其使用者提供了各种服务。

计算机网络的前身是 ARPAnet。如今在因特网的连接下,全球形成了一个庞大的互联网络。

计算机网络的分类方式多种多样。按照网络覆盖的地理范围,可以分为局域网、城域网和广域网 3 种;按照网络传输技术,可以分为广播网络和点对点网络两种。

计算机网络的物理连接方式叫作网络的拓扑结构。常见的网络拓扑结构有总线、环形、星形、树状、网状等。

与计算机网络相关的新技术主要包括物联网技术、大数据技术、云计算技术、5G 网络、人工智能等。

1.7　实训

1. 实训目的

了解各种计算机网络拓扑结构的特点,能使用 Visio 2010 绘制不同的网络结构。

2. 实训内容

Microsoft Visio 作为一款专业的绘图软件,可以绘制网络图、结构图、工程图、流程图等。可在网上下载该软件并运行。下面简要介绍其用法。

（1）打开 Visio 2010,其主界面如图 1-21 所示。

（2）选择"详细网络图",进入详细网络图绘制界面,如图 1-22 所示。

（3）在左侧的"形状"中,选择合适的网络形状并添加到右侧绘图区中,如图 1-23 所示。主要形状包括超级计算机、连接线、交换机、服务器、防火墙、路由器等。

（4）为图中的形状添加文字,如图 1-24 所示。

（5）可设置文字的大小和其他效果,如图 1-25 所示。

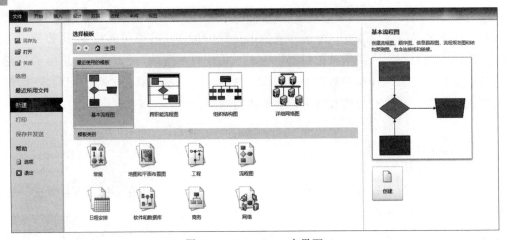

图 1-21　Visio 2010 主界面

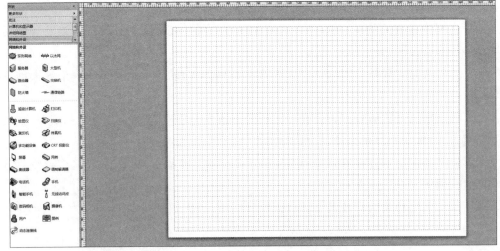

图 1-22　详细网络图绘制界面

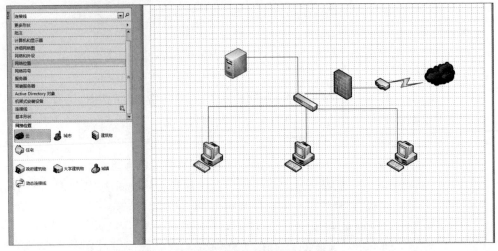

图 1-23　绘制网络拓扑结构图

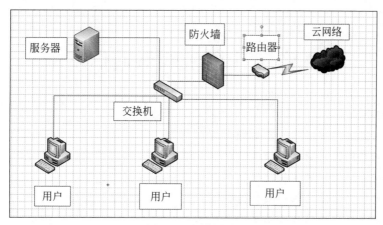

图 1-24　添加文字

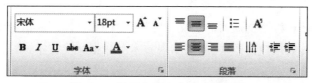

图 1-25　设置文字大小和其他效果

习题 1

1. 计算机网络的定义是什么？
2. 简述计算机网络的发展。
3. 简述计算机网络的组成。
4. 简述计算机网络的分类。
5. 局域网有哪些特点？
6. 星形拓扑结构有哪些特点？
7. 什么是物联网？它有什么特点？

第 2 章　计算机网络通信基础

本章学习目标

- 了解计算机网络通信的基本概念。
- 了解计算机网络通信的模型。
- 了解计算机网络通信的技术指标。
- 了解计算机网络通信的数据传输方式。
- 掌握计算机网络的数据编码实现技术。
- 了解计算机网络通信的数据交换技术。
- 了解计算机网络的差错控制原理。

本章首先介绍计算机网络通信的定义,然后介绍计算机网络通信的模型和技术指标,接着介绍计算机网络的数据传输方式、编码实现技术和数据交换技术,最后介绍计算机网络的差错控制原理。

2.1　数据通信的基本概念

2.1.1　信息、数据与信号

1. 信息

通信的目的是交换信息。一般认为信息是人们对现实世界事物存在方式或运动状态的某种认识。信息的载体可以是数值、文字、图形、声音、图像以及动画等。任何事物的存在都伴随着相应信息的存在,信息不仅能够反映事物的特征、运动和行为,还能够借助媒体传播和扩散。这里把"事物发出的消息、情报、数据、指令、信号等当中包含的意义"定义为信息,在一切通信和控制系统中,信息是一种普遍联系的形式。20 世纪 40 年代,信息学的奠基人香农给出了信息的定义:信息是人们在适应外部世界并使这种适应反作用于外部世界的过程中同外部世界进行互相交换的内容和名称。

2. 数据

数据是把事件的某些属性规范化后的表现形式,可以被识别,也可以被描述。数据可分为模拟数据和数字数据两种。模拟数据在时间和幅度上都是连续的,其取值随时间连续变化。数字数据在时间上是离散的,在幅值上是经过量化的,一般是由二进制代码 0、1 组成的数字序列。

3. 信号

信号是数据的具体物理表现,是信息(数据)的一种电磁编码,具有确定的物理描述。信号中包含了要传递的信息。信号一般为自变量,以表示信息(数据)的某个参量为因变量。信息一般是用数据来表示的,而表示信息的数据通常要转换为信号进行传递。

2.1.2 模拟信号与数字信号

信号可分为模拟信号和数字信号,分别用不同的波形图来描述。

1. 模拟信号

模拟信号是指幅度和频率连续变化的信号。在模拟线路上,模拟信号是通过电流和电压的变化进行传输的。

图 2-1 显示了模拟信号。

2. 数字信号

数字信号是指离散的信号,如计算机所使用的由 0 和 1 组成的信号。数字信号在通信线路上传输时要借助电信号的状态来表示二进制代码的值。

图 2-2 显示了数字信号。

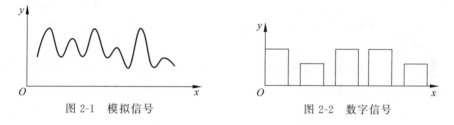

图 2-1 模拟信号   图 2-2 数字信号

2.1.3 数据通信模型

数据通信系统可以用一个基本模型来描述,如图 2-3 所示。产生和发送信息的一端叫信源,接收信息的一端叫信宿。信源与信宿通过信道进行连接,信道包括传输介质和通信设备。信道可以按不同的方法分类,常见的分类如下。

(1)有线信道和无线信道。

(2)物理信道和逻辑信道。

(3)数字信道和模拟信道。

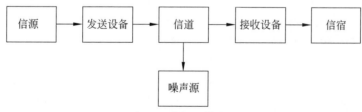

图 2-3 数据通信模型

从图 2-3 可以看出,信号在信道上传输时,由于在实际的通信中存在噪声的干扰,因此信号有可能出现错误(如衰减等)。在数据通信中,为了保证数据在信源和信宿之间正确地传输和交换,可以采用差错控制或者编码调制等技术来实现。

2.1.4 数据通信技术指标

数据通信的任务是传输数据信息,要求传输速度快、信息量大、可靠性高。数据通信中涉及的主要技术指标有传输速率、误码率、信道容量和信道带宽等。

1. 传输速率

传输速率是指传输线路传输信息的速度,有数据传输速率和信号传输速率两种表示方法。

(1)数据传输速率。又称比特率,指单位时间内所传送的二进制位的个数,单位为 b/s(位每秒)。

(2)信号传输速率。又称波特率或调制速率,指单位时间内所传送的信号的个数,单位为 baud(波特)。

2. 误码率

误码率是衡量在规定时间内数据传输精确性的指标。误码率=(传输中的误码数/传输的总码数)×100%。也有的人将误码率定义为误码出现的频率。

误码产生的原因是信号在传输中的衰减改变了信号的电压,致使信号在传输中遭到破坏。例如噪声、交流电或闪电造成的脉冲、传输设备故障及其他因素都会导致误码。

3. 信道容量

信道容量是指一个信道每秒能传送的最大信息量,单位是 b/s。它是信道的一个参数,反映了信道能传输的最大信息量,其大小与信源无关。

4. 信道带宽

信道带宽是指信道中传输的信号在不失真的情况下所占用的频率范围,单位为 Hz。

2.2 数据传输方式

2.2.1 通信方式

扫一扫

通信方式是指通信双方的信息交互方式。在设计一个通信系统时,需要考虑使用何种通信方式。一般常见的通信方式有单工通信、半双工通信和全双工通信。

1. 单工通信

在单工模式(simplex mode)下,通信是单方向的,两台设备只有一台能够发送,另一台只能接收。图 2-4 显示了单工通信。

例如,键盘和传统的显示器都是单工通信设备。键盘只能用来输入,显示器只能接收输出。

2. 半双工通信

在半双工模式下,每台主机均能发送和接收,但不能同时进行。当一台设备发送时,另一台只能接收,反之亦然。

在半双工模式下,通道的通信能力被两台设备中的发送方完全占用,例如对讲机就是半双工通信的例子。半双工模式用于不需要双方同时通信的情况,任何一方在发送时都可利用整个通道的能力。图 2-5 显示了半双工通信。

图 2-4　单工通信　　　　图 2-5　半双工通信

3. 全双工通信

在全双工模式下,双方主机都能同时发送和接收,并且两者能同步进行,这就像人们打电话一样,说话的同时也能听到对方的声音。目前的网卡一般都支持全双工模式。图 2-6 显示了全双工通信。

图 2-6　全双工通信

2.2.2　并行与串行通信

1. 并行通信

计算机和终端之间的数据传输通常是靠电缆或信道上的电流或电压变化实现的。如果一组数据的各数据位在多条线上同时被传输,这种传输方式称为并行通信。

计算机中的并行通信端口通常是 LPT1,俗称打印口,因为它常接打印机。它同时传送 8 路信号,一次并行传送完整的一字节信息。

图 2-7 显示了并行通信。

2. 串行通信

串行通信是指使用一条数据线,将数据一位一位地依次传输,每一位数据占据一个固定的时间长度。串行通信只需要很少的几条线就可以在系统间交换信息,特别适用于计算机与计算机、计算机与外设之间的远距离通信。

串行通信端口通常是 COM1、COM2,一般接鼠标、键盘、外置调制解调器或其他串口设备。它在一个方向上只能传送一路信号,一次只能传送一个二进制位,传送一字节信息时,只能一位一位地依次传送。

图 2-8 显示了串行通信。

图 2-7　并行通信

图 2-8　串行通信

2.2.3　同步通信与异步通信

同步是数字通信中必须解决的一个重要问题。所谓同步,就是指通信的收发双方能够在时间上保持一致。在数据通信中常用的两种传输方式是异步通信和同步通信。

1. 异步通信

异步通信中的接收方并不知道数据什么时候会到达,收发双方可以有各自的时钟。发送方发送的时间间隔可以不相同,接收方通过数据的起始位和停止位实现信息同步。这种传输通常是很小的分组,例如一个字符为一组(通常称为一帧),为这个组配备起始位和停止位。这种传输方式的效率是比较低的,这是由于额外加入了很多的辅助位作为负载,因此常用在低速的传输中。

图 2-9 显示了异步通信。

图 2-9　异步通信

2. 同步通信

同步通信是一种连续串行传送数据的通信方式,一次通信只传送一帧信息。这里的信息帧与异步通信中的字符帧不同,通常含有若干数据字符。

采用同步通信时,将许多字符组成一个信息组(通常称为帧),这样,字符可以一个接一个地传输,但是,在每组信息的开始要加上同步字符,在没有信息要传输时要填上空字符,因为同步传输不允许有间隙。在同步传输过程中,一个字符可以对应 5~8 位。当然,对同一个传输过程,所有字符对应同样的数位,如 n 位。这样,传输时,按每 n 位划分为一个时间片,发送端在一个时间片中发送一个字符,接收端则在一个时间片中接收一个字符。

同步传输时,一个信息帧中包含许多字符,每个信息帧用同步字符作为开始,一般将同步字符和空字符用同一个代码。在整个系统中,由一个统一的时钟控制发送端的发送。接收端应该能识别同步字符,当检测到有一串数位和同步字符相匹配时,就认为开始了一个信息帧,将把此后的数位作为实际传输信息来处理。

图 2-10 显示了同步通信。

图 2-10　同步通信

3. 同步通信与异步通信的区别

同步通信与异步通信有以下区别。

(1)同步通信要求接收端时钟和发送端时钟同步,发送端发送连续的比特流;异步通信时不要求接收端时钟和发送端时钟同步,发送端发送一字节后,可经过任意长的时间间隔再发送下一字节。

(2)在通信效率上,同步通信效率高,异步通信效率较低。

(3)同步通信较复杂,双方时钟的允许差值较小;异步通信简单,双方时钟允许有一定的差值。

2.2.4　基带传输与频带传输

1. 基带传输

基带传输是指在通信线路上原封不动地传输由计算机或终端产生的 0 或 1 数字脉冲信号。基带传输是一种最简单的传输方式,近距离通信的局域网一般都采用这种传输方式。基带传输系统的优点是安装简单、成本低;缺点是传输距离较短(一般不超过 2km),传输介质的整个带宽都被基带信号占用,信道利用率低。

2. 频带传输

频带传输也称为宽带传输,频带传输是一种采用调制解调技术的传输形式。在发送端,采用调制手段,对数字信号进行某种变换,将代表数据的二进制 1 和 0 变换成具有一定频带范围的模拟信号,以适应在模拟信道上传输;在接收端,通过解调手段进行相反变换,把模拟的调制信号复原为1或0。常见的电话通信就采用了频带传输。

2.3　数据编码与调制技术

2.3.1　数据的编码类型

数据在计算机中是以二进制形式表示的,而在传输的时候,数据编码的类型是由通信信道所支持的通信类型决定的。例如模拟信号在模拟信道上传输,而数字信号则在数字通道上传输。如果模拟信号需要在数字信道上传输,或者数字信号需要在模拟信道上传输,它们是如何实现的? 这就需要了解编码和调制技术。

数据编码分为数字数据编码和模拟数据编码,其中使用较多的是数字数据编码,它是将不同的数字信号(0 和 1)转换为不同的电信号的过程。

数据调制技术是在发送端将数字信号转换为模拟信号的过程,调制设备称为调制器(modulator)。在接收端将模拟信号还原为数字信号的过程称为解调,解调设备称为解调器(demodulator)。

如果一个设备同时具有调制和解调的功能,就叫作调制解调器(modem),也就是俗称的“猫”。

2.3.2　数据的编码技术与调制技术

在数据传输系统中,主要采用了 3 种数据编码技术: 数字数据的数字信号编码、数字数据的模拟信号编码、模拟数据的数字信号编码。

1. 数字数据的数字信号编码技术

常见的数字数据编码方式主要有不归零编码、曼彻斯特编码和差分曼彻斯特编码。图 2-11 为这 3 种编码的表示。

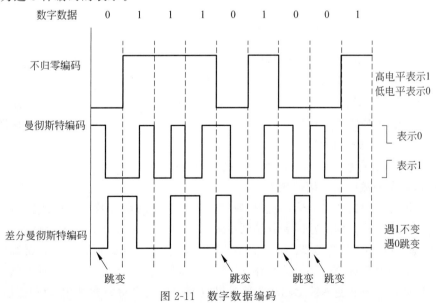

图 2-11　数字数据编码

1）不归零编码

不归零（NRZ）编码在传输中一般采用两个电平来表示两个二进制数字。例如，无电压用 0 表示，而恒定的正电压用 1 表示。这样，通过在高低电平之间作相应的变换来传送 0 和 1 的任何序列。

2）曼彻斯特编码

不归零编码虽然在传输中效率最高，但是存在发送方和接收方的同步问题。克服了上述缺点的编码方案是曼彻斯特编码，这种编码通常用于局部网络传输。在曼彻斯特编码中，每一位的中间有一个跳变，位的跳变既作为时钟，又作为数据，由高到低的跳变表示 1，由低到高的跳变表示 0。

3）差分曼彻斯特编码

差分曼彻斯特编码的位跳变仅用于时钟定时，用每个周期开始时有无跳变来表示 0 和 1 的编码。它的缺点是编码效率低。

2. 数字数据的模拟信号编码技术

要在模拟信道上传输数字数据，首先要用数字数据对相应的模拟信号进行调制，即用模拟信号作为载波运载要传送的数字数据。

载波信号可以表示为正弦波形式：$f(t) = A\sin(\omega t + \phi)$，其中幅度 A、频率 ω 和相位 ϕ 的变化均影响信号波形。因此，通过改变这 3 个参数可实现对模拟信号的编码。相应的调制方式分别称为幅移键控（amplitude-shift keying，ASK）、频移键控（frequency-shift keying，FSK）和相移键控（phase shift keying，PSK）。结合 ASK、FSK 和 PSK 可以实现高速调制，常见的组合是 ASK 和 PSK 的结合。

1）幅移键控

幅移键控也称为幅度调制（简称调幅）。调制原理是用两个不同振幅的载波分别表示二进制值 0 和 1。

2）频移键控

频移键控也称为频率调制（简称调频）。调制原理是用两个不同频率的载波分别表示二进制值 0 和 1。

3）相移键控

相移键控又分为绝对相移键控和相对相移键控。

（1）绝对相移键控用两个固定的不同相位表示数字 0 和 1。

（2）相对相移键控用载波在两位数字信号的交接处产生的相位偏移来表示载波所表示的数字信号。最简单的相对相移键控方法是：与前一个信号同相表示 0，相位偏移 180°表示 1。这种方法具有较好的抗干扰性。

图 2-12 显示了对数字数据使用不同调制后的波形。

3. 模拟数据的数字信号编码技术

在数字化的电话交换和传输系统中，通常需要将模拟的话音数据编码成数字信号后再进行传输。常用的技术称为脉冲编码调制技术（pulse code modulation，PCM）。

PCM 基于以下的采样定理：如果在规定的时间间隔内，以有效信号 $f(t)$ 最高频率的两倍或两倍以上的速率对该信号进行采样，则这些采样值包含了无混叠而又便于分离的全部原始信号信息。利用低通滤波器可不失真地从这些采样值中重新构造出 $f(t)$。PCM 的原

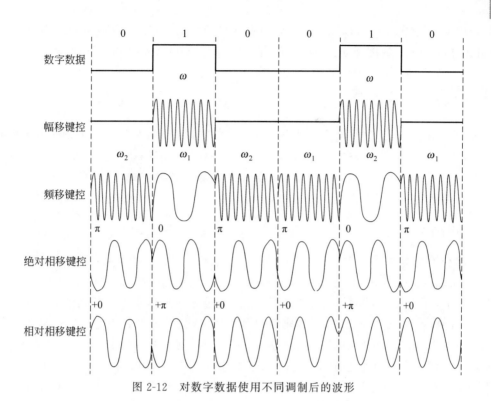

图 2-12　对数字数据使用不同调制后的波形

理如图 2-13 所示。

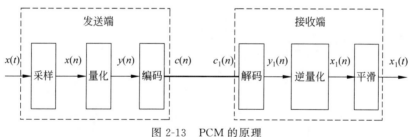

图 2-13　PCM 的原理

信号数字化的转换过程可包括采样、量化和编码 3 个步骤。

（1）采样。以固定的时间间隔取出模拟数据的瞬时值，作为本次采样到下次采样之间该模拟数据的代表值。$x(n)$ 就是采样处理后的脉冲调幅信号。

（2）量化。把采样取得的电平幅值按照一定的分级标度转换成对应的数字值，并取整数，这样就把连续的电平幅值转换成离散的数字 $y(n)$。

（3）编码。将量化后的整数值表示为一定位数的二进制数 $c(n)$。

在发送端，经过信号数字化过程后，就可把模拟信号转换成二进制数码脉冲序列，然后经过信道进行传输。在接收端，将接收到的信号 $c_1(n)$ 解码成 $y_1(n)$，再通过逆量化获得信号 $x_1(n)$，最后经过平滑之后的信号 $x_1(t)$ 就是还原的模拟信号。$x_1(t)$ 与 $x(t)$ 之差就是量化的误差。

根据原信号的频宽，可以估算出采样的速度。如果声音数据限于 4000Hz 以下的频率，那么每秒 8000 次的采样可以完整地表示声音信号的特征。如果使用 7 位二进制表示采样值,就允许有 128 个量化级,这就意味着声音信号需要 56 000b/s 的数据传输速率。

2.4 数据交换技术

通信子网是由若干网络节点和链路按照某种拓扑形式互联的网络。通信子网为所有进入子网的数据提供一条完整的传输通路。实现这种数据通路的技术就称为数据交换技术。按照通信子网中的网络节点对进入子网的数据所实施的转发方式,可以将数据交换分为电路交换和存储转发交换两大类。常用的交换技术有电路交换、报文交换和分组交换 3 种。

2.4.1 电路交换

电路交换是指在通信双方之间建立一条专用线路。最常见的电路交换网络是公共交换电话网(public switched telephone network,PSTN)。该方式的通信过程如下。

(1) 建立电路。在传输任何数据之前,要先经过呼叫过程建立一条端到端的电路。如图 2-14 所示,若 A 站要与 D 站连接,典型的做法是:A 站先向与其相连的 1 节点提出请求,然后 1 节点在通向相邻节点的路径中找到下一个支路,例如 1 节点选择经 5 节点的电路,在此电路上分配一个未用的通道,并告诉 5 节点它还要连接 4 节点;5 节点再呼叫 4 节点,建立电路 5-4;最后,4 节点完成到 D 站的连接。这样 1 节点与 4 节点之间就有一条专用电路 1-5-4,用于 A 站与 D 站之间的数据传输。

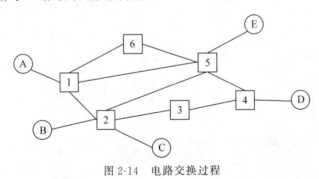

图 2-14 电路交换过程

(2) 数据传输。建立电路 1-5-4 以后,数据就可以从 1 节点发送到 5 节点,再由 5 节点交换到 4 节点;4 节点也可以经 5 节点向 1 节点发送数据。该电路在整个数据传输过程中必须始终保持连接状态。

(3) 电路拆除。数据传输结束后,由某一方(1 节点或 4 节点)发出拆除请求,然后逐段拆除到对方节点。

电路交换技术的优点是数据传输可靠、迅速,数据不会丢失且能保持原来的序列。它的缺点是:当在某些情况下电路空闲时,信道容易被浪费;在短时间数据传输时电路建立和拆除所用的时间得不偿失。因此,它适用于系统间要求高质量的大量数据传输的情况。

2.4.2 报文交换

报文交换方式不要求在两个通信节点之间建立专用通路,在数据交换中,节点把要发送的信息组织成一个数据包,称为报文。该报文中含有目标节点的地址。完整的报文在网络中一个节点一个节点地向前传送。每一个节点接收整个报文,检查目标节点地址,然后根据网络中的交通情况在适当的时候转发到下一个节点。经过多次的存储—转发,最后到达目标节点,因此这样的网络叫存储—转发网络。其中的交换节点要有足够大的存储空间(一般是磁盘),用以缓冲收到的长报文。

报文交换的优点如下。

(1)电路利用率高。由于许多报文可以分时共享两个节点之间的通道,所以对于同样的通信量来说,报文交换对电路的传输能力要求较低。

(2)在电路交换网络上,当通信量变得很大时,就不能接收新的呼叫。而在报文交换网络上,通信量大时仍然可以接收报文,不过传送延迟会增加。

(3)报文交换网络可以把一个报文发送到多个目的地,而电路交换网络很难做到这一点。

(4)报文交换网络可以对报文进行速度变换和代码转换。

报文交换的缺点如下。

(1)不能满足实时或交互式的通信要求,报文经过网络的延迟时间长且不定。

(2)有时节点收到过多的数据而无空间存储或不能及时转发时,就不得不丢弃报文,而且发出的报文不按顺序到达目的地。

图 2-15 显示了报文交换过程。

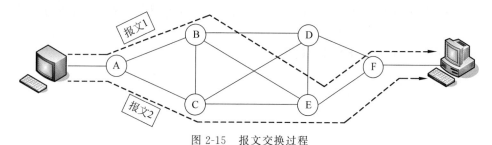

图 2-15　报文交换过程

2.4.3　分组交换

分组交换是报文交换的一种改进。它将报文分成若干分组,每个分组的长度有一个上限,有限长度的分组使得每个节点所需的存储空间减小了,分组可以存储到内存中,提高了交换速度。它适用于交互式通信,如终端与主机通信。分组交换有数据报分组交换和虚电路分组交换两种。它是计算机网络中使用最广泛的交换技术。

1. 数据报分组交换

在数据报分组交换中,每个分组的传送是单独处理的。每个分组称为一个数据报,每个数据报自身携带足够的地址信息。一个节点收到一个数据报后,根据数据报中的地址信息和节点所存储的路由信息,找出一个合适的出路,把数据报原样地发送到下一节点。由于各数据报所走的路径不一定相同,因此不能保证各个数据报按顺序到达目的地,有的数据报甚至会中途丢失。

图 2-16 显示了数据报分组交换过程。

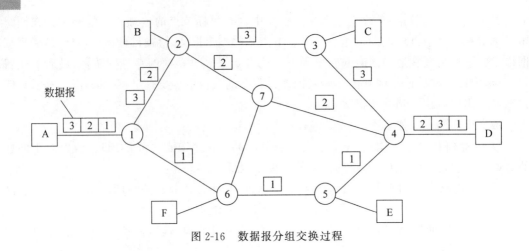

图 2-16　数据报分组交换过程

2. 虚电路分组交换

在虚电路分组交换中,为了进行数据传输,网络的源节点和目标节点之间要先建一条逻辑通路。每个分组除了包含数据之外,还包含一个虚电路标识符。在预先建好的路径上的每个节点都知道应该把这些分组引导到哪里去,不再需要路由选择判定。最后,由某一个站用清除请求分组来结束这次连接。之所以称之为虚电路,是因为这条电路不是专用的。

虚电路分组交换的主要特点是:在数据传送之前必须通过虚呼叫设置一条虚电路,但并不像电路交换那样有一条专用通路,分组在每个节点上仍然需要缓冲,并进行排队等待输出。

图 2-17 显示了虚电路分组交换过程。

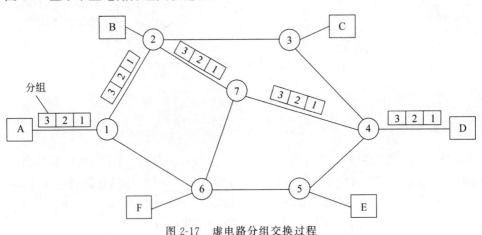

图 2-17　虚电路分组交换过程

扫一扫

2.5　信道多路复用技术

多路复用是指在同一传输介质上同时传输多个不同信号源发出的信号,并且信号之间互不影响,目的是提高传输介质的利用率。多路复用通常分为频分多路复用、时分多路复用、波分多路复用和码分多路复用。

2.5.1　频分多路复用

频分多路复用的基本原理是：如果每路信号以不同的载波频率进行调制，而且各个载波频率是完全独立的，即各个信道所占用的频带不相互重叠，相邻信道之间用保护频带隔离，那么每个信道就能独立地传输一路信号。

频分多路复用的主要特点是：信号被划分成若干通道(频道、波段)，每个通道互不重叠，独立进行数据传递。频分多路复用在无线电广播和电视领域中应用较多。非对称数字用户环路(asymmetric digital subscriber line，ADSL)是典型的频分多路复用。ADSL 用频分多路复用的方法在公共交换电话网使用的双绞线上划分出 3 个频段：0～4kHz 用来传送传统的语音信号，20～50kHz 用来传送计算机上传的数据信息，150～500kHz 或 140～1100kHz 用来传送从服务器下载的数据信息。

图 2-18 显示了频分多路复用技术的原理。

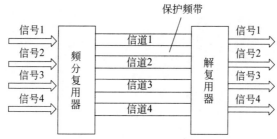

图 2-18　频分多路复用技术的原理

2.5.2　时分多路复用

时分多路复用是按传输信号的时间进行分隔的，它使不同的信号在不同的时间内传送，将整个传输时间分为许多时间片，每个时间片被一路信号占用。时分多路复用就是通过在时间上轮流发送每一路信号的一部分来实现一条电路传送多路信号。电路上的每一时刻只有一路信号存在。因数字信号是有限个离散值，所以时分多路复用技术广泛应用于包括计算机网络在内的数字通信系统，而模拟通信系统的传输一般采用频分多路复用技术。

图 2-19 显示了时分多路复用技术的原理。

图 2-19　时分多路复用技术的原理

2.5.3　波分多路复用

波分多路复用就是在同一根光纤内传输多路不同波长的光信号，以提高单根光纤的传输能力。也可以这样认为：波分多路复用是频分多路复用应用于光纤信道的一个变例。如果让不同波长的光信号在同一根光纤上传输而互不干扰,利用多个波长适当错开的同时在一根光纤上传送各自携带的信息,就可以大大增加光纤传输的信息容量。由于是用不同的波长传送各自的信息,因此即使在同一根光纤上也不会相互干扰。在接收端将光信号转换成电信号时,可以独立地保持每一个波长所传送的信息。这种方式就叫作波分复用。

图 2-20 显示了波分多路复用技术的原理。

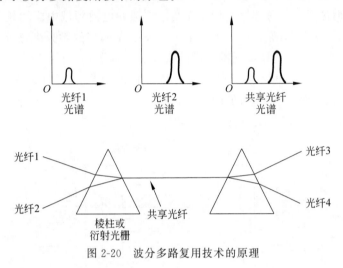

图 2-20 波分多路复用技术的原理

2.5.4 码分多路复用

码分多路复用技术采用了特殊的编码方法和扩频技术,多个用户可以使用同样的频带在相同的时间内进行通信。由于不同用户使用了不同的码型,因此相互之间不会造成干扰。码型是用电脉冲波形来表示的数字消息代码。码分多路复用信号的频谱类似于白噪声,具有很强的抗干扰能力。它最初应用于军事通信,现在已经广泛应用于民用移动通信领域。

2.6 传输差错控制

2.6.1 传输差错产生的原因

人们通常将发送的数据与通过通信信道后接收到的数据不一致的现象称为传输差错。传输差错的产生是无法避免的。信号在物理信道中传输时,由于线路本身的特性造成的随机噪声、信号幅度的衰减、频率和相位的畸变、信号在线路上产生的反射、相邻线路间的串扰以及各种外界因素,都会造成信号的失真。

传输中的差错通常都是由噪声引起的。噪声主要有两大类：热噪声和冲击噪声。热噪声由传输介质导体的电子热运动产生,是一种随机噪声。冲击噪声是由外界电磁干扰引起的,是引起传输噪声的主要原因,它引起的传输差错为突发差错,且前后码元的差错具有相关性。

图 2-21 显示了传输差错的产生过程。

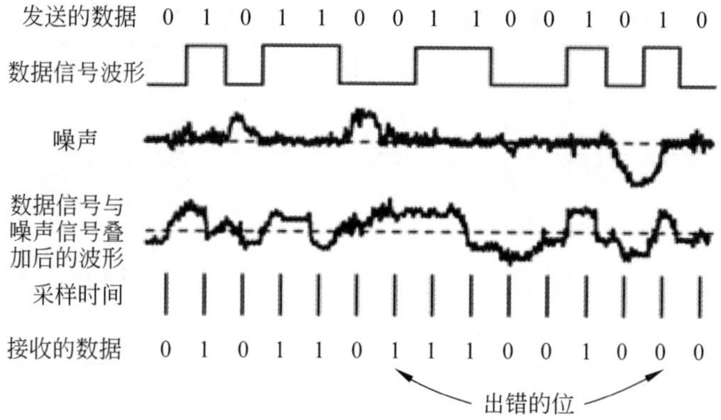

图 2-21　传输差错的产生过程

从图 2-21 可以看出,当信号在信道上传输时,由于受到噪声干扰,因而数据在达到信宿后,与原始数据相比会产生差错。

2.6.2　传输差错控制编码

为了保证通信系统的数据传输质量,降低误码率,必须采取差错控制措施,即差错控制编码来实现这一目的。

差错控制编码常分为检错码和纠错码两类。

检错码是能够自动发现错误的编码,如奇偶校验码和循环冗余校验码。

纠错码是能够自动发现错误并且改正错误的编码,如汉明码、卷积码等。

本节主要介绍奇偶校验码和循环冗余校验码。

1. 奇偶校验码

奇偶校验码又叫字符校验码,其基本原理是:为每个字符编码增加校验位,使整个编码中 1 的个数成为奇数或偶数。具体实现是:在每个字符的数据位传输之前,先检测并计算数据位中 1 的个数,并根据采用的是奇校验还是偶校验来确定奇偶校验位,然后将其附加在字符编码上进行传输;在接收端收到数据后,重新计算收到的字符的奇偶校验位,并确定该字符是否出现传输差错。

奇偶校验码比较简单,容易实现。但是其检错能力低,只能检测出奇数个编码位错,而当字符有偶数个编码位出错时,该方法就无能为力了。

表 2-1 给出了由 8421BCD 码变换而得到的奇偶校验码,其中最高位为校验位。

表 2-1　奇偶校验码

十进制数	信息码	奇校验码	偶校验码
0	0000	10000	00000
1	0001	00001	10001
2	0010	00010	10010
3	0011	10011	00011

续表

十进制数	信息码	奇校验码	偶校验码
4	0100	00100	10100
5	0101	10101	00101
6	0110	10110	00110
7	0111	00111	10111
8	1000	01000	11000
9	1001	11001	01001

2. 循环冗余校验码

循环冗余校验码简称 CRC 码,是使用最广泛并且检错能力很强的一种校验码。它的校验方法是:先用要发送的数据除以一个通信双方共同约定的数据,根据余数得出一个校验码;接收端在收到数据后,用包括校验码在内的数据帧再除以约定的数据,若余数为 0,就表示接收的数据正确,否则表明数据在传输的过程中出错,发送端应重传数据。

循环冗余校验过程如图 2-22 所示。

例如,假设 CRC 码的生成多项式 $G(x) = x^5 + x^4 + x + 1$,要发送的二进制数据帧为 100101110,CRC 校验的过程如下。

(1) 把生成多项式转换为二进制数 110011。

(2) CRC 校验码位数为生成多项式位数减 1。由生成多项式的位数为 6 可知,CRC 码的位数为 5,所以在数据帧后加 5 个 0,变为 10010111000000。这个数用模 2 除法除以 110011,得到的余数即 CRC 码 11010,如图 2-23 所示。

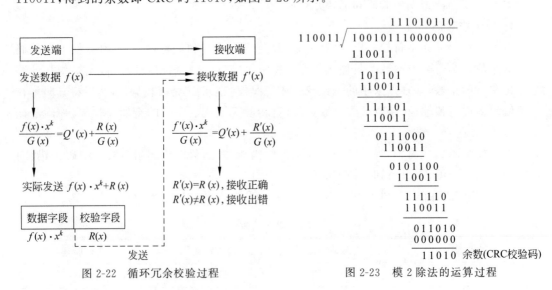

图 2-22 循环冗余校验过程   图 2-23 模 2 除法的运算过程

(3) 用得到的 CRC 码替换数据帧后面的 5 个 0,形成新的帧 10010111011010,将这个新帧发送给接收端。

(4) 接收端收到新帧后,新帧用模 2 除法除以 110011,如果余数为 0,则该数据帧在传输过程中没有出错,否则传输出错。

2.7　本章小结

信息是人们在适应外部世界并使这种适应反作用于外部世界的过程中同外部世界进行互相交换的内容和名称。数据是把事件的某些属性规范化后的表现形式。信号是数据的具体物理表现,是信息(数据)的一种电磁编码。

信号可分为模拟信号和数字信号,分别用不同的波形图来描述。

数据通信的任务是传输数据信息,要求传输速度快、信息量大、可靠性高。在数据通信中涉及的主要技术指标有传输速率、误码率、信道容量和信道带宽等。

通信方式是指通信双方的信息交互方式。在设计一个通信系统时,需要考虑使用何种通信方式。一般常见的通信方式有单工通信、半双工通信和全双工通信。

数据编码分为数字数据编码和模拟数据编码,其中使用较多的是数字数据编码,它是将不同的数字信号(0 和 1)转换为不同的电信号的过程。数据调制技术是在发送端将数字信号转换为模拟信号的过程,调制设备称为调制器。在接收端将模拟信号还原为数字信号的过程称为解调,解调设备称为解调器。

按照通信子网中的网络节点对进入子网的数据所实施的转发方式,可以将数据交换分为电路交换和存储转发交换两大类。常用的交换技术有电路交换、报文交换和分组交换 3 种。

多路复用是指在同一传输介质上同时传输多个不同信号源发出的信号,并且信号之间互不影响,目的是提高传输介质的利用率。多路复用通常分为频分多路复用、时分多路复用、波分多路复用和码分多路复用。

传输中的差错通常都是由噪声引起的。噪声主要有两大类:热噪声和冲击噪声。为了保证通信系统的数据传输质量,降低误码率,必须采取差错控制措施,即差错控制编码来实现这一目的。

2.8　实训

1. 实训目的

了解计算机数据通信的特点,能使用工具制作网线。

2. 实训内容

(1) 准备好制作网线所需的工具,如双绞线、压线钳等,如图 2-24 和图 2-25 所示。

图 2-24　双绞线

图 2-25　压线钳

(2) 用压线钳将双绞线一端的外皮剥去 3cm,然后按 EIA/TIA 568B 标准顺序将线芯撸直并拢。EIA/TIA 568B 标准是将双绞线的两端都依次按白橙、橙、白绿、蓝、白蓝、绿、白棕、棕的顺序压入 RJ45 水晶头内,如图 2-26 所示。这种方法制作的网线用于计算机与集线器的连接。

图 2-26　排列双绞线

（3）将线芯放到压线钳切刀处,8 根线芯要在同一平面上并拢,而且尽量直,留下一定的线芯长度(约 1.5cm)并剪齐。

（4）将双绞线插入 RJ45 水晶头中,插入时要均衡用力,直到插到尽头。检查 8 根线芯是否已经全部充分、整齐地排列在水晶头里面,如图 2-27 所示。

（5）用压线钳用力压紧水晶头,这样网线的一端就制作好了。用同样的方法制作网线的另一端。最后把网线的两端分别插到双绞线测试仪上,打开测试仪开关,如图 2-28 所示。如果网线正常,两排指示灯同步亮起;如果有些灯没有同步亮起,证明相应的线芯连接有问题,应重新制作。

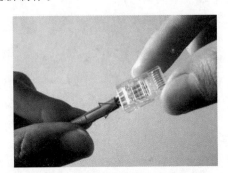

图 2-27　把双绞线插入水晶头

图 2-28　测试网线

习题 2

1. 计算机网络通信的模型是什么?
2. 简述计算机网络通信的技术指标。
3. 简述单工通信、半双工通信和全双工通信的区别。
4. 简述电路交换、报文交换和分组交换的区别。
5. 多路复用技术有哪些常见方式?
6. 传输差错是如何产生的? 怎样避免它?
7. 简述循环冗余校验的实现过程。
8. 简述并行通信与串行通信的区别与联系。

第 3 章　计算机网络体系结构与 IP 协议

本章学习目标
- 了解计算机网络协议与网络体系结构。
- 了解 OSI/RM 模型。
- 了解 TCP/IP 模型。
- 了解 IP 协议。
- 掌握子网的划分。
- 了解 IPv6 的特点。

本章首先介绍计算机网络的协议及特点,然后介绍计算机网络参考模型,包括 OSI/RM 模型和 TCP/IP 模型,接着介绍 IPv4 协议和子网的划分,最后介绍 IPv6 协议的特点。

3.1　计算机网络协议与体系结构

3.1.1　计算机网络协议与体系结构概述

扫一扫

1. 计算机网络协议

网络上的计算机之间要进行通信,就必须遵循一定的规则或约定,这些为网络数据交换而制定的规则或约定称为协议。就像人们说话用某种语言一样,在网络上的各台计算机之间也有一种相互交流信息的规则,这就是网络协议,不同的计算机之间必须使用相同的网络协议才能进行通信。网络协议是网络上所有设备(网络服务器、计算机及交换机、路由器、防火墙等)之间的通信规则的集合,它规定了通信时信息必须采用的格式和这些格式的意义。

网络协议是由以下 3 个要素组成的。

(1)语义。解释控制信息每个部分的意义。它规定了通信双方"讲什么",即需要发出何种控制信息以及完成的动作与做出的响应。

(2)语法。用户数据与控制信息的结构与格式以及数据出现的顺序。它规定了通信双方"如何讲",即协议元素的格式、数据及控制信息的格式、编码和信号电平等。

(3)时序。时序也称为同步,是对事件发生顺序的详细说明。它规定了通信双方"做的顺序",主要涉及传输速度匹配和顺序问题。

2. 计算机网络体系结构

不同系统之间的相互通信建立在各层实体之间能够相互通信的基础上,因此一个系统的通信协议是各层通信协议的集合。计算机网络由若干层来实现,每一层都有自己的协议。计算机网络的层次模型及其协议的集合称为网络的体系结构。

在网络体系结构中,每一层协议都实现了与另一层中对等实体之间的通信,所以称之为对等层协议。另外,每一层协议还要向相邻上层协议提供服务接口。网络体系结构的描述必须包含足够的信息,使实现者可以为每一层编写程序和设计硬件,并使之符合有关协议。

网络体系结构具有以下特点。

(1) 以功能作为划分层次的基础。

(2) 第 N 层的实体在实现自身定义的功能时,只能使用第 $N-1$ 层的功能。

(3) 第 N 层向第 $N+1$ 层提供服务时,此服务不仅包含第 N 层本身的功能,还包含由其下层提供的功能。

(4) 仅在相邻层之间有接口,且下层所提供的服务的具体细节对上一层完全屏蔽。

图 3-1 显示了计算机网络体系结构的层次模型。其中,实体是指在每一层中实现该层功能的活动元素,如终端、应用程序以及进程等。

图 3-1 计算机网络体系结构的层次模型

3.1.2 计算机网络体系的产生与发展

在计算机网络的发展过程中,存在专用网络体系结构,如 IBM 公司的系统网络体系结构(systems network architecture,SNA);也存在开放网络体系结构,如 OSI/RM。

1. SNA

SNA 是 IBM 公司开发的网络体系结构,在 IBM 公司的主机环境中得到广泛的应用。SNA 主要是 IBM 公司的大型机(ES/9000、S/390 等)和中型机(AS/400)的主要联网协议,SNA 于 1974 年首次公布,是 IBM 公司为了连接 3270 系列产品而推出的方案。

SNA 设计在与 IBM 主机系统相连的大多数终端是不可编程终端的年代。SNA 在互连的主机之间提供了静态路由选择,所以用户在一个终端上可以访问其他任何互连的主机。在 SNA 出台之前,用户要访问主机,必须登录到一个单独的终端上。SNA 只是针对集中化的 IBM 主机计算环境设计的,所以它不适用于现在对等、客户/服务器、多供应商产品和多协议的环境。一般这些环境建立在部门级,每个管理者设计和建立自己的局域网。

为了提供程序间通信功能,IBM 公司引进了高级程序对程序通信(advanced program-to-program communication,APPC),并且为了对抗 TCP/IP 的威胁,还推出了高级对等自治网(advanced peer-to-peer networking,APPN)。APPN 在保持主机系统多样性的同时提供了一个企业范围内的非集中网络计算环境。在 APPN 上,大型和小型系统相互对等操作。IBM 公司的最新策略是,在包容工业标准协议(如 TCP/IP 和 OSI 协议)的同时继续支持 APPN。这个思想在联网方案中体现出来了,并且已有遵守该标准的产品。MPTN(多协议传输网)就是一个例子,它使应用程序从基层网络协议解脱开,允许应用程序使用其他协议。

SNA 最大的特性就是封闭性,它是 IBM 公司开发的专有协议。如果 SNA 要在其他主机系统中应用,需在网络的每一个节点增加支持 SNA 的软件和硬件。SNA 环境具有 COS(服务分类)与安全的能力,但 SNA 的安全仅仅是基于主机的 XID(交换 ID)。XID 类似于用户的口令,在 SNA 会话建立过程中要交换 XID 来确认用户的合法性。XID 需要在主机中静态配置,网络逻辑单元需要与主机上的逻辑单元在建立会话时进行 XID 交换;在 SNA 环境中,除 XID 交换外,没有其他安全方面的考虑。由于 SNA 协议的封闭性,大多数人不熟悉它,使用 SNA 协议的网络也因此很少受到攻击;但对于熟悉它的人来说,SNA 的安全机制并不严密。基于 SNA 设计和开发的安全系统也不常见。单单依靠封闭性实际上是不可靠的。由于 SNA 协议的非开放性及开发的复杂性,在 SNA 环境下开发应用系统比较复杂,而且系统的迁移性比较弱,这不符合业界开放的潮流。维持一大批专家来支持 SNA 网络也日趋困难。随着因特网的发展和普及,越来越多的用户采用开放的 TCP/IP,IBM 公司也不例外。现在,在 IBM 公司传统的只支持 SNA 环境的计算机上也开始支持 TCP/IP,包括 ES/9000 和 AS/400。越来越多的 SNA 用户向 TCP/IP 环境迁移。

2. 开放系统互连参考模型

OSI 是 ISO 制定的网络体系结构模型,为开放式互联信息系统提供了一种功能结构的框架。它包括 7 层,从低到高分别是物理层、数据链路层、网络层、传输层、会话层、表示层和应用层。

OSI 参考模型还保持在模型阶段,它并不是一个已经被完全接受的国际标准。考虑到大量现存的事实上的标准,许多厂商只能支持许多在工业界使用的不同协议,而不是仅仅接受一个国际标准。

3.1.3　计算机网络体系的分层结构

扫一扫

由于计算机网络的复杂性,很难用一个单一的协议来为网络中的所有通信规定一套完整的规则。因此,把通信问题划分为许多小问题,然后给每个小问题设计一个单独的协议,从而使得每个协议的设计、分析、编码和测试都变得容易,这就是网络体系结构中使用的分层概念。

计算机网络体系采用分层结构主要是基于以下几点考虑。

(1)各层之间相互独立。高层不需要知道低层的功能是采取何种硬件技术来实现的,它只需要知道通过与低层的接口就可以获得需要的服务。

(2)灵活性好。各层都可以采用最适当的技术来实现。例如,某一层的实现技术发生了变化,用硬件代替了软件,只要这一层的功能与接口保持不变,实现技术的变化并不会对其他各层以及整个系统的工作产生影响。

(3)易于实现和标准化。由于采用规范的层次结构去组织网络功能与协议,因此可以将计算机网络复杂的通信过程划分为有序的连续动作与有序的交互过程,有利于将网络复杂的通信工作过程分解为一系列可以控制和实现的功能模块,使得复杂的计算机网络系统变得易于设计、实现和标准化。如果想加上一些新的服务,只需要修改一层的功能即可。中间层可以使用低层提供的服务以及为高层提供服务。

下面以邮政通信系统为例说明分层的概念。一个邮政通信系统由用户(写信人和收信人)、邮局、运输部门和运输工具组成,可以将邮政通信系统按照功能分为 4 层,各层分工明确,功能独立,如图 3-2 所示。

分层之后,还需要在对等层之间约定一些通信规则,即对等协议。例如,通信双方写信时,必须约定用同样的语言,这样对方收到信后才能看懂信的内容。另外,一个邮局将用户的信件收集起来后,要进行分拣、打包等操作,而分拣和打包等规则必须在邮局之间事先协

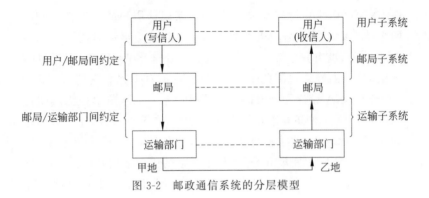

图 3-2　邮政通信系统的分层模型

商好,这就是邮局层次的协议。同样,在运输部门之间也应该有一致的协议。

当信写好之后,写信人把信装入信封中,信封上按照邮局规定顺序写上收信人的邮政编码、地址、姓名和发信人的地址、姓名和邮编,贴好邮票后把信封投入邮筒。这些就是写信人和邮局之间的约定,这些约定就是相邻层之间的接口。这封信如何传递到收信人的手中呢?写信人不需要去考虑,而是交给邮局去处理。

邮局将信件打包后交付运输部门进行运输,如民航、铁路或者公路运输部门等。这时,邮局和运输部门也存在着接口的问题,如到站地点、时间、包装形式等。信件运送到目的地后经历相反的过程,最终将信件送到收信人手中,收信人依照约定的格式才能读懂信件。

从一封信的运输过程可以看出,虽然两个用户、两个邮局、两个运输部门分处甲乙两地,但它们是两两对等的实体,即对等层实体。而处于同一地的不同实体则是上下层关系,存在着服务与被服务的关系。对等层实体间的约定称为协议,而上下层实体间的约定称为接口。

采用分层模型的网络系统结构主要有两个优点。

(1)它将建造一个网络的问题分解为几层,每一层解决一部分问题。当所有层的问题都解决了,整个网络的问题也就解决了。

(2)它提供了一种模块化的设计。如果想加上一些服务,只需要修改某一层的功能即可,其他层不需要修改。

3.2　OSI 参考模型

扫一扫

3.2.1　OSI 参考模型概述

OSI 一般都称 OSI 参考模型,是国际标准化组织在 1985 年研究的网络互联模型。OSI参考模型定义了开放系统的层次结构、层次之间的相互关系及各层所包含的可能的服务。OSI 参考模型并不是一个标准,而是一个在制定标准时使用的概念性框架,其作为一个框架来协调和组织各层协议的制定。

OSI 参考模型制定过程中所采用的方法是将整个庞大而复杂的问题划分为若干个容易处理的小问题,这就是分层的体系结构方法。OSI 中采用了三级抽象,即体系结构、服务定义和协议规定说明。

OSI 参考模型的服务定义详细说明了各层所提供的服务。某一层的服务就是该层及其下各层的一种能力,它通过接口提供给更高一层。各层所提供的服务与这些服务是怎么实现的无关。同时,各种服务定义还定义了层与层之间的接口和各层所使用的原语,但是不涉及接口是怎么实现的。

OSI 参考模型中的各种协议精确定义了应当发送什么样的控制信息,以及应当用什么样的过程来解释这个控制信息。协议的规程说明具有最严格的约束力。

OSI 参考模型并没有提供一个可以实现的方法,而只是描述了一些概念,用来协调进程间通信标准的制定。在 OSI 参考模型范围内,只有在各种协议是可以被实现的,而各种产品只有和 OSI 参考模型的协议相一致时才能互联。也就是说,OSI 参考模型并不是一个标准,只是一个在制定标准时所使用的概念性的框架。

3.2.2　OSI 参考模型各层功能

OSI 参考模型定义了网络互联的 7 层框架,包括物理层、数据链路层、网络层、传输层、会话层、表示层和应用层,如图 3-3 所示。

OSI 参考模型各层的功能如下。

（1）物理层（physical layer）是 OSI 参考模型的最底层,它利用传输介质为数据链路层提供物理连接。为此,该层定义了与物理链路的建立、维护和拆除有关的机械、电气、功能和规程特性。

物理层包括信号线的功能、0 和 1 信号的电平表示、数据传输速率、物理连接器规格及其相关的属性等。物理层的作用是通过传输介质发送和接收二进制比特流。

应用层
表示层
会话层
传输层
网络层
数据链路层
物理层

图 3-3　OSI 参考模型的
　　　　　7 层框架

（2）数据链路层（data link layer）是为网络层提供服务的,解决两个相邻节点之间的通信问题,传送的协议数据单元称为数据帧。数据帧中包含物理地址（又称 MAC 地址）、控制码、数据及校验码等信息。该层的主要作用是通过校验、确认和反馈重发等手段,将不可靠的物理链路转换成对网络层来说无差错的数据链路。此外,数据链路层还要协调收发双方的数据传输速率,即进行流量控制,以防止接收方因来不及处理发送方发来的高速数据而导致缓冲器溢出及线路阻塞。

（3）网络层（network layer）是为传输层提供服务的,传送的协议数据单元称为数据包或分组。该层的主要作用是解决如何使数据包通过各节点传送的问题,即通过路径选择算法（路由）将数据包送到目的地。另外,为避免通信子网中出现过多的数据包而造成网络阻塞,需要对流入的数据包数量进行控制（拥塞控制）。当数据包要跨越多个通信子网才能到达目的地时,还要解决网际互联的问题。

（4）传输层（transport layer）的作用是为上层协议提供端到端的可靠、透明的数据传输服务,包括处理差错控制和流量控制等问题。该层向高层屏蔽了下层数据通信的细节,使高层用户看到的只是在两个传输实体间的一条主机到主机的、可由用户控制和设定的、可靠的数据通路。

（5）会话层（session layer）的主要功能是管理和协调不同主机上各种进程之间的通信（会话）,即负责建立、管理和终止应用程序之间的会话。会话层得名的原因是它很类似于两个实体间的会话概念。例如,一个交互的用户会话以登录到计算机开始,以注销结束。

（6）表示层（presentation layer）。处理流经节点的数据编码的表示形式问题,以保证一个系统应用层发出的信息可被另一系统的应用层读出。如果必要,该层可提供一种标准表示形式,用于将计算机内部的多种数据表示形式转换成网络通信中采用的标准表示形式。数据压缩和加密也是表示层可提供的转换功能之一。

(7)应用层(application layer)。是 OSI 参考模型的最高层,是用户与网络的接口。该层通过应用程序来完成网络用户的应用需求,如文件传输、收发电子邮件等。

因此,OSI 参考模型是一个定义良好的协议规范集,并有许多可选部分完成类似的任务。它定义了开放系统的分层结构、层之间的相互关系以及各层所包括的可能的任务,是作为一个框架来协调和组织各层所提供的服务的。OSI 参考模型并没有提供一个可以实现的方法,而是描述了一些概念,用来协调进程间通信标准的制定。

图 3-4 显示了 OSI 各层的主要功能,图 3-5 显示了 OSI 各层传送的协议数据单元。OSI 分层模型自顶向下分别是应用层、表示层、会话层、传输层、网络层、数据链路层、物理层。其中低三层称为通信子网,提供路由完成和数据传输、转发的功能。高三层为资源子网,负责全网的数据处理业务,并向网络用户提供网络资源共享服务,并且低层通过接口向高层提供服务。

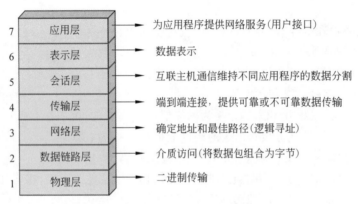

图 3-4　OSI 各层的主要功能

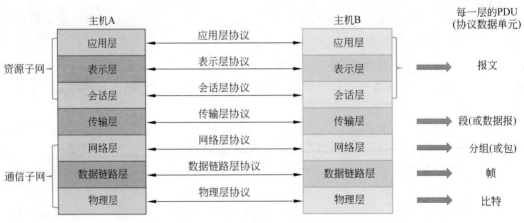

图 3-5　OSI 各层传送的协议数据单元

在 OSI 参考模型中,物理层的协议数据单元是比特(b),数据链路层的协议数据单元是帧,网络层的协议数据单元是分组,传输层的协议数据单元是段或数据报,会话层、表示层和应用层的协议数据单元是报文。

3.2.3　OSI 参考模型通信过程

通过 OSI 参考模型,信息可以从一台计算机的应用程序传输到另一台计算机的应用程序上。例如,系统 A 上的应用程序要将信息发送到系统 B 的应用程序,则系统 A 中的应用程序需要将信息先发送到其应用层(第 7 层),然后此层将信息发送到表示层(第 6 层),表示层将数据转送到会话层(第 5 层),如此继续,直至物理层(第 1 层)。在物理层,数据被放置在物理传输信道中,并被发送至系统 B。系统 B 的物理层接收来自物理媒介的数据,然后将信息向上发送至数据链路层(第 2 层),数据链路层再转送给网络层,依次继续,直到信息到达系统 B 的应用层。最后,计算机 B 的应用层再将信息传送给应用程序接收端,从而完成通信过程。

此外,OSI 参考模型的 7 层模型还可以运用各种各样的控制信息,来和其他计算机系统的对应层通信。这些控制信息包含特殊的请求和说明,它们在对应的 OSI 层间进行交换。对于从上一层传送下来的数据,附加在前面的控制信息称为头,附加在后面的控制信息称为尾。

值得注意的是,OSI 参考模型的 1 个特定层通常是与另外 3 个 OSI 层联系:与之直接相邻的上一层和下一层还有目标联网计算机系统的对应层。例如,系统 A 的数据链路层应与其网络层、物理层以及对应系统 B 的数据链路层进行通信。

图 3-6 显示了 OSI 参考模型的通信过程。

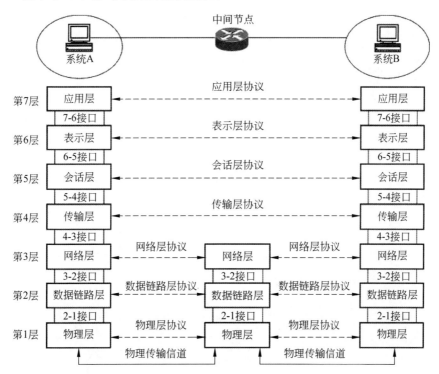

图 3-6　OSI 参考模型的通信过程

扫一扫

3.3 TCP/IP 模型

计算机网络体系结构采用分层结构。OSI参考模型是严格遵循分层模型的典范,自推出之日起就成为网络体系结构的蓝本。但是在OSI参考模型推出之前,便捷、高效的TCP/IP体系结构就已经随着因特网的流行而成为事实上的国际标准。

3.3.1 TCP/IP 概述

传输控制协议/互联网协议(transmission control protocol/internet protocol,TCP/IP),又名网络通信协议,是因特网最基本的协议,也是Internet国际互联网络的基础。

1. TCP/IP 简介

TCP/IP是用于计算机通信的一组协议,通常称为TCP/IP协议簇。它是70年代中期美国国防部为其ARPANET广域网开发的网络体系结构和协议标准,以它为基础组建的Internet是目前国际上规模最大的计算机网络,正因为Internet广泛使用,使得TCP/IP成了事实上的标准。之所以说TCP/IP是一个协议簇,是因为TCP/IP包括TCP、IP、UDP、ICMP、RIP、TELNETFTP、SMTP、ARP、TFTP等许多协议,这些协议一起称为TCP/IP协议簇,而TCP/IP主要由网络层的IP和传输层的TCP而得名。

TCP/IP的目的不是推行一种标准,而是在承认已有不同标准的基础上解决这些不同导致的问题。因此,网络互联是TCP/IP的核心。TCP/IP在设计时的侧重点不是具体的通信实现,也没有定义具体的网络接口协议,因此,TCP/IP允许任何类型的通信子网参与通信。总体来看,TCP/IP定义了电子设备如何连入因特网,以及数据在它们之间传输的标准。

2. TCP/IP 结构

TCP/IP采用了4层的层级结构,分别是网络接口层、网际层、传输层和应用层,每一层都呼叫它的下一层所提供的协议来完成自己的需求。OSI/RM参考模型与TCP/IP模型的对比如图3-7所示。

OSI/RM参考模型	TCP/IP模型
应用层	应用层
表示层	应用层
会话层	应用层
传输层	传输层
网络层	网际层
数据链路层	网络接口层
物理层	网络接口层

图 3-7 OSI/RM 参考模型与 TCP/IP 模型的对比

3.3.2　TCP/IP 各层功能

TCP/IP 各层的主要功能如下。

1. 应用层

应用层对应 OSI 参考模型的高层,为用户提供所需要的各种服务,例如 FTP、Telnet、DNS、SMTP 等。应用层包含所有的高层协议,比如远程登录协议(telecommunications network,Telnet);FTP;简单邮件传输协议(simple mail transfer protocol,SMTP);域名服务(domain name service,DNS);网络新闻传输协议(net news transfer protocol,NNTP)和 HTTP 等。Telnet 允许一台机器上的用户登录远程机器进行工作,FTP 提供将文件从一台机器上移到另一台机器上的有效方法,SMTP 用于电子邮件的收发,DNS 用于把主机名映射到网络地址,NNTP 用于新闻的发布、检索和获取,HTTP 用于在 WWW 上获取主页。

2. 传输层

传输层对应 OSI 参考模型的传输层,为应用层实体提供端到端的通信功能,保证了数据包的顺序传送及数据的完整性。该层定义了两个主要的协议:传输控制协议(TCP)和用户数据报协议(UDP)。

TCP 是面向连接的协议,它提供可靠的报文传输和对上层应用的连接服务。为此,除了基本的数据传输外,它还有可靠性保证、流量控制、多路复用、优先权和安全性控制等功能。UDP 是面向无连接的不可靠传输协议,主要用于不需要 TCP 的排序和流量控制等功能的应用程序。

TCP 和 UDP 最不同的地方是 TCP 提供了一种可靠的数据传输服务。TCP 是面向连接的,也就是说,利用 TCP 通信的两台主机首先要经历一个建立连接的过程,等到连接建立后才开始传输数据,而且传输过程中采用"带重传的肯定确认"技术来实现传输的可靠性。此外,TCP 还采用了一种称为"滑动窗口"的方式进行流量控制,发送完成后还会关闭连接。所以 TCP 要比 UDP 可靠得多。

具体实现中,TCP 采用三次握手策略,以确保数据的准确传输。发送端首先发送一个带有 SYN 标志的数据包给对方;接收端收到之后,回传一个带有 SYN/ACK 标志的数据包,以示传达确认信息;最后发送端再回传一个带 ACK 标志的数据包,代表握手结束。图 3-8 显示了 TCP 采用的三次握手策略。

表 3-1 显示了 TCP 中常见的标志位和序列号。

表 3-1　TCP 中常见的标志位和序列号

术　语	说　明
SYN	TCP 报文标志位,该位为 1 时,表示发起一个新连接
ACK	TCP 报文标志位,该位为 1 时,确认序号有效,确认接收到消息
seq	报文初始序列号,代表发送的第一个字节的序号
ack	报文确认序号,代表希望收到的下一个数据的第一个字节的序号

三次握手的目的是连接服务器指定端口,建立连接,并同步连接双方的序列号和确认号,交换窗口大小信息。图中 SYN=1 表示这是一个连接请求或连接接受报文,当 SYN=1

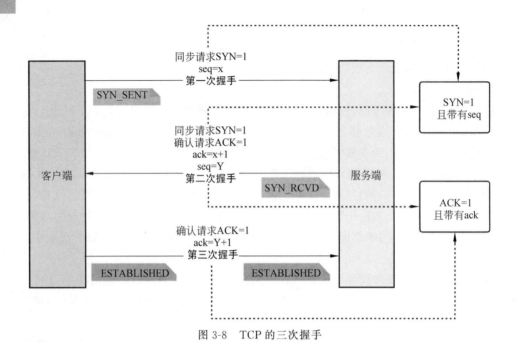

图 3-8　TCP 的三次握手

而 ACK＝0 时,表明这是一个连接请求报文段。对方若同意建立连接,则响应的报文段中使 SYN＝1、ACK＝1。

　　第一次握手时,客户端将标志位 SYN 置为 1,随机产生一个值 seq＝x,并将该数据包发送给服务器端,客户端进入 SYN_SENT 状态,等待服务器端确认。第二次握手时,服务器端收到数据包后,由标志位 SYN＝1 知道客户端请求建立连接,服务器端将标志位 SYN 和 ACK 都置为 1,ack＝x+1,随机产生一个值 seq＝Y,并将该数据包发送给客户端以确认连接请求,服务器端进入 SYN_RCVD 状态。第三次握手时客户端收到确认后,检查 ack 是否为 Y+1,ACK 是否为 1,如果正确,则将该数据包发送给服务器端,服务器端检查 ACK 是否为 K＋1,ACK 是否为 1,如果正确,则连接建立成功,客户端和服务器端进入 ESTABLISHED 状态,完成三次握手,随后客户端与服务器端之间即可以开始传输数据了。

　　图 3-9 显示了 TCP 的各种状态。

状态	说明
CLOSED	没有连接
LISTEN	收到了被动打开,等待SYN
SYN-SENT	已发送SYN;等待ACK
SYN-RCVD	已发送SYN+ACK;等待ACK
ESABLISHED	连接已建立;数据传送在进行
FIN-WAIT-1	第一个FIN已发送;等待ACK
FIN-WAIT-2	对第一个FIN的ACK已收到;等待第二个FIN
CLOSE-WAIT	收到第一个FIN,已发送ACK;等待应用程序关闭
TIME-WAIT	收到第二个FIN,已发送ACK;等待2MSL超时
LAST-ACK	已发送第二个FIN;等待ACK
CLOSING	双方都已决定关闭

图 3-9　TCP 的各种状态

3. 网际层

网际层也称为网际互联层,对应 OSI 参考模型的网络层,主要解决主机到主机的通信问题。它所包含的协议设计数据包在整个网络上的逻辑传输,赋予主机一个 IP 地址来完成对主机的寻址,还负责数据包在多种网络中的路由。该层有 3 个主要协议:网际协议、互联网组管理协议和互联网控制报文协议。

IP 协议是网际层最重要的协议,它提供的是一个不可靠、无连接的数据报传递服务。互联网组管理协议(internet group management protocol,IGMP)是 TCP/IP 协议簇中负责 IPv4 组播成员管理的协议。互联网控制报文协议(internet control message protocol,ICMP)是 TCP/IP 协议簇的一个子协议,用于在 IP 主机、路由器之间传递控制消息。

4. 网络接口层

网络接口层与 OSI 参考模型中的物理层和数据链路层相对应。它负责监视数据在主机和网络之间的交换。事实上,TCP/IP 本身并未定义该层的协议,而由参与互联的各网络使用自己的物理层和数据链路层协议,然后与 TCP/IP 的网络接口层进行连接。地址解析协议(ARP)工作在此层,即 OSI 参考模型的数据链路层。

3.4　IPv4

3.4.1　IPv4 简介

1. IP 的主要功能

IP 是英文 internet protocol 的缩写,意思是网络互联协议,是为计算机网络相互连接进行通信而设计的协议。在因特网中,它是能使连接到网上的所有计算机网络实现相互通信的一套规则,规定了计算机在因特网上进行通信时应当遵守的规则。任何厂家生产的计算机系统,只要遵守 IP 就可以与因特网互联互通。正是因为有了 IP,因特网才得以迅速发展,成为世界上最大的、开放的计算机通信网络。因此,IP 也可以叫作因特网协议。

IP 的基本任务是屏蔽下层各种物理网络的差异,向上层提供统一的 IP 数据报。由 IP 控制传输的协议单元称为 IP 数据报,各个 IP 数据报是相互独立的。IP 的基本功能是对数据报进行寻址和路由,并从一个网络转发到另一个网络。它屏蔽了形形色色的物理网络的差异,向上一层提供无连接的 IP 数据报服务。IP 在每个发送的数据报前加入一个控制信息,其中包含了源主机的 IP 地址和其他的一些信息。IP 的另一项工作是分割和重编在传输层被分割的数据报。由于数据报要从一个网络转发到另一个网络,当两个网络支持的数据报大小不同时,IP 就要在发送端将数据报分割,然后在分割的每一分片前再加入控制信息进行传输。当接收端接收到数据报的所有分片后,IP 将这些分片重新组合形成原始的数据报。

2. IP 的特征

IP 是一个无连接的协议。无连接是指主机之间不建立用于可靠通信的端到端的连接,源主机只是简单地将 IP 数据报发送出去,但是 IP 数据报在传输的过程中可能会丢失、重复、延迟或者失序(顺序混乱)等,因此要实现数据报的可靠传输,必须依靠高层的协议或者应用程序,如传输层的 TCP。

IP 的重要特性是非连接和不可靠。非连接是指经过 IP 处理过的数据报是相互独立的,可以按照不同的路径传输到目的地,到达的顺序可以不一致。不可靠是指没有提供对数据流在传输时的可靠性控制,是尽力传送的数据报协议。它没有任何质量保证体系,对底层子网也没有提供任何纠错功能,用户数据报可能发生丢失、重复或者失序。IP 无法保证数据报传输的结果,IP 服务本身也不关心这些结果,也不将结果通知收发双方。

3. IP 数据报的格式

TCP/IP 定义了一个在因特网上传输的包,称为 IP 数据报(IP datagram)。这是一个与硬件无关的虚拟包,由首部和数据两部分组成。首部的前一部分是固定长度的 20B,是所有 IP 数据报必须具有的。在首部的固定部分的后面是一些可选字段,其长度是可变的。首部中的源地址和目的地址都是 IP 协议地址。IP 数据报格式如图 3-10 所示。

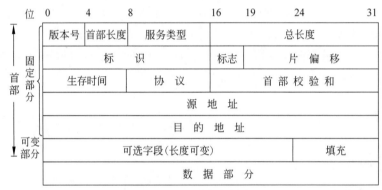

图 3-10　IP 数据报格式

IP 数据报各字段功能如下。

(1) 版本号:占 4 个二进制位,表示该 IP 数据报使用的 IP 版本。目前因特网中使用的主要是 TCP/IP 协议族中版本号为 6 的 IP 协议。

(2) 首部长度:占 4 位,可表示的最大十进制数值是 15。请注意,这个字段所表示数的单位是 32 位字(1 个 32 位字长是 4B),因此,当 IP 的首部长度为二进制的 1111(即十进制的 15)时,首部长度就达到 60B。当 IP 数据报的首部长度不是 4B 的整数倍时,必须利用首部最后的填充字段加以填充。因此数据部分永远从 4B 的整数倍开始,这样在实现 IP 时较为方便。首部长度限制为 60B 的缺点是有时可能不够用。这样做的目的是希望用户尽量减少开销。最常用的首部长度就是 20B(即首部长度为二进制的 0101),这时不使用任何选项。

(3) 服务类型(type of service,TOS):占 8 位,用于规定本数据报的处理方式。服务类型字段的 8 位分成 5 个子域,如图 3-11 所示。

图 3-11　服务类型

① 优先权的取值为 0~7,数越大,表示该数据报优先权越高。在网络中,路由器可以使用优先权进行拥塞控制,例如,当网络发生拥塞时,可以根据数据报的优先权来决定数据报的取舍。

② 短延迟位 D(delay):该位置 1 时,数据报请求以短延迟信道传输;0 表示正常延迟。

③ 高吞吐量位 T(throughput):该位置 1 时,数据报请求以高吞吐量信道传输;0 表示普通吞吐量。

④ 高可靠位 R(reliability)：该位置 1 时,数据报请求以高可靠性信道传输;0 表示普通可靠性。

⑤ 保留位占两位。

(4) 总长度：占 16 位,总长度字段是指整个 IP 数据报的长度(首部＋数据区),以字节为单位。利用首部长度字段和总长度字段就可以计算出 IP 数据报中数据部分的起始位置和长度。由于该字段占 16 位,因此理论上 IP 数据报最长可达 65 536B(事实上受物理网络的限制,要比这个数值小很多)。

(5) 标识(identification)：占 16 位。IP 在存储器中运行一个计数器,每产生一个数据报,计数器就加 1,并将此值赋给标识字段。但这个"标识"并不是序号,因为 IP 是无连接的服务,数据报不存在按序接收的问题。当数据报由于长度超过网络的 MTU(maximum transfer unit,最大传送单元)而必须分片时,标识字段的值就被复制到所有数据报的标识字段中。相同的标识字段的值使分片后的各数据报片最后能正确地重装成为原来的数据报。

(6) 标志 (flag)：占 3 位,但目前只有 2 位有意义。标志字段中的最低位记为 MF (more fragment)。MF=1 表示后面还有分片的数据报。MF＝0 表示这已是若干数据报分片中的最后一个。标志字段中间的一位记为 DF(don't fragment),意思是不能分片。只有当 DF＝0 时才允许分片。

(7) 片偏移：占 13 位。用于指出较长的数据报在分片后,某片在原数据报中的相对位置,也就是相对于用户数据部分的起点,该分片从何处开始。片偏移以 8B 为偏移单位。这就是说,每个分片的长度一定是 8B(64b)的整数倍。

(8) 生存时间(time to live,TTL)：占 8 位,它指定了数据报可以在网络中传输的最长时间。实际应用中把生存时间字段设置成数据报可以经过的最大路由器数。TTL 的初始值由源主机设置(通常为 32、64、128 或 256),一旦经过一个处理它的路由器,它的值就减 1。当该字段为 0 时,数据报就丢弃,并发送 ICMP 报文通知源主机,因此可以防止数据报进入一个循环回路时无休止地传输下去。

(9) 协议：上层协议标识,占 8 位。IP 可以承载各种上层协议,目的端根据协议标识就可以把收到的 IP 数据报送到 TCP 或 UDP 等处理此报文的上层协议了。

表 3-2 显示了常用的网际协议。

表 3-2　常用的网际协议

十进制编号	协议	说　　明	十进制编号	协议	说　　明
0	无	保留	6	TCP	传输控制协议
1	ICMP	互联网控制报文协议	8	EGP	外部网关协议
2	IGMP	互联网组管理协议	9	IGP	内部网关协议
3	GGP	网关-网关协议	11	NVP	网络声音协议
4	无	保留	17	UDP	用户数据报协议
5	ST	流			

(10) 首部校验和：占 16 位,用于 IP 数据报首部有效性的校验,可以保证 IP 数据报首部在传输时的正确性和完整性。首部校验和字段是根据 IP 数据报首部计算出的校验和,它

不对首部后面的数据进行计算。

(11) 源地址：占 32 位，表示发送端 IP 地址。

(12) 目的地址：占 32 位，表示目的端 IP 地址。

(13) 可选字段：用来支持排错、测量以及安全等措施，内容很丰富。此字段的长度可变，为 1～40B，取决于所选择的项目。某些选项只需要 1B，只包括 1B 的选项代码，但还有些选项需要多个字节。这些选项一个个拼接起来，中间不需要分隔符，最后用全 0 的填充字段补齐为 4B 的整数倍。

(14) 填充：可选字段大小要求是 4B 的整数倍，否则要用填充字段来补齐，通常用 0 来填充。

3.4.2 IPv4 地址

1. IP 地址简介

在网络中，对于主机的识别要依靠地址。大多数局域网通过网卡的物理地址，来标识一个联网的计算机或其他设备。所谓物理地址，是指固化在网卡 EPROM 中的地址，这个地址应该保证在全网是唯一的。如果固化在网卡中的地址为 112233445566，那么这块网卡插到主机 A 中，主机 A 的地址就是 112233445566，不管主机 A 是连接在局域网 1 上还是在局域网 2 上，也不管这台主机移到什么位置，它的物理地址一直是 112233445566，是不变的，而且不会和世界上任何一台计算机相同。使用物理地址，当主机 A 发送一帧时，网卡执行发送程序，直接将这个地址作为源地址写入该帧。当主机 A 接收一帧时，直接将这个地址与接收帧目的地址比较，以决定是否接收。

使用物理地址寻址有以下问题。

(1) 物理地址被固化在网络设备(网卡)中，通常不能被修改。

(2) 物理地址属于非层次化的地址，它只能标识出单个设备，不能标识出该设备连接的是哪一个网络。

针对物理地址存在的问题，采用逻辑地址的编址方案，使用网络层的 IP 地址。IP 地址通过上层软件对各个物理地址进行统一编址，这种软件的方式没有改变物理地址，而是屏蔽了它们，建立了一种 IP 地址与物理地址的映射关系。这样，在网络层使用 IP 地址，到了底层，通过映射得到物理地址。

IP 地址作为互联网的逻辑地址是有层次的，IP 地址为 32 位长，理论上可以有 2^{32} 个地址。互联网给每一台上网的计算机分配一个 32 位长的二进制数字编号，这个编号就是 IP 地址。

IP 地址由地址类别、网络号和主机号 3 部分组成，其结构如图 3-12 所示。其中，地址类别用来标识网络类型，网络号用来标识一个逻辑网络，主机号用来标识网络中的一台主机。互联网中的主机至少有一个 IP 地址，而且这个 IP 地址是全网唯一的。

地址类别	网络号	主机号

图 3-12　IP 地址的结构

用二进制数表示的 IP 地址不方便记忆和阅读，所以采用点分十进制的方法来表示 IP 地址。即，将 32 个二进制位每 8 位单独转成一个十进制数，共 4 个十进制数，中间用点隔开。例如,某主机 IP 地址是 11001010 00101001 00001000 00010000,按上面的规则写成
202.41.8.16。

2. IP 地址的分类

　　IP 协议把 IP 地址分为 5 类,即 A 类、B 类、C 类、D 类和 E 类。5 类 IP 地址的格式如
图 3-13 所示。

图 3-13　A～E 类 IP 地址的格式

　　A 类地址适用于大型网络,B 类地址适用于中型网络,C 类地址适用于小型网络,D 类
地址用于多播,E 类地址预留。地址的类别可以从 IP 地址的最高 8 位判断,如表 3-3 所示。

表 3-3　IP 地址分类

IP 地址分类	高 8 位数值范围	IP 地址分类	高 8 位数值范围
A 类	0～127	D 类	224～239
B 类	128～191	E 类	240～255
C 类	192～223		

1）A 类地址

　　A 类地址用最高位为 0 表示网络类别,接下来的 7 位表示网络号,低 24 位表示主机号。
通过网络号和主机号的位数可以知道,A 类地址的网络数为 $2^7 = 128$ 个,每个网络中包含的
主机数为 $2^{24} = 16\ 777\ 216$ 个,A 类网络地址的范围是 0.0.0.0～127.255.255.255,如图 3-14
(a)所示。

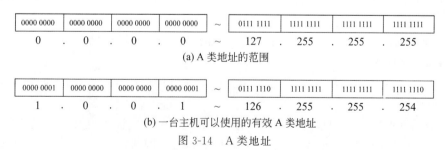

(a) A 类地址的范围

(b) 一台主机可以使用的有效 A 类地址

图 3-14　A 类地址

　　由于网络号全 0 和全 1 保留用于特殊目的,所以 A 类地址的有效网络数为 126 个,每
个网络中包含的主机数是 $2^{24} - 2 = 16\ 777\ 214$。因此,一台主机能使用的 A 类地址有效范

围为 1.0.0.1～126.255.255.254,如图 3-14(b)所示。

2) B 类地址

B 类地址用最高两位为 10 表示网络类别,接下来的 14 位表示网络号,低 16 位表示主机号。因此,B 类地址的有效网络数为 $2^{14}-2=16\ 382$ 个,每个网络中包含的主机数为 $2^{16}-2=65\ 534$ 个。B 类地址的范围为 128.0.0.0～191.254.254.255,一台主机可以使用的 B 类地址的有效范围是 128.1.0.1～191.255.255.254,如图 3-15 所示。

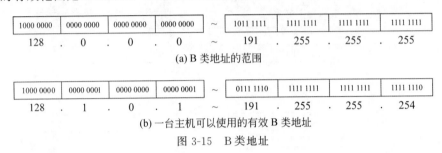

图 3-15 B 类地址

3) C 类地址

C 类地址用最高 3 位为 110 表示网络类别,接下来的 21 位表示网络号,低 8 位表示主机号。因此,C 类地址网络个数为 2^{21} 个,每个网络中包含主机 256 个。C 类地址的范围是 192.0.0.0～223.255.255.255,同理,一台主机能够使用的有效范围是 192.0.1.1～223.255.254.254,如图 3-16 所示。

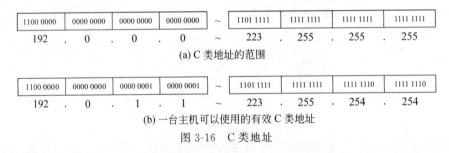

图 3-16 C 类地址

4) D 类地址

D 类地址用于多播。多播就是同时把数据发送给一组主机,只有那些已经登记可以接收多播地址的主机才能接收多播数据。

5) E 类地址

E 类地址是预留的,同时也可以用于实验目的,但它们不能分配给主机。

3. 特殊 IP 地址

在 IP 中,规定了一些特殊的 IP 地址,这些 IP 地址具有特别的作用,不能分配给主机。特殊 IP 地址如表 3-4 所示。

(1) 网络地址。网络地址又称为网段地址,是网络号不空而主机号全 0 的 IP 地址,即网络本身。例如地址 222.220.32.0 为网络地址,表示整个网络。

(2) 直接广播地址。网络号不空而主机号全 1 的 IP 地址,表示这一网段下的所有用户。例如,222.220.32.255 就是直接广播地址,表示 222.220.32 网段下的所有用户。若其他

表 3-4　特殊 IP 地址

地址类型	网络号	主机号	说　　明
本机地址	全 0	全 0	启动时使用
网络地址	有网络号	全 0	标识一个网络
直接广播地址	有网络号	全 1	在网络外向网络内的所有主机进行广播
内网广播地址	全 1	全 1	在本地网进行广播
回环测试地址	127	任意	回环测试

网络中的主机要向 222.220.32 网段下的所有用户进行广播,则向地址 222.220.32.255 进行广播即可。

（3）内网广播地址。也叫有限广播地址,是网络号和主机号都是 1 的 IP 地址。向 255.255.255.255 这个地址发送的数据会在本地网络进行广播。

（4）回环测试地址。网络号为 127 而主机号任意的 IP 地址。最常用的回环测试地址是 127.0.0.1。

4. 私有地址

私有地址专门用于企业内部网络中,不能作为互联网上的地址。内部网络由于不与外部互联,因而可以使用任意 IP 地址。使用私有地址的内部网络在接入因特网时,要使用地址翻译(NAT)将私有地址翻译成合法 IP 地址。在因特网上,这类地址是不能出现的。A、B、C 类地址都有私有地址段。

（1）A 类地址可以使用的私有地址段为 10.0.0.0～10.255.255.255。

（2）B 类地址可以使用的私有地址段为 172.16.0.0～172.131.255.255。

（3）C 类地址可以使用的私有地址段为 192.168.0.0～192.168.255.255。

3.4.3　子网技术

出于对管理、性能和安全方面的考虑,可以把单一网络划分为多个物理网络,并使用路由器将它们连接起来,子网划分技术能够使单个网络地址包含几个物理网络。

1. 划分子网的原因

划分子网的原因主要有以下几方面。

（1）充分使用地址。由于 A 类网络和 B 类网络的地址空间太大,根本无法在单一网络中用完全部地址。因此,为了能够有效地利用地址空间,必须把可用地址分配给多个较小的网络。

（2）划分管理职责。当一个网络被划分为多个子网后,每个子网的管理可以由子网管理人员负责,使网络变得更加容易控制。

（3）提高网络性能。在一个网络中,随着网络用户的增长和主机的增加,网络通信也将变得非常繁忙。如果将一个大型网络划分为若干个子网,并通过路由器将其连接起来,就可以减少网络拥塞。

2. 划分子网的方法

IP 地址共 32 位,分为网络号和主机号两部分。为了划分子网,可以将单个网络的主机号分为两个部分,一部分用于子网号的编址,另一部分用于主机号编址,如图 3-17 所示。

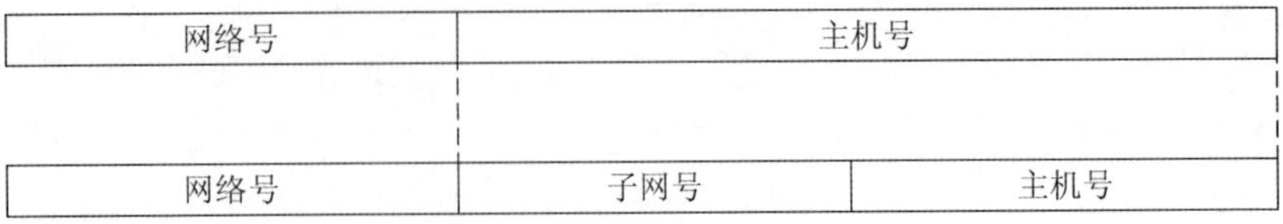

网络号	主机号	
网络号	子网号	主机号

图 3-17　子网的划分

子网号的位数取决于具体的需要。子网号占用的位越多,则可以分配给主机的位数就越少,也就是在一个子网中包含的主机越少。假设一个 B 类网络地址为 172.16.0.0,将主机号分为两部分,其中 8 位用于子网号,8 位用于主机号,那么这个 B 类地址就被分为 254 个子网,每个子网可以容纳 254 台主机。

3. 子网掩码

将网络地址分为子网络号和主机号,那么网络中各个节点如何知道哪几位是网络号,哪几位是主机号呢? 方法是通过子网掩码来识别网络号和主机号。一个网络有一个子网掩码。子网掩码也是一个用点分十进制表示的 32 位二进制数,其取值的设置规则为:对应 IP 地址中网络号和子网号的位置设置为 1,对应主机号的位置设置为 0。通过判断是否为 1 即可知道哪几位是网络号。标准的 A 类、B 类、C 类地址都有一个默认的子网掩码,如表 3-5 所示。

表 3-5　A 类、B 类、C 类地址默认的子网掩码

地址类型	十进制表示	子网掩码的二进制位			
A	255.0.0.0	1111 1111	0000 0000	0000 0000	0000 0000
B	255.255.0.0	1111 1111	1111 1111	0000 0000	0000 0000
C	255.255.255.0	1111 1111	1111 1111	1111 1111	0000 0000

为了识别网络地址,TCP/IP 对子网掩码进行按位与操作。按位与就是两个二进制数的对应位进行与运算。若两个值均为 1,则结果为 1;若其中一个值为 0,则结果为 0。例如,对于 B 类地址 172.16.31.55,若使用 B 类地址的默认子网掩码 255.255.0.0,则其网络号为 172.16.0.0;若使用划分了子网的子网掩码 255.255.255.0,则其网络号为 172.16.31.0。具体运算过程如图 3-18 所示。

IP 地址: 172.16.31.55	1010 1100	0001 0000	0001 1111	0011 0111
子网掩码: 255.255.0.0	1111 1111	1111 1111	0000 0000	0000 0000
网络号: 172.16.0.0	1010 1100	0001 0000	0000 0000	0000 0000

(a) 使用默认子网掩码时的网络号

IP 地址: 172.16.31.55	1010 1100	0001 0000	0001 1111	0011 0111
子网掩码: 255.255.255.0	1111 1111	1111 1111	1111 1111	0000 0000
网络号: 172.16.31.0	1010 1100	0001 0000	0001 1111	0000 0000

(b) 使用划分了子网的子网掩码时的网络号

图 3-18　使用不同子网掩码时网络号不同

在图 3-18 中,子网掩码使用一个字节用于划分子网,这种子网掩码叫边界子网掩码,其特点是子网掩码的取值不是 0 就是 255,非常整齐。但在实际的子网划分中,还会使用一个字节的某几位作为子网号,这就是非边界子网掩码。非边界子网掩码的取值除了 255 外,还有其他值。

4. 划分子网的规则

在 RFC 950 文档中规定了子网划分的规范,其中对网络地址中的子网号做了如下规定。

(1) 由于网络号全为 0 代表的是本网络,所以网络地址中的子网号不能全为 0。

(2) 由于网络号全为 1 表示广播地址,所以网络地址中的子网号也不能全为 1。

例如,划分子网的时候使用 3 位二进制数作为子网号,可以划分为 8 个子网(000、001、010、011、100、101、110、111),但根据上述规则,全 0 和全 1 的子网不能使用,所以只有 6 个子网可以使用。

RFC950 禁止使用全 0 和全 1 的子网号,全 0 子网会给早期的路由器选择协议带来麻烦,全 1 子网与所有子网的直接广播地址冲突。随着网络技术的发展,很多供应商主机的产品可以支持全 0 和全 1 的子网。所以,当用户要使用全 0 或者全 1 的子网时,需要确认网络中的主机或者路由器是否支持。另外,对于可变长子网划分 VLSM 和无类域间路由 CIDR,由于它们属于现代网络技术,已经不再按照传统的 A 类、B 类、C 类地址的方式工作,因而不存在全 0 子网和全 1 子网的问题,全 0 和全 1 的子网都可以使用。

5. 子网划分实例

为了将网络划分为不同的子网,必须为每一个子网分配一个网络号。在划分子网前,需要确定需要的子网数和每个子网的最大主机数,有了这些信息后,就可以定义每个子网的子网掩码、网络地址的范围和主机号范围。划分子网的步骤如下。

(1) 确定需要多少个子网号来标识网络中的每一个子网。

(2) 确定需要多少个主机号来标识每个子网中的每一台主机。

(3) 定义一个符合网络要求的子网掩码。

(4) 确定标识每一个子网的网络地址。

(5) 确定每一个子网所使用的主机地址范围。

接下来用一个实例说明子网划分的过程。

假设某企业内部有 5 个部门:市场部、行政部、营销部、财务部和后勤部。该企业申请到一个 C 类网络地址 192.99.20.0/24,要对该网络进行子网划分,以确保不同部门的主机处于不同的子网中,提升网络的性能和确保通信的安全,请进行子网的规划。

该企业有 5 个部门,至少需要 5 个子网,则需要从第 4 个字节中划分出 3 位二进制数作为子网号。假设全 0 和全 1 的子网号不可用,则 3 位二进制数可以划分成 6 个子网,取其中的 5 个子网即可。

第 4 个字节划分出 3 位二进制数作为子网号,则剩下 5 位二进制数作为主机号,一共可以容纳的主机数目为 $2^5-2=30$,符合要求。

该划分子网的方案可行,接下来确定子网掩码。子网掩码为 255.255.255.224,如图 3-19 所示。

确定了子网掩码后,就可以确定可用的网络地址了。子网号为 3 位二进制数可以有 8 种取值组合,去掉全 0 和全 1 的两种组合后,还有 6 种组合,即 001、010、011、100、101、110、

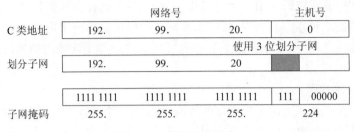

图 3-19 子网掩码划分

把前 5 种组合分配给公司的 5 个部门,网络地址分配如图 3-20 所示。

子网掩码为 255.255.255.224

11111111	11111111	11111111	111	00000		
			000	00000		
			001	00000	192.99.20.32	市场部
			010	00000	192.99.20.64	行政部
			011	00000	192.99.20.96	营销部
192.	99.	20.	100	00000	192.99.20.128	财务部
			101	00000	192.99.20.160	后勤部
			110	00000		
			111	00000		

原有网络号   +   子网号   =   网络地址

图 3-20 网络地址分配

根据每个子网的网络地址就可以确定每个子网的主机地址范围,如表 3-6 所示。

表 3-6 子网划分及主机地址范围

部 门	子网网络地址	子网号	子网主机号范围	子网主机地址范围
市场部	192.99.20.32	001	00001~11110	192.99.20.33~192.99.20.62
行政部	192.99.20.64	010	00001~11110	192.99.20.65~192.99.20.94
营销部	192.99.20.96	011	00001~11110	192.99.20.97~192.99.20.126
财务部	192.99.20.128	100	00001~11110	192.99.20.129~192.99.20.158
后勤部	192.99.20.160	101	00001~11110	192.99.20.161~192.99.20.190

6. 可变长子网划分

除了用点分十进制法表示外,子网掩码还可以用网络前缀标记法来表达。前面使用的 C 类地址默认子网掩码 255.255.255.0 就是点分十进制表示法。网络前缀法是一种表示子网掩码中网络地址长度的方法。由于网络号是从 IP 地址高字节以连续的方式从左到右选取若干位作为网络号,因此可以用"IP 地址/网络号位数"这种方式来表示。

一个子网掩码为 255.255.0.0 的 B 类网络地址 172.16.0.0 用网络前缀标记法可以表示为 172.16.0.0/16。若对这个 B 类网络进行子网划分,使用主机号的前 8 位用于子网号,网络号和子网号共计 24 位,因此,该网络地址的子网掩码为 255.255.255.0,使用网络前缀法表示时,子网 172.16.20 可以表示为 172.16.20.0/24。

以上子网划分是把一类网络划分为几个规模相同的子网,即每个子网包含相同的主机数。但是,在实际应用中,某一网络需要划分为不同规模的子网,例如一个单位中的各个网络包含不同数量的主机,就需要创建不同规模的子网,以避免 IP 地址的浪费。将网络划分为几个不同规模的子网就称为可变长子网划分,需要使用相应的可变长子网掩码(VLSM)技术。

可变长子网划分是一种用不同长度的子网掩码来分配子网网络号的技术。划分子网时,为不同规模的子网分配不同长度的子网掩码,各个子网掩码均不相同,各个子网通过子网掩码进行区分。可变长子网划分实际上是对已划分好的子网作进一步划分,从而形成不同规模的网络。

例如,一个 B 类网络地址为 172.16.0.0,需要配置一个能容纳 32 000 台主机的子网、15 个能容纳 2000 台主机的子网和 8 个能容纳 254 台主机的子网。

(1) 一个能容纳 32 000 台主机的子网。用主机号中的 1 位(第 3 个字节的最高位)进行子网划分,产生两个子网,即 172.16.0.0/17 和 172.16.128.0/17。这种子网划分允许每个子网有多达 32 766 台主机。选择 172.16.0.0/17 作为网络号,它能满足一个子网容纳 32 000 台主机的需求。

(2) 15 个能容纳 2 000 台主机的子网。若要满足这个需求,再使用主机号中的 4 位对 172.16.128.0/17 进行子网划分,就可以划分出 16 个子网,即 172.16.128.0/21, 172.16.136.0/21,…,172.16.248.0/21,从这 16 个子网中选择前 15 个分配给容纳 2 000 台主机的子网,172.16.248.0/21 不使用。

(3) 8 个能容纳 254 台主机的子网。为了满足这个需求,再用主机号中的 3 位对 172.16.248.0/21(第 2 步中划分出的第 16 个子网)进行子网划分,可以产生 8 个子网,网络地址依次为 172.16.248.0/24,172.16.249.0/24,…,172.16.255.0/24,每个子网可以容纳 254 台主机。

3.5　IPv6

3.5.1　IPv6 简介

目前人们使用的第二代互联网 IPv4 技术,其核心技术属于美国。它最大的问题是网络地址资源有限,从理论上讲,IPv4 能为 1600 万个网络、40 亿台主机编址。但采用 A、B、C 3 类编址方式后,可用的网络地址和主机地址的数目大打折扣,以致 IP 地址已于 2011 年 2 月 3 日分配完毕。

IP 地址资源数量有限。然而,随着电子技术及网络技术的发展,计算机网络进入人们的日常生活,可能身边的每一样东西都需要连入因特网。在这样的发展需求推动下,IPv6 应运而生。单从数量级上来说,IPv6 所拥有的地址容量是 IPv4 的 8×10^{28} 倍,达到 2^{128} 个。这不但解决了网络地址资源数量的问题,同时也为除计算机以外的设备连入互联网在数量限制上扫清了障碍。如果说 IPv4 实现的只是人机对话,而 IPv6 则扩展到任意事物之间的对话,它不仅可以为人类服务,还将服务于众多硬件设备,如家用电器、传感器、远程照相机、汽车等,它将是无时不在、无处不在地深入社会每个角落的真正的宽带网。它能带来的经济效益将非常巨大。

IPv6 是互联网工程任务组(internet engineering task force,IETF)设计的用于替代现行版本 IP——IPv4 的下一代 IP,IP 地址由 128 位二进制数码表示,能够支持更多的网络节点。IPv6 简化了首部,减少了路由器处理首部所需要的时间,提高了网络的速度。IPv6 还对服务质量(QoS)作了定义,并提供了比 IPv4 更好的安全性保证。未来将是一个数字化、全球化时代。基于 IPv6 的下一代互联网,不仅是技术、产业、生态全面升级的机会,也是互联网体系结构和标准创新的新赛道,更是互联网治理规则的新思路。以 IPv6 协议为基础的下一代互联网将渗透到各行各业,全面加速传统行业向数字化转型,最终惠及我们每一个人。

IPv6 的特点如下。

(1) IPv6 地址长度为 128 位,IP 地址数量可以充分满足数字化生活的需要。

(2) 灵活的 IP 报文首部格式。使用一系列固定格式的扩展首部取代了 IPv4 中可变长度的选项字段。IPv6 中选项部分的出现方式也有所变化,使路由器可以简单路过选项而不做任何处理,加快了报文处理速度。

(3) IPv6 简化了报文首部格式,字段只有 8 个,加快了报文转发,提高了吞吐量。

(4) 提高了安全性。身份认证和隐私权是 IPv6 的关键特性。

(5) 支持更多的服务类型。

(6) 允许协议继续演变,增加新的功能,以适应未来技术的发展。

图 3-21 显示了 IPv6 数据报的结构,它由基本首部和有效载荷两部分组成。

图 3-21　IPv6 数据报

1. IPv6 数据报的基本首部

IPv6 数据报的基本首部如图 3-22 所示。

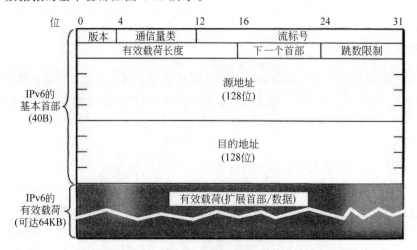

图 3-22　IPv6 数据报的基本首部

(1) 版本(version)占 4 位,指明协议版本,该字段为 6 表示 IPv6。

(2) 通信量类(traffic class)占 8 位,区别不同的 IPv6 数据报的类别或优先级。

(3) 流标号(flow label)占 20 位。IPv6 的一个新的机制是支持资源预分配,并且运行路由器把每一个数据报与一个给定的资源分配相联系。所谓"流"就是互联网上从特定源点到特定终点(单播或多播)的一系列数据报(如实时音频或视频传输),而这个流所经过的路径上的路由器都保证指定的服务质量。所有属于同一个流的数据报都具有同样的流标号。因此流标号对于实时音频/视频数据的传送特别有用。对于传统的电子邮件或非实时数据,流标号没有用处,置为 0 即可。

(4) 有效载荷长度(payload length)占 16 位,指明 IPv6 数据报除基本首部以外的字节数(扩展首部也算在有效载荷之内)。

(5) 下一个首部占 8 位,相当于 IPv4 的协议字段或可选字段。当 IPv6 数据报没有扩展首部时,下一个首部字段的作用和 IPv4 的协议字段一样,它的值指出了基本首部后面的数据应交付给 IP 上面的哪一个高层协议(如 6 表示 TCP,17 表示 UDP)。当出现扩展首部时,下一个首部字段的值用于标识后面第一个扩展首部的类型。

(6) 跳数限制(hop limit)占 8 位,用来防止数据报在网络中无限期地存在。源点在每个数据报发出时即设定跳数限制。每个路由器在转发数据报时,要先将跳数限制字段中的值减 1。当跳数限制的值为 0 时,就要丢弃这个数据报。

(7) 源地址占 128 位,是数据报发送端的 IP 地址。

(8) 目的地址占 128 位,是数据报接收端的 IP 地址。

2. IPv6 数据报的扩展首部

IPv6 把原来 IPv4 首部中选项的功能都放在扩展首部中,并把扩展首部留给路径两端的源点和终点的主机来处理,而数据报途中经过的路由器都不处理这些扩展首部(只有一个扩展首部的字段例外,即逐跳选项字段),这样就大大提高了路由器的处理效率。

RFC 2460 中定义了以下 6 种扩展首部字段。

(1) 逐跳选项:该字段定义了途径路由器所需检验的信息。

(2) 路由选择:该字段给出了到达目的地所经过的中间路由器。

(3) 分片:该字段包含数据报标识符、分片号以及是否终止标识符。

(4) 鉴别:该字段用于对源端的身份验证。

(5) 封装安全有效载荷:该字段对负载进行加密。

(6) 目的站选项:该字段给出目的站点处理的可选信息。

3.5.2　IPv6 的优势

与 IPv4 相比,IPv6 具有以下几个优势。

(1) IPv6 具有更大的地址空间。IPv4 中规定 IP 地址长度为 32,最大地址个数为 2^{32},约 43 亿;而 IPv6 中 IP 地址长度为 128,即最大地址个数为 2^{128},约 $3.4×10^{38}$,有足够的地址资源。充足的地址资源完全消除了 IPv4 互联网应用的诸多限制。例如,未来每一个带电的物体都可以有一个 IP 地址。IPv6 的技术优势目前在一定程度上解决了 IPv4 的问题,这是 IPv4 向 IPv6 演进的重要动力之一。

(2) IPv6 使用更小的路由表。IPv6 的地址分配一开始就遵循聚类(aggregation)的原则,这使得路由器能在路由表中用一条记录(entry)表示一个子网,大大减小了路由器中路由表的长度,提高了路由器转发数据包的速度。

(3) IPv6 增加了增强的多播支持以及对流的控制,这使得网络上的多媒体应用有了长足发展的机会,为服务质量控制提供了良好的网络平台。

(4) IPv6 加入了对自动配置的支持。这是对 DHCP 协议的改进和扩展,使得网络(尤其是局域网)的管理更加方便和快捷。

(5) IPv6 具有更高的安全性。在 IPv6 网络中,用户可以对网络层的数据进行加密并对 IP 报文进行校验,IPv6 中的加密与鉴别选项提高了分组的保密性与完整性,极大地增强了网络的安全性。

(6) 允许扩充。如果新的技术或应用需要时,IPv6 允许对协议进行扩充。

(7) 更好的首部格式。IPv6 使用新的首部格式,其选项与基本首部分开,如果需要,可将选项插入到基本首部与上层数据之间,这样就简化和加速了路由选择过程,因为大多数的选项不需要由路由选择。

(8) 新的选项。IPv6 还有一些新的选项来实现附加的功能。

3.6 本章小结

计算机网络协议是计算机相互交流的语言。网络协议有 3 个要素:语义、语法和时序。语义表示要做什么,语法表示要怎么做,时序表示做的顺序。

OSI 参考模型是 ISO 制定的 OSI/RM,为开放式互联信息系统提供了一种功能结构的框架。它包括 7 层,从低到高分别是物理层、数据链路层、网络层、传输层、会话层、表示层和应用层。

计算机网络体系结构采用分层结构。OSI 参考模型是严格遵循分层模型的典范,自推出之日起就成为网络体系结构的蓝本。但是在 OSI 推出之前,便捷、高效的 TCP/IP 体系结构就已经随着因特网的流行而成为事实上的国际标准。

计算机网络中的每一台设备必须有唯一的 IP 地址,所有的数据传输都基于 IP 地址进行。IP 地址分为 A 类、B 类、C 类、D 类和 E 类 5 种类型,这 5 种类型的 IP 地址有不同的网络号和主机号。

IPv4 和 IPv6 是目前存在的两种 Internet 协议版本。IPv4 使用 32 位二进制数表示一个地址,地址空间已严重不足,因此 IETF 设计了下一代的 IP——IPv6。IPv6 使用 128 位二进制数表示一个地址,能够支持更多的网络节点,可以充分满足数字化生活的需要。

3.7 实训

3.7.1 设置 TCP/IP

1. 实训目的

(1) 了解 TCP/IP 的基本知识。

(2) 掌握 TCP/IP 的设置方法。

2. 实训步骤

(1) 打开"控制面板",查看方式选择"类别",然后选择"网络和 Internet",如图 3-23 所示。

(2) 打开"网络和 Internet"界面,如图 3-24 所示。

图 3-23　在"控制面板"中选择"网络和 Internet"

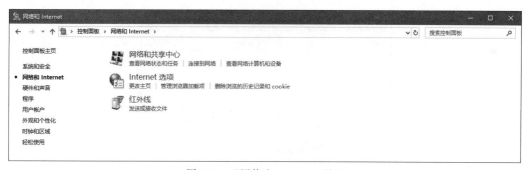

图 3-24　"网络和 Internet"界面

（3）选择"网络和共享中心"，打开"网络和共享中心"界面，如图 3-25 所示。

图 3-25　"网络和共享中心"界面

（4）单击左侧的"更改适配器设置"，打开"网络连接"界面，如图 3-26 所示。
该界面中列出了本机所有的网络设备，红色×表示该设备没有连接到网络中。

图 3-26　"网络连接"界面

(5) 双击要修改的设备,就可以打开"以太网 属性"对话框,如图 3-27 所示。

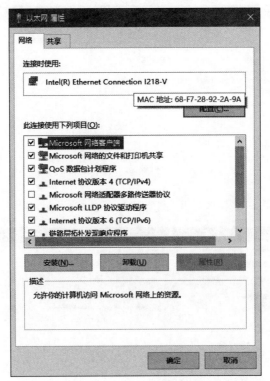

图 3-27　"以太网 属性"对话框

(6) 要设置 IP 地址,则需要勾选"Internet 协议版本 4(TCP/IPv4)"复选框,再单击"配置"按钮。若选择"自动获得 IP 地址"单选按钮,则计算机会自动使用 DHCP 协议获取 IP 地址。要手动设置 IP 地址,则选中"使用下面的 IP 地址"单选按钮,然后按照给定的 IP 地址、子网掩码、默认网关、DNS 服务器的数据进行设置,如图 3-28 所示。

设置完毕后单击"确定"按钮。

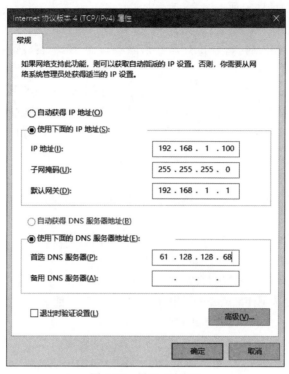

图 3-28　设置 IP 地址

3.7.2　划分子网和设置子网掩码

1. 实训目的

(1) 了解子网及子网掩码的基本知识。

(2) 掌握子网及子网掩码的设置。

2. 实训步骤

1) 设置子网掩码

(1) 两人一组,设置两台主机 A 和 B 的 IP 地址与子网掩码如下。

A 的 IP 地址为 10.2.2.x,子网掩码为 255.255.254.0。

B 的 IP 地址为 10.2.3.y,子网掩码为 255.255.254.0。

其中,x、y 分别是两人的座位号。

(2) 两台主机均不设置默认网关。

(3) 用 arp -d 命令清除两台主机上的 ARP 表,然后在 A 与 B 上分别用 ping 命令与对方通信,观察并记录结果,分析原因。

(4) 在两台主机上分别执行 arp -a 命令,观察并记录结果,分析原因。

提示:由于主机将各自通信目标的 IP 地址与自己的子网掩码相与后,发现目标主机与自己均位于同一网段(10.2.2.0),因此通过 ARP 协议获得对方的 MAC 地址,从而实现在同一网段内网络设备间的双向通信。

2) 修改主机 A 的子网掩码

(1) 将 A 的子网掩码改为 255.255.255.0,其他设置保持不变。

(2) 在两台主机上分别执行 arp -d 命令清除各自的 ARP 表,然后在 A 上用 ping 命令与 B 通信,观察并记录结果。

(3) 在两台主机上分别执行 arp -a 命令,观察并记录结果,分析原因。

提示:A 将目标设备的 IP 地址(10.2.3.3)和自己的子网掩码(255.255.255.0)相与得 10.2.3.0,和自己不在同一网段(A 所在网段为 10.2.2.0),因此 A 必须将该 IP 分组首先发向默认网关。

3) 修改主机 B 的子网掩码

(1) 按照步骤 2)对 B 进行配置,接着在 B 上通过 ping 命令与 A 通信,观察并记录结果,分析原因。

(2) 在 B 上执行 arp -a 命令,观察并记录结果,分析原因。

提示:B 将目标设备的 IP 地址(10.2.2.2)和自己的子网掩码(255.255.254.0)相与,发现目标主机与自己均位于同一网段(10.2.2.0),因此,B 通过 ARP 协议获得 A 的 MAC 地址,并可以正确地向 A 发送 Echo Request 报文。但由于 A 不能向 B 正确地发回 Echo Reply 报文,故 B 上显示 ping 的结果为"请求超时"。

在该实训操作中,通过观察 A 与 B 的 ARP 表的变化可以验证:在一次 ARP 的请求与响应过程中,通信双方就可以获知对方的 MAC 地址与 IP 地址的对应关系,并保存在各自的 ARP 表中。

习题 3

1. 什么是网络协议?网络协议为什么要分层?

2. 什么叫网络体系结构?采用分层的网络系统结构有哪些优点?

3. OSI 参考模型各层的主要功能是什么?

4. 简述 TCP/IP 模型各层的主要功能。

5. TCP/IP 模型与 OSI 参考模型有哪些类似之处和区别?

6. 什么是子网掩码?它有什么作用?

7. 简述子网划分的目的。

8. 某企业要进行信息化改造,要求每个部门的主机处于不同的子网中,而且规定每个子网中最多可容纳的主机数量为 30 台。要求对企业申请的 196.99.180.0/24 网络进行子网划分(假设全 0 和全 1 的子网可用)。

(1) 指出当前网络最多可划分为几个子网。

(2) 给出每个子网的子网掩码、网络地址、可用 IP 范围和广播地址。

第4章 局域网基础

本章学习目标

- 了解局域网的概念、特点、常见的拓扑结构、传输介质及局域网标准。
- 掌握以太网典型技术及介质访问控制方法。
- 了解局域网常见设备。
- 了解局域网的组建。
- 掌握虚拟局域网的组建。
- 了解无线局域网。

本章主要介绍局域网的相关概念、以太网典型技术以及介质访问控制方法、局域网中常见设备的特点、虚拟局域网的作用以及操作、无线局域网。

4.1 局域网概述

4.1.1 局域网的特点

局域网(local area network,LAN)是一种在有限的地理范围内将大量的计算机及各种设备互连在一起,实现数据传输和资源共享的计算机网络。

局域网具有以下特点。

(1)覆盖的地理范围较小。局域网的范围虽然没有严格的定义,但一般认为覆盖的范围为几十米到几十千米(如一幢办公楼、一个企业等),通常为一个单位所拥有。

(2)高传输速率和低误码率。局域网的传输速率通常为 $1\sim20$Mb/s,高速局域网可达 100Mb/s。万兆位局域网也已推出,其误码率一般为 $10^{-8}\sim10^{-11}$。这是因为局域网一般使用专门铺设的传输介质连入网络,从而提高了数据传输质量。

(3)服务的用户比较集中。局域网一般属于一个单位所有,在单位或部门内部管理和使用,服务于本单位的用户,易于维护和扩展。

(4)局域网组网方便、灵活。局域网所需投资小,组建方便,使用灵活,见效快,是目前使用最广泛的计算机通信网络。

4.1.2 局域网拓扑结构

网络拓扑(topology)结构是指用传输介质互连各种设备的物理布局。网络中的计算机等设备要实现互连,需要以一定的结构方式连接,这种连接方式就叫作拓扑结构,通俗地讲就是这些网络设备连接在一起的方式。

局域网拓扑结构可以分为 4 类:星形、总线、环形和混合型。

1. 星形拓扑结构

星形拓扑结构通过一个网络中心节点将网络中的各工作站节点连接在一起,呈星形分布,网络中心节点可直接与从节点通信,而从节点间必须通过中心节点才能通信。在星形网络中,中心节点通常由一种称为集线器或交换机的设备充当,因此网络上的计算机之间是通过集线器或交换机来相互通信的。星形拓扑结构是局域网最常见的网络拓扑结构,如图4-1所示。

图 4-1　星形拓扑结构

星形拓扑结构一般采用集中式介质访问控制,结构简单,容易实现。星形拓扑结构网络的特点如下。

(1) 网络结构简单,便于管理(集中式)。

(2) 每台入网主机均需物理线路与中心节点互连,线路利用率低。

(3) 中心节点负载重(需处理所有的服务),因为任何两台入网主机之间交换信息都必须通过中心节点。

(4) 入网主机的故障不影响整个网络的正常工作,中心节点的故障将导致网络瘫痪。

2. 总线拓扑结构

在总线拓扑结构的网络中,所有节点都通过相应的硬件接口直接连接在总线上。总线一般以单根同轴电缆或光纤作为传输介质,在总线两端使用终端器,防止线路中信号反射而造成干扰。总线拓扑结构的网络中所有的节点共享一条数据通道,任何一个节点发送的信号都可以沿着传输介质传播,被其他所有节点接收。总线拓扑结构的优点是:电缆长度短,易于布线和维护;结构简单,传输介质又是无源元件,从硬件的角度看,十分可靠。总线拓扑结构的缺点是:因为网络不是集中控制的,所以故障检测需要在网络中的各个节点上进行;在扩展总线的干线长度时,需重新配置中继器、剪裁电缆、调整终端器等;总线上的节点需要介质访问控制功能,这就增加了节点的硬件和软件费用。总线拓扑结构如图4-2所示。

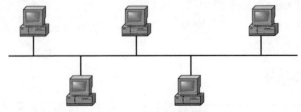

图 4-2　总线拓扑结构

总线拓扑结构是一种比较简单的计算机网络结构,一般采用分布式介质访问控制方法。总线网络可靠性高,扩展性好,通信线缆长度短,成本低,是实现局域网最常用的方法,以太网(ethernet)就是总线网络的典型实例。总线拓扑结构网络的特点如下。

(1) 多台计算机共用一条传输信道,信道利用率较高。

（2）同一时刻只能由两台计算机通信。

（3）某个节点的故障不影响网络的工作。

（4）网络的延伸距离有限，节点数有限。

3. 环形拓扑结构

环形拓扑结构主要用于令牌环网中。令牌环网由连接成封闭回路的网络节点组成，每一节点与它左右相邻的节点连接。在令牌环网中，数据在封闭的环中传递，但数据只能沿一个方向（顺时针或逆时针）传递，每个收到信息包的节点都向它的下游节点转发该信息包。拥有"令牌"的设备才允许在网络中传输数据，这样可以保证在某一时间内网络中只有一台设备可以传送信息。信息包在环形网中"旅行"一圈，最后由发送站回收。环形拓扑结构如图 4-3 所示。

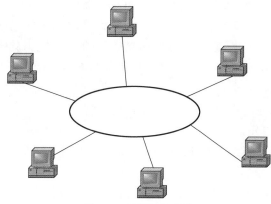

图 4-3　环形拓扑结构

环形拓扑结构也采用分布式介质访问控制方法。实际上，大多数情况下，这种拓扑结构的网络不是将所有计算机连接成物理上的环形，一般情况下，环的两端是通过一个阻抗匹配器来实现环的封闭的，因为在实际组网过程中，因地理位置的限制，不容易真的做到将环的两端物理连接。环形拓扑结构网络的特点如下。

（1）实时性较好（信息在网中传输的最大时间固定）。

（2）每个节点只与相邻两个节点有物理链路。

（3）传输控制机制比较简单。

（4）某个节点的故障将导致网络瘫痪。

（5）单个环网的节点数有限。

4.1.3　传输介质

扫一扫

网络传输介质是网络中发送方与接收方之间的物理通路，也是信号传输的介质，它对网络的数据通信具有一定的影响。局域网中常用的传输介质分为有线传输介质和无线传输介质两大类。

（1）有线传输介质是指两个通信设备之间的物理连接部分，它能将信号从一方传输到另一方。有线传输介质主要有双绞线、同轴电缆和光纤，双绞线和同轴电缆传输电信号，光纤传输光信号。

（2）无线传输介质指我们周围的自由空间。利用无线电波在自由空间的传播可以实现多种无线通信。在自由空间传输的电磁波,根据频谱可分为无线电波、微波、红外线、激光等。信息被加载在电磁波上进行传输。

不同的传输介质,特性也各不相同,这些特性对网络中数据通信质量和通信速度有较大影响。以下对局域网中常见的传输介质进行介绍。

1. 双绞线

双绞线(twisted pair,TP)是综合布线工程中最常用的传输介质,由两根具有绝缘保护层的铜导线组成。这两根绝缘的铜导线按一定密度互相缠绕(一般以逆时针缠绕)在一起,一根导线在传输中辐射的电磁波会被另一根导线上发出的电磁波抵消,能够有效降低信号干扰的程度。

双绞线一般由两根22～26号绝缘铜导线相互缠绕而成,"双绞线"的名字也由此而来。实际使用时,多对双绞线一起包在一个绝缘电缆套管里,典型的是4对。在双绞线电缆内,不同的线对具有不同的扭绞长度,一般线扭得越密,其抗干扰能力就越强。与其他传输介质相比,双绞线在传输距离、信道宽度和数据传输速率等方面均受到一定的限制,但价格较为低廉。

根据不同的分类方法,双绞线可以分为不同的类型。

1) 按照有无屏蔽层分类

双绞线分为屏蔽双绞线(shielded twisted pair,STP)与非屏蔽双绞线(unshielded twisted pair,UTP)。

屏蔽双绞线在双绞线与外层绝缘封套之间有一个金属屏蔽层。屏蔽双绞线分为STP和FTP。STP指每条线都有各自的屏蔽层;而FTP只在整个电缆有屏蔽层,并且两端都正确接地时才起作用,所以要求整个系统是屏蔽器件,包括电缆、信息点、水晶头和配线架等,同时建筑物需要有良好的接地系统。屏蔽层可减少辐射,防止信息被窃听,也可阻止外部电磁干扰的进入。屏蔽双绞线比同类的非屏蔽双绞线具有更高的传输速率。屏蔽双绞线如图4-4所示。

非屏蔽双绞线是一种数据传输线,由4对不同颜色的传输线组成,广泛用于以太网线路和电话线中。非屏蔽双绞线电缆具有以下优点:无屏蔽外套,直径小,节省空间,成本低;重量轻,易弯曲,易安装;可将串扰减至最小或消除;具有阻燃性;具有独立性和灵活性,适用于结构化综合布线。因此,在综合布线系统中,非屏蔽双绞线得到广泛应用。非屏蔽双绞线如图4-5所示。

图4-4　屏蔽双绞线

图4-5　非屏蔽双绞线

2) 按照频率和信噪比分类

双绞线常见的有三类线、五类线、超五类线和六类线,线径由细到粗。双绞线具体型号如下。

（1）一类线（CAT1）：线缆最高频率带宽是750kHz，用于报警系统，或只适用于语音传输（一类标准主要用于20世纪80年代前的电话线缆），不用于数据传输。

（2）二类线（CAT2）：线缆最高频率带宽是1MHz，用于语音传输和最高传输速率为4Mb/s的数据传输，常见于使用4MBPS规范令牌传递协议的旧的令牌网。

（3）三类线（CAT3）：在ANSI和EIA/TIA568标准中指定的电缆，该电缆的传输频率为16MHz，最高传输速率为10Mb/s，主要应用于语音、10兆以太网（10BASE-T）和4Mb/s令牌环网，最大网段长度为100m，采用RJ形式的连接器，已淡出市场。

（4）四类线（CAT4）：该类电缆的传输频率为20MHz，用于语音传输和最高传输速率为16Mb/s（指的是16Mb/s令牌环网）的数据传输，主要用于基于令牌的局域网和10BASE-T/100BASE-T以太网。最大网段长度为100m，采用RJ形式的连接器，未被广泛采用。

（5）五类线（CAT5）：该类电缆增加了绕线密度，外套一种高质量的绝缘材料，线缆最高频率带宽为100MHz，最高传输速率为100Mb/s，用于语音传输和最高传输速率为100Mb/s的数据传输，主要用于100BASE-T和1000BASE-T以太网，最大网段长度为100m，采用RJ形式的连接器。这是最常用的以太网电缆。在双绞线电缆内，不同线对具有不同的扭绞长度。通常，4对双绞线扭绞长度在38.1mm以内，按逆时针方向扭绞，一对线对的扭绞长度在12.7mm以内。

（6）超五类线（CAT5e）：该类电缆衰减小，串扰少，并且具有更高的衰减串扰比（ACR）和信噪比（SNR）、更小的时延误差，性能得到很大提高。超五类线主要用于千兆（1000Mb/s）以太网。

（7）六类线（CAT6）：该类电缆的传输频率为1～250MHz。六类线在200MHz时综合衰减串扰比（PS-ACR）有较大的余量，它提供2倍于超五类的带宽。六类线的传输性能远远高于超五类线，最适用于传输速率高于1Gb/s的应用。六类线与超五类线的一个重要的不同点在于：改善了在串扰以及回波损耗方面的性能，对于新一代全双工的高速网络应用而言，优良的回波损耗性能是极为重要的。六类标准中取消了基本链路模型，布线采用星形拓扑结构，要求的布线距离为：永久链路的长度不超过90m，信道长度不超过100m。

（8）超六类线（CAT6A）：此类产品传输带宽介于六类线和七类线之间，传输频率为500MHz，传输速率为10Gb/s，标准外径6mm。和七类产品一样，国家还没有出台正式的超六类线检测标准，只是行业中有此类产品，各厂家宣布其测试值。

（9）七类线（CAT7）：传输频率为600MHz，传输速率为10Gb/s，单线标准外径为8mm，多芯线标准外径为6mm。

类型数字越大，版本越新，技术越先进，带宽也越大，当然价格也越贵。这些不同类型的双绞线标注方法规定如下：如果是标准类型，则按CATx方式标注，例如常用的五类线和六类线在线的外皮上标注为CAT5、CAT6；如果是改进版，就按xe方式标注，例如超五类线就标注为5e（字母是小写，而不是大写）。

2. 同轴电缆

同轴电缆（coaxial cable）是指有两个同心导体，而导体和屏蔽层又共用同一轴心的电缆。最常见的同轴电缆由以绝缘材料隔离的铜线导体组成，中心是一条铜导线，外加一层绝缘材料，在这层绝缘材料外边由铝箔和网状铜导体包裹（屏蔽层），最外一层是护套（绝缘层)。与双绞线相比,同轴电缆的抗干扰能力强,屏蔽性能好,传输数据稳定,价格也便宜,而且它不用连接在集线器或交换机上即可使用。同轴电缆如图4-6所示。

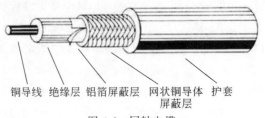

铜导线　绝缘层　铝箔屏蔽层　网状铜导体　护套
屏蔽层

图4-6　同轴电缆

同轴电缆也是局域网中最常见的传输介质之一。电流传导时,中心铜导线和网状铜导体形成回路。同轴电缆之所以设计成这样,也是为了防止外部电磁波干扰信号的传递。

同轴电缆从用途上可分为基带同轴电缆和宽带同轴电缆(即网络同轴电缆和视频同轴电缆)。同轴电缆分50Ω基带电缆和75Ω宽带电缆两类。基带电缆又分细同轴电缆和粗同轴电缆。基带电缆仅仅用于数字传输,数据传输速率可达10Mb/s。宽带电缆是CATV系统中使用的标准,既可使用频分多路复用技术传输模拟信号,也可传输数字信号。同轴电缆的价格比双绞线贵一些,但其抗干扰性能比双绞线强。当需要连接较多设备而且通信容量相当大时,可以选择同轴电缆。

同轴电缆的优点是可以在相对长的无中继器的线路上支持高带宽通信。而其缺点也是显而易见的:一是体积大,细缆的直径接近1cm,要占用电缆管道的大量空间;二是不能承受缠结、压力和严重的弯曲,这些都会损坏电缆结构,阻止信号的传输;三是成本高。而所有这些缺点正是双绞线能克服的,因此在现在的局域网环境中,同轴电缆基本已被基于双绞线的以太网物理层规范所取代。

3. 光纤

光纤是光导纤维的简写,是一种由玻璃或塑料制成的纤维,直径只有$1\sim100\mu m$,可作为光传导工具,如图4-7所示。

光纤的传输原理是光的全反射,它由纤芯和包层两层组成,纤芯的折射率大于包层的折射率。光纤一端的发射装置使用发光二极管(light emitting diode,LED)或一束激光将光脉冲传送至光纤,在纤芯和包层的界面上经多次全反射,从另一端射出,如图4-8所示。通常光纤另一端的接收装置使用光敏元件检测脉冲。

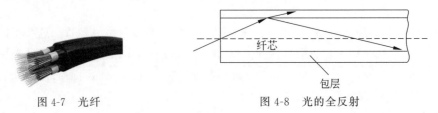

纤芯

包层

图4-7　光纤　　　　　　　　　图4-8　光的全反射

在日常生活中,人们在经济活动和科学研究中有大量的信息及数据需要加工和处理。由于光在光纤中的传导损耗比电在电线中的传导损耗低得多,所以光纤是传输信息最理想的工具。正因为在光纤中传输的是光而不是电信号,所以基本不受外界干扰,传输速度快,传输距离远,具有防止内外噪声和传输损耗低的特性,以光导通信技术为基础的信息系统与传统的电缆系统比较,在同样的时间内可以进行更大量和更多类型信息的传送。

光纤可以分为单模光纤和多模光纤。单模光纤是指在工作波长中只能传输一个传播模式的光纤。它就像一根水管那样,可以使光线一直向前传播,但不会产生散射,损耗小,传输距离也更远。目前,在有线电视和光通信中,单模光纤是应用最广泛的光纤。多模光纤允许多条不同角度入射的光线在一条光纤中传输,但多个光脉冲在多模光纤中传输时会逐渐展宽(发生散射现象),造成失真,因此,多模光纤只适用于短距离通信。单模光纤成本高,无中继传输距离较长;多模光纤成本低,无中继传输距离较短。

光纤传输有许多突出的优点:频带宽,损耗低,重量轻,抗干扰能力强,保真度高,工作性能可靠,成本不断下降,噪声小。

4. 微波

微波是指频率为 $300\mathrm{MHz}\sim300\mathrm{GHz}$ 的电磁波,是无线电波中一个频带的简称,即波长在 $1\mathrm{m}$(不含)到 $1\mathrm{mm}$ 的电磁波,是分米波、厘米波、毫米波的统称。微波频率比一般的无线电波频率高,通常也称为超高频电磁波。

微波的特点如下。

(1) 只能进行可视范围内的通信。

(2) 大气对微波信号的吸收与散射影响较大。

(3) 微波通信主要用于几公里范围内且不适合铺设有线传输介质的情况,而且只能用于点到点的通信,传输速率也不高,一般为几百千位每秒。

5. 红外线

红外线是太阳光线中的不可见光线,频率为 $10^{12}\sim10^{14}\,\mathrm{Hz}$ 的电磁波,由德国科学家霍胥尔于 1800 年发现,又称为红外热辐射。无导向的红外线被广泛用于短距离通信,电视、录像机使用的遥控装置都利用了红外线装置。红外线有一个主要缺点:不能穿透坚实的物体。但正是由于这个原因,一间房屋里的红外系统与其他房间里的系统不会发生串扰,所以红外系统防窃听的安全性要比无线电系统好。应用红外系统不需要得到政府的许可。

红外线通信有以下两个突出的优点。

(1) 不易被人发现和截获,保密性强。

(2) 几乎不会受到电气、天电、人为干扰,抗干扰性强。此外,红外线通信设备体积小,重量轻,结构简单,价格低廉。但是它必须在直视距离内通信,且传播受天气的影响。在不能架设有线线路,而使用无线电又怕暴露的情况下,使用红外线通信是比较好的。

6. 无线电波

无线电波是电磁波的一种。振荡电路的交变电流产生的频率为 $10\sim3\times10^{7}\,\mathrm{kHz}$(或波长为 $10\mu\mathrm{m}\sim30\,000\mathrm{m}$)的电磁波可以通过天线发射和接收,故称之为无线电波。

无线电技术的原理在于,导体中电流强弱的改变会产生无线电波。利用这一现象,通过调制可将信息加载于无线电波之上。当电波通过空间传播到达收信端时,电波引起的电磁场变化又会在导体中产生电流。通过解调将信息从电流变化中提取出来,就达到了信息传递的目的。

无线电波如果在自由空间(包括空气和真空)中传播,由于没有阻挡,电波传播只有直射,不存在其他现象。而对于日常生活中的实际传播环境,由于地面存在各种各样的物体,使得电波的传播有直射、反射、绕射(衍射)等。另外,对于室内或列车内的用户,还有一部分信号来源于无线电波对建筑或列车的穿透。这些都造成了无线电波传播的多样性和复杂性,增大了电波传播的研究难度。

4.1.4　IEEE 802 局域网标准

网络的高速发展和个人计算机的大量应用促进了网络厂商开发局域网设备的积极性,局域网设备越来越多。当局域网中使用不同厂商的网络设备时,兼容性就成了这些设备正常工作的绊脚石。为了使不同厂商生产的网络设备之间具有兼容性、互换性和互操作性,以便客户可以更灵活地进行设备选择,国际标准化组织开展了局域网的标准制定工作。1980年初成立了 IEEE 802 委员会,专门从事局域网标准的制定工作。电气与电子工程师协会(institute of electrical and electronics engineers,IEEE)的总部设在美国,主要开发数据通信标准及其他标准。IEEE 802 委员会负责拟定局域网标准草案并送交美国国家标准协会(ANSI)批准,还负责在美国国内推行标准化。IEEE 还把草案送交国际标准化组织。ISO 把 IEEE 802 称为 ISO 8802。还有许多 IEEE 标准也是 ISO 标准。例如,IEEE 802.3 也就是 ISO 802.3。

IEEE 802 定义了网卡如何访问传输介质(如光缆、双绞线、无线电波等)以及如何在传输介质上传输数据,还定义了传输信息的网络设备之间连接的建立、维护和拆除的途径。遵循 IEEE 802 的产品包括网卡、桥接器、路由器以及其他一些用来建立局域网的组件。

IEEE 802 的标准化工作进展很快,不但为以太网、令牌环网、FDDI 等传统局域网技术制定了标准,此外还开发了一系列高速局域网标准,如快速以太网、交换以太网、千兆位以太网、万兆位以太网等局域网标准。局域网的标准化极大地促进了局域网技术的飞速发展,并对局域网的推广应用起到了巨大的作用。

IEEE 802 标准主要有以下几种。

- IEEE 802.1:概述局域网体系结构以及网络互联。
- IEEE 802.2:定义了逻辑链路控制(LLC)子层的功能与服务。
- IEEE 802.3:描述以太网介质访问控制协议(CSMA/CD)及物理层技术规范。
- IEEE 802.4:描述令牌总线网(token-bus)的介质访问控制协议及物理层技术规范。
- IEEE 802.5:描述令牌环网(token-ring)的介质访问控制协议及物理层技术规范。
- IEEE 802.6:描述城域网介质访问控制协议分布式队列双总线(distributed queue dual bus,DQDB)及物理层技术规范。
- IEEE 802.7:宽带技术咨询组,提供有关宽带联网的技术咨询。
- IEEE 802.8:光纤技术咨询组,提供有关光纤联网的技术咨询。
- IEEE 802.9:描述综合语音数据的局域网(integrated voice and data lan,IVD LAN)介质访问控制协议及物理层技术规范。
- IEEE 802.10:网络安全技术咨询组,定义了网络互操作的认证和加密方法。
- IEEE 802.11:描述无线局域网的介质访问控制协议及物理层技术规范。
- IEEE 802.12:描述用于高速局域网的介质访问控制协议及物理层技术规范。

IEEE 802 系列标准之间的关系如图 4-9 所示。

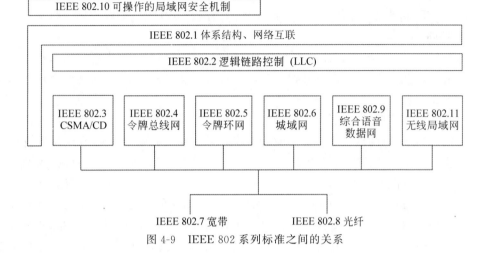

图 4-9　IEEE 802 系列标准之间的关系

4.1.5　介质访问控制技术

局域网的拓扑结构通常采用总线或环形,无论是总线拓扑结构还是环形拓扑结构,各节点都将传输介质作为公共信道来传输数据。介质访问控制(medium access control,MAC)技术是解决当局域网中共用信道的使用产生竞争时分配信道使用权问题的技术。

对于不同类型的网络拓扑结构,采用的介质访问控制技术是不同的,目前局域网中广泛采用的两种介质访问控制技术如下。

(1) 争用型介质访问控制,又称随机型的介质访问控制协议,如 IEEE 802.3 CSMA/CD。

(2) 确定型介质访问控制,又称有序的介质访问控制协议,如 IEEE 802.5 令牌环网。

1. CSMA/CD 介质访问控制

在总线局域网中,所有的节点共享一条公用的物理信道,任何一个节点都可以沿着传输介质发送数据,但每次只能有一个节点发送数据,否则就会产生冲突,因此节点间存在着信道争用的问题。为了保证传输介质有序、高效地为许多节点提供传输服务,产生了带冲突检测的载波监听多路访问技术(carrier sense multiple access/collision detection,CSMA/CD)。

CSMA/CD 的基本原理是:每个节点都共享网络传输信道,发送数据前先侦听信道是否空闲。若信道空闲,则立即发送数据;若信道忙碌,则等待一段时间,等信道中的信息传输结束后再发送数据。若在上一段信息发送结束后,同时有两个或两个以上的节点提出发送请求,则判定为冲突。若侦听到冲突,则立即停止发送数据,等待一段随机时间,再重新尝试。其原理可以简单总结为:先听后发,边发边听,冲突停发,随机延迟后重发。

可以借助于生活中的一个例子来解释:假设有一条路,两旁有很多支路可以让车通行,但中间只有一条仅供一辆车通行的道路。可能会出现的情况:①当车辆要从支路进入主路时,首先探出头来看看道路上有没有车(这就是载波监听),如果没有,就从支路进入主路;②如果道路上有车,那么车辆就一直盯着道路,直到道路上没车时再进入主路(坚持监听算法);③如果有两辆车同时看到道路上没有车,而同时进入道路(冲突检测),则两辆车发现这一情况时就马上退回,等待道路空闲再出发。CSMA/CD 的基本原理如图 4-10 所示。在整个协议中,最关键的是载波监听、冲突检测两部分。

CSMA/CD主要用于各种总线拓扑结构的以太网和双绞线以太网的早期版本。

2. 令牌环

令牌环网是以环形网络拓扑结构为基础发展起来的局域网。其中所有的工作站都连接到一个环上,数据沿着一个方向(顺时针或者逆时针)传递,每个工作站只能同直接相邻的工作站传输数据。

令牌环的基本原理是:在令牌环网中有一种专门的帧,称为令牌(一种3B的特殊帧),在环路上沿环传输,以确定一个节点何时可以发送数据帧。拥有令牌的节点就拥有传输权限。令牌实际上是一个特殊格式的帧,本身并不包含信息,仅控制信道的使用,确保在同一时刻只有一个节点能够独占信道。当环上节点都空闲时,令牌沿环行进。节点计算机只有取得令牌后才能发送数据帧。由于令牌在网环上是按顺序依次传递的,因此对所有入网工作站而言,传输权是公平的。如果环上的某个工作站收到令牌并且有信息发送,它就改变令牌中的一位(该操作将令牌变成一个帧开始序列),添加要传输的信息,然后将整个信息发往环中的下一工作站。当这个信息帧在环上传输时,网络中没有令牌,这就意味着其他工作站想传输数据就必须等待,因此令牌环网中不会发生传输冲突。

信息帧沿着环传输,直到到达目的地,目的地创建一个副本,以便进一步处理。信息帧继续沿着环传输,直到到达发送站,由发送站回收,并删除该信息帧。发送站可以通过检验返回帧,以查看帧是否已被接收站收到并复制。令牌环的基本原理如图4-11所示。图中TCU表示传输控制器(transmission control unit)。

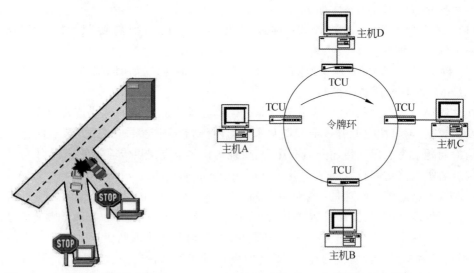

图 4-10　CSMA/CD 的基本原理　　　　　　图 4-11　令牌环的基本原理

与采用CSMA/CD技术的以太网不同,令牌环网具有确定性,这意味着任何节点都能够在传输之前计算出最大等待时间。该特征结合另外一些可靠性特征,使得令牌环网适用于需要能够预测延迟的应用程序以及需要保证可靠的网络操作的情况。

4.2　以太网技术

4.2.1　以太网的产生与发展

以太网技术是世界上应用最广泛、最常见的网络技术,广泛应用于世界各地的局域网和企业骨干网。以太网由 Xerox 公司于 1973 年提出并实现,最初以太网的速率只有 2.94Mb/s。1980 年 9 月,DEC、英特尔和 Xerox 3 个公司联合开发了基带局域网规范,成为当今局域网最通用的通信协议标准。1982 年,3Com 公司率先将以太网产品投放市场。目前,绝大多数局域网采用的是以太网技术,包括标准的以太网(10Mb/s)、快速以太网(100Mb/s)和万兆(10Gb/s)以太网,它们都符合 IEEE 802.3 标准。

以太网的发展历程如表 4-1 所示。

表 4-1　以太网的发展历程

时间	事　件	速率	时代
1973 年	Metcalfe 博士在 Xerox 实验室发明了以太网,并开始进行以太网拓扑的研究工作	2.94Mb/s	过去时(局域网)
1980 年	DEC、Intel 和 Xerox 联合发布 10Mb/s DIX		现在时(城域网)
1983 年	IEEE 802.3 工作组发布 10BASE-5 粗缆以太网标准,这是最早的以太网标准	10Mb/s	
1986 年	IEEE 802.3 工作组发布 10BASE-2 细缆以太网标准		
1991 年	加入了非屏蔽双绞线,称为 10BASE-T 标准		
1995 年	IEEE 通过 IEEE 802.3u 标准	100Mb/s	
1998 年	IEEE 通过 IEEE 802.3z 标准(使用光纤和对称屏蔽铜缆的千兆以太网标准)	1000Mb/s	
1999 年	IEEE 通过 802.3ab 标准(使用五类线的千兆以太网标准)		
2002 年	IEEE 802.3ae 万兆以太网标准发布	10Gb/s	将来时(广域网)

从 10Mb/s 到 10Gb/s,短短十几年间,以太网技术的发展完成了一个数量级的飞跃。新的高速以太网技术标准的形成,使以太网技术走出局域网的狭小空间并完全可以承担广域网和城域网等大规模、长距离网络的建设。

随着光通信技术的发展,通过新一代光纤技术(非零色散光纤、全波光纤)的应用和普及,还有 40Gb/s 路由设备的成熟以及运营商对成本控制的渴望,40Gb/s 以太网和 100Gb/s 以太网的成熟市场正逐步建立。

另外,MPLS 技术的发展和快速自愈 STP 技术的逐渐成熟,使得以太网技术可以为用户提供不同 QoS(服务质量)的网络业务,再加上以太网技术本身具有的组网成本低、网络扩容简单等特点,城域以太网技术受到国内各大运营商的青睐。

未来以太网技术呈现以下趋势。

1. 端到端的 QoS 成为未来的方向

以太网经过十几年的发展,新业务和新应用的不断出现意味着更多网络资源的耗费,仅仅保证高带宽已经无法满足应用的要求。如何保证网络应用端到端的 QoS 成为现今以太网面临的最大挑战。采用传统的建网模式已经无法满足应用的 QoS 要求,网络应用迫切需要设备对 QoS 的支持向边缘和接入层次发展。过去,网络中高 QoS 意味着高价格,但是随着 ASIC 技术的发展,使低端设备具备强大的 QoS 能力成为可能。网络的 QoS 已经从集中保证逐渐向端到端保证过渡。

2. 多播技术更加成熟

协议的完善将促进多播应用的发展。虽然实现大规模的多播应用尚有许多难题要克服,但多播应用的前景仍比较乐观,尤其是在多媒体业务日渐增多的情况下,多播有着巨大的市场潜力。目前在中国,各运营商在宽带网络建设中都投入了大量的资金进行"圈地运动",但是对于如何利用这些网络,如何把前期投入变成产出,仍然缺乏有效的手段。多播作为一种与单播并列的传输方式,其意义不仅在于减少网络资源的占用,提高扩展性,还在于利用网络的多播特性方便地提供一些新的业务。随着网络中多媒体业务的日渐增多,多播的优越性和重要性越来越明显。

3. 以太网将成为更安全的网络

针对传统以太网存在的各种安全隐患,交换机在安全技术方面取得了很大的进展,访问控制、用户验证、防地址假冒、入侵检测与防范、安全管理成为以太网交换机不可缺少的特性。

4. 智能识别技术得到发展

随着芯片技术的发展,人们对网络设备的应用需求会逐步增大。用户不再满足使用交换机来完成基本的二层桥接和三层转发任务,更多地关注网络中业务的需求,希望崭新的交换机具有智能转发的特点。这些设备会根据不同的报文类型、业务优先级、安全性需求等对不同用户群和不同的应用级别/层次进行识别,有区别地进行转发,满足不同用户的大范围需求。智能识别技术会逐步在以太网交换机中得到应用。

5. 设备管理简单化

Web 管理开始出现。接入层设备价格低廉,给一般企业用户提供了便利的管理手段,基于 Web 的管理界面,使得网络维护管理变得更加人性化。而对于运营网络和大型企业来说,由于接入层设备数量众多,维护工作量巨大,迫切需要设备提供统一管理和维护的手段,即集群管理协议。

6. 用户管理功能更加完善

从局域网诞生至今,以太网以其优良的性能和经济的价格成为网络的主流技术。但是它在应用中也遭遇了各种挑战,如网络中缺少用户管理的机制,网络风暴、网络攻击频频发生,等等,因此用户管理技术很快被吸收到以太网技术中,通过认证技术保证只有合法用户才能使用网络。常用的网络认证技术包括 VLAN＋Web 认证和 IEEE 802.1x 认证。多种认证技术的出现使以太网获得了更好的用户管理特性,从而为以太网的可运营、可管理奠定了基础。

7. VPN 等业务从骨干设备向汇聚层转移

随着以太网交换机芯片技术的发展和汇聚层设备性能的提高,原来主要由骨干设备提供的 MPLS VPN 业务逐渐由汇聚层以太网交换机来提供。原来之所以由骨干设备提供,主要原因是汇聚层设备能力和性能不足,而现在汇聚层的以太网交换机在性能方面已经超过原来的骨干设备。从业务提供方面看,汇聚层设备较骨干设备多,更接近用户,提供业务更方便。从网络的可靠性来看,骨干设备由于其特殊位置,应该向功能简单化方向发展。

8. 控制功能逐渐由集中式向分布式转移

以前在组网时,在大的以太网交换机旁放置一个宽带接入服务器(broadband access server,BAS)设备。随着用户数量的增加,集中式的用户控制、用户的接入认证逐渐向分布式控制发展。集中式控制在组网方面存在可扩展性问题,带宽还可能存在浪费。用户的控制功能逐渐下移到接入层的汇聚部分,例如小区出口等。虽然用户的控制功能是分布式的,但用户的业务管理、计费和业务认证都是集中在业务平台上实现的。在分布式控制方式下,比较简单的用户控制和接入认证功能逐渐转移到以太网交换机上完成,完善的用户管理功能由分布式 BAS 完成。

9. 交换机和路由器将逐渐融合

交换机技术和路由器技术一直处于并行发展的状态。人们习惯上将交换机视为用于局域网的一种设备,认为只有在局域网中才考虑使用交换机,而与广域网互联则是路由器的事情。实际上,随着 ASIC 技术和网络处理器的不断发展、成熟和网络逐渐被 IP 技术所统一,以太网交换机技术已经走出了当年“桥接”设备的框架,可以应用到汇聚层和骨干层;路由器中丰富的网络接口在目前的交换机上已经可以实现;路由器中丰富的路由协议在交换机中也得到大量的具体应用;路由器中具有的大容量路由表在交换机中目前也可以实现;路由器在路由的查找方面采用最大地址匹配的思想,而现在在骨干三层交换机上,在基于最大匹配的转发速度上可以达到线速。

4.2.2　传统以太网

早期的以太网是以同轴电缆作为总线型拓扑网络的连接介质。数据通信速率为 10Mb/s。但用同轴电缆铺设布线时不太方便,特别是使用粗同轴电缆的时候。

20 世纪 80 年代后期,IEEE 制定了一种称为 10BASE-T 的新型以太网(标准以太网)标准,其中 10 表示 10Mb/s,BASE 表示基带传输,T 代表双绞线。使用普通电话接线用的 UTP 电缆进行布线,因而从某种程度上改变了这种现象。自 10BASE-T 以太网出现以来,虽然从集线器到节点设备的接线距离限于 100m 以内,但是由于它的电缆布线和建筑物内的电话布线相兼容,并且安装和拆除节点设备很方便,所以很快得到普及应用。

对于 10Mb/s 以太网,IEEE 802.3 有 4 种规范,即粗同轴电缆以太网(10BASE-5)、细同轴电缆以太网(10BASE-2)、双绞线以太网(10BASE-T)和光纤以太网(10BASE-F)。下面主要对 10BASE-5、10BASE-2、10BASE-T 进行说明。

1. 10BASE-5

10BASE-5 表示传输速率是 10Mb/s,使用基带传输,采用标准的(粗)50Ω 基带同轴电缆的基带以太网。它是 IEEE 802.3 基带物理层规范的一部分。在粗缆以太网中,每个网段的距离限制是 500m,一个网段上最多可连接 100 台计算机,工作站之间的距离为 2.5m 的整数倍。最多可以用 4 个中继器连接 5 个网段,但是只允许其中 3 个网段连接计算机,而剩余的两个网段不能连接计算机,只能用于扩展粗缆以太网的距离,这就是所谓的 5-4-3 规则,如图 4-12 所示。因此,使用中继器进行扩展后,整个网络最大跨度为 2500m。

2. 10BASE-2

10BASE-2 表示传输速率是 10Mb/s,使用基带传输,采用细同轴电缆并使用网卡内部

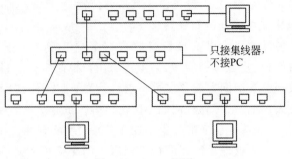

图 4-12　5-4-3 规则

收发器的以太网,网络拓扑结构为总线型,采用曼彻斯特编码方式。由于细同轴电缆衰减大,抗干扰能力较差,适用于距离短、分接头较少的场合。它的网段之间的距离限制为185m。在单个网段上最多可支持 30 个工作站,相邻计算机之间的最小距离为 0.5m。细缆以太网的扩展也要符合 5-4-3 规则,网络最大跨度为 925m。

3. 10BASE-T

10BASE-T 表示传输速率是 10Mb/s,使用基带传输,采用非屏蔽双绞线组建的以太网。10BASE-T 是一个物理上为星形连接、逻辑上为总线型拓扑的网络,每段双绞线的长度不超过 100m,如图 4-13 所示。

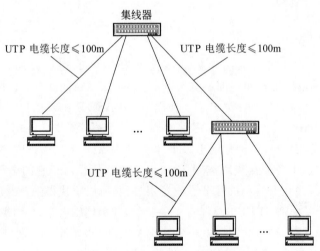

图 4-13　10BASE-T 连接示意图

10BASE-T 安装方便,价格比粗缆和细缆都便宜,管理、连接方便,性能优良,因此,一问世就得到广泛的关注和应用。

4.2.3　高速以太网

1. 快速以太网

在传统以太网普及后的许多年内,由于当时的计算机运算速度非常慢,并且信息吞吐量不大,因此具有 10Mb/s 通信速率的传统以太网可以较好地满足计算机在局域网中的通信要求。但是 20 世纪 90 年代初以来,由于计算机速度大幅度提高,局域网中的计算机数量不断增加,网络中大型文件、多媒体文件频繁传输,使得 10Mb/s 速率的传统以太网出现了网络过载和网络瘫痪的现象。这些情况对于传统的以太网来说是无法解决的,需要寻求新的技术以提高局域网的性能。

在 20 世纪 90 年代中期,被称为快速以太网的技术作为一项标准被提出,并迅速被那些看到市场对更高性能网络需求的企业所接受。数据传输速率为 100Mb/s 的快速以太网是一种高速局域网技术,能够为桌面用户以及服务器或者服务器集群等提供更高的网络带宽。

100BASE-T 的快速以太网设计标准和 10BASE-T 的传统以太网设计标准类似,但是快速以太网的网络布线使用第 5 类 UTP(10BASE-T 可以使用第 3 类 UTP),并且还使用 100BASE-T 的网络接口卡(网卡)。由于 100BASE-T 具有 10 倍于 10BASE-T 的带宽,因此在相同的时间内,100BASE-T 网络能够传送 10 倍于 10BASE-T 网络的数据量。所以使用快速以太网虽然增加 2~3 倍的投资,但可以得到 10 倍于传统以太网的性能。

由于快速以太网提高了以太网的原生带宽,所以在任何环境下,即便不使用交换机,快速以太网也使得网络的原生带宽达到 100Mb/s,它特别适用在时常出现突发通信和急需传送大型数据文件的应用环境中使用。另外,快速以太网的互换操作性好,具有广泛的软硬件支持,可以使用铜线、电缆和光纤等不同的传输介质。这些特性使得快速以太网为城域网建设提供了很好的解决方案。

2. 千兆以太网

1996 年,千兆以太网的产品开始上市。它仍使用 CSMA/CD 协议并与现有的以太网相兼容,随后千兆以太网的网络标准迅速建立。千兆以太网的出现再一次给人们带来了希望。

千兆以太网更显著地提高了传统以太网的原生带宽,是后者的 100 倍,此外,它具有以下特点。

(1) 简易性。千兆以太网继承了以太网、快速以太网的简易性,因此其技术原理、安装实施和管理维护都很简单。

(2) 扩展性。由于千兆以太网采用了以太网、快速以太网的基本技术,因此由 10BASE-T、100BASE-T 升级到千兆以太网非常容易。

(3) 可靠性。由于千兆以太网保持了以太网、快速以太网的安装维护方法,采用星形网络结构,因此网络具有很高的可靠性。

(4) 经济性。由于千兆以太网是 10BASE-T 和 100BASE-T 的继承和发展,一方面降低了研究成本,另一方面由于 10BASE-T 和 100BASE-T 的广泛应用,作为其升级产品,千兆以太网的大量应用只是时间问题。为了争夺千兆以太网这个巨大市场,几乎所有著名网络公司都生产千兆以太网产品,因此其价格将会逐渐下降。千兆以太网与 ATM 等宽带网络技术相比,其价格优势非常明显。

(5) 可管理维护性。千兆以太网采用简单网络管理协议(SNMP)和远程网络监视(RMON)等网络管理技术,许多厂商开发了大量的网络管理软件,使千兆以太网的集中管理和维护非常简便。

(6) 广泛应用性。千兆以太网为局域主干网和城域主干网(借助单模光纤和光收发器)提供了一种高性能价格比的宽带传输交换平台,使得许多宽带应用能施展其魅力。例如在千兆以太网上开展视频点播业务和虚拟电子商务等。

3. 万兆以太网

万兆以太网技术与千兆以太网类似,仍然保留了以太网帧结构,通过不同的编码方式或波分复用提供10Gb/s传输速度。所以就其本质而言,万兆以太网仍是以太网的一种类型。

万兆以太网于2002年6月在IEEE通过。万兆以太网包括10GBASE-X、10GBASE-R和10GBASE-W。10GBASE-X使用一种特紧凑包装,含有一个较简单的WDM器件、4个接收器和4个在130nm波长附近以大约25nm为间隔工作的激光器,每一对发送器/接收器在3.125Gb/s速度(数据流速度为2.5Gb/s)下工作。10GBASE-R是一种使用64B/66B编码(不是在千兆以太网中所用的8B/10B)的串行接口,数据流为10Gb/s,因而产生的时钟速率为10.3Gb/s。10GBASE-W是广域网接口,与SONET OC-192兼容,其时钟为9.953Gb/s,数据流为9.585Gb/s。

万兆以太网的特性如下。

(1) 万兆以太网不再支持半双工数据传输,所有数据传输都以全双工方式进行。这不仅极大地扩展了网络的覆盖区域(交换网络的传输距离只受光纤所能到达距离的限制),而且使标准得以大大简化。

(2) 为使万兆以太网不但能以更优的性能为企业骨干网服务,更重要的是能从根本上对广域网以及其他长距离网络应用提供最佳支持,尤其是还要与现存的大量SONET网络兼容,该标准对物理层进行了重新定义。新标准的物理层分为两部分,分别为LAN物理层和WAN物理层。LAN物理层提供了现在正广泛应用的以太网接口,传输速率为10Gb/s;WAN物理层则提供了与OC-192c和SDH VC-4-64c相兼容的接口,传输速率为9.58Gb/s。与SONET不同的是,运行在SONET上的万兆以太网依然以异步方式工作。WIS(WAN接口子层)将万兆以太网流量映射到SONET的STS-192c帧中,通过调整数据包间的间距,使OC-192c略低的数据传输率与万兆以太网相匹配。

(3) 万兆以太网有5种物理接口。千兆以太网的物理层每发送8b的数据要用10b组成编码数据段,网络带宽的利用率只有80%;万兆以太网则每发送64b只用66b组成编码数据段,比特利用率达97%。虽然这是牺牲了纠错位和恢复位而换取的,但万兆以太网采用了更先进的纠错和恢复技术,确保了数据传输的可靠性。新标准的物理层可进一步细分为5种具体的接口,分别为1550nm LAN接口、1310nm宽频波分复用(WWDM)LAN接口、850nm LAN接口、1550nm WAN接口和1310nm WAN接口。每种接口都有其对应的最适宜的传输介质。850nm LAN接口适于用在$50/125\mu m$多模光纤上,最大传输距离为65m。$50/125\mu m$多模光纤现在已用得不多,但由于这种光纤制造容易,价格便宜,所以用来连接服务器比较划算。1310nm宽频波分复用LAN接口适于用在$62.5/125\mu m$的多模光纤上,传输距离为300m。$62.5/125\mu m$的多模光纤又叫FDDI光纤,是目前企业使用得最广泛的多模光纤,从20世纪80年代末90年代初开始在网络界大行其道。1310nm WAN接口和1550nm WAN接口适于在单模光纤上进行长距离的城域网和广域网数据传输,1310nm WAN接口支持的传输距离为10km,1550nm WAN接口支持的传输距离为40km。

4.3　局域网设备

4.3.1　网卡

网卡是网络接口卡(network interface card,NIC)的简称,是计算机局域网中最重要的连接设备之一,计算机通过网卡接入网络。在计算机网络中,网卡一方面负责接收网络上的数据包,解包后,将数据通过主板上的总线传输给本地计算机,另一方面将本地计算机上的数据打包后送入网络。

1. MAC 地址

每张网卡都有一个 MAC 地址,它是一个独一无二的 48 位串行号,被写在卡上的一块 ROM 中。网络上的每一台计算机都必须拥有一个独一无二的 MAC 地址,每张网卡的 MAC 地址都是独一无二的,这是因为 IEEE 负责为网络接口控制器销售商分配唯一的 MAC 地址。

MAC 地址,也叫硬件地址,长度是 48b(6B),由 16 个十六进制的数字组成,分为前 24 位和后 24 位。

(1) 前 24 位叫作组织唯一标志符(organizationally unique identifier,OUI),是由 IEEE 的注册管理机构分配给不同厂家的代码,用来区分不同的厂家。

(2) 后 24 位是由厂家自己分配的,称为扩展标识符。同一个厂家生产的网卡中 MAC 地址的后 24 位是不同的。

2. 网卡的分类

网卡有许多种。按照数据链路层控制来分,有以太网卡、令牌环网卡、ATM 网卡等,按照物理层来分类有无线网卡、RJ-45 网卡、同轴电缆网卡、光线网卡等。它们的数据链路控制、寻址、帧结构等不同,物理上的连接方式、数据的编码、信号传输的介质、电平等也不同。

以下主要介绍最常用的以太网网卡。以太网采用的 CSMA/CD 技术主要定义了数据链路层和物理层的工作方式。数据链路层和物理层实现各自的功能,相互之间不关心对方如何操作。二者之间通过标准的接口(如 MII、GMII 等)来传递数据和控制。

1) 按连接方式分类

目前常见的网卡可分为集成网卡和独立网卡。集成网卡是直接焊接在计算机主板上的;而独立网卡可以插在主板的扩展插槽里,可以随意拆卸,具有灵活性。

独立网卡主要有以下几种。

(1) PCI 网卡,即 PCI 插槽的网卡,如图 4-14 所示。PCI 网卡可以安装高增益天线加强信号,所以能获得良好的信号,稳定性好。PCI 网卡寿命较长。

图 4-14　PCI 网卡

(2) USB 网卡。支持即插即用功能,在无线局域网领域应用较为广泛。USB 网卡的优点是使用灵活,携带方便,节省资源,而且它只占用一个 USB 接口,如图 4-15 所示。不过,USB 网卡信号偏弱,因为内置的天线增益值低,无法调节天线角度,很难获得最佳的信号。

(3) PCMCIA 网卡。是笔记本计算机专用网卡,因为受笔记本计算机空间的限制,体积较小,比 PCI 网卡小,如图 4-16 所示。PCMCIA 网卡分为两类,一类是 16 位 PCMCIA,另一类是 32 位 CardBus。CardBus 是一种新的高性能 PC 卡总线接口标准,具有功耗低、兼容性好等优势。

图 4-15　USB 网卡　　　　　　　　　　图 4-16　PCMCIA 网卡

2) 按支持的网络带宽分类

按照支持的网络带宽,网卡可分为 10Mb/s 网卡、100Mb/s 网卡、10Mb/s/100Mb/s 自适应网卡和 1000Mb/s 网卡。10Mb/s 的网卡早已被淘汰,目前的主流产品是 10Mb/s/100Mb/s 自适应网卡,能够自动检测网络,并选择合适的带宽来适应网络环境。1000Mb/s 网卡带宽可以达到 1Gb/s,能够带给用户高速网络体验。

4.3.2　集线器

集线器的英文为 hub,是中心的意思,它和双绞线等传输介质一样,属于数据通信系统中的基础设备,如图 4-17 所示。集线器是一种不需任何软件支持或只需很少管理软件管理的硬件设备,主要功能是对接收到的信号进行再生、整形和放大,以扩大网络的传输距离,同时把所有节点集中在以它为中心的节点上。

1. 集线器工作原理

集线器工作在局域网环境中,像网卡一样,应用于 OSI 参考模型第一层,因此又称为物理层设备。集线器内部采用了电器互联,当维护局域网的环境是逻辑总线或环形结构时,完全可以用集线器建立一个物理上的星形或树状网络结构。在这方面,集线器所起的作用相当于多端口的中继器。集线器实际上就是中继器的一种,其区别仅在于集线器能够提供更多的端口服务,所以集线器又叫多端口中继器。其配置方式如图 4-18 所示。

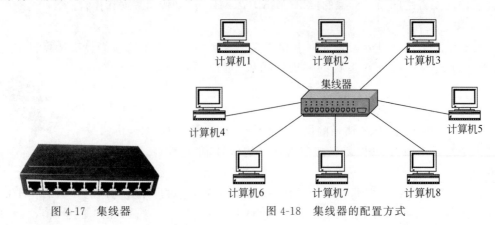

图 4-17　集线器　　　　　　　　　图 4-18　集线器的配置方式

集线器采用了 CSMA/CD 协议,CSMA/CD 为 MAC 层协议,所以集线器也含有数据链路层的内容。

集线器的工作过程简述如下：首先,节点发送信号到线路;然后,集线器接收该信号,因信号在电缆传输中有衰减,集线器将衰减的信号整形、放大;最后,集线器将放大的信号广播转发给其他所有端口。

集线器会把收到的任何数字信号经过再生或放大再从所有端口广播,这会造成信号之间冲突的可能性很大,信号也可能被窃听,并且这代表所有连到集线器的设备都属于同一个冲突域以及广播域,因此大部分集线器已被交换机取代。

2. 集线器的分类

1）按照输入信号处理方式分类

按照对输入信号的处理方式可以将集线器分为无源集线器、有源集线器、智能集线器和其他集线器。

（1）无源集线器。是性能最差的一种,不对信号作任何处理,介质的传输距离较小,并且对信号有一定的影响。连接在这种集线器上的每台计算机都能收到来自同一集线器上所有其他计算机发出的信号。

（2）有源集线器。能对信号进行放大或再生,延长两台主机间的有效传输距离。

（3）智能集线器。它除具备有源集线器所有的功能外,还有网络管理及路由功能。在使用智能集线器的网络中,不是每台计算机都能收到信号,只有地址端口与信号目的地址相同的计算机才能收到信号。有些智能集线器可自行选择最佳路径,增强了对网络的管理。

2）按结构和功能分类

按结构和功能,集线器可分为未管理的集线器、堆叠式集线器和底盘集线器 3 类。

（1）未管理的集线器。是最简单的集线器,通过以太网总线提供到中央网络的连接,以星形拓扑结构连接起来。未管理的集线器只用于至多 12 个节点的小型网络中（在少数情况下,可以更多一些）。未管理的集线器没有管理软件或协议来提供网络管理功能。这种集线器可以是无源的,也可以是有源的,有源集线器使用得更多。

（2）堆叠式集线器。是稍微复杂一些的集线器。堆叠式集线器最显著的特征是 8 个转发器可以直接彼此相连,如图 4-19 所示。这样只需简单地添加集线器,并将其连接到已经安装的集线器上,就可以扩展网络。这种方法不仅成本低,而且简单易行。

图 4-19　堆叠式集线器

（3）底盘集线器。是一种模块化的设备,在其底盘（电路板）上可以插入多种类型的模块。有些集线器带有冗余的底盘和电源。同时,有些模块允许用户不必关闭整个集线器便可替换失效的模块。集线器的底盘给插入模块准备了多条总线,这些插入模块可以适应不同的网段,如以太网、快速以太网、FDDI 网和 ATM 网。有些集线器还包含网桥、路由器或交换模块。有源的底盘集线器还可能有重定时的模块,用来与放大的数据信号关联。

4.3.3　交换机

交换机（switch）是一种基于 MAC 识别的网络设备,它可以学习 MAC 地址,并把其存放在内部地址表中,通过在数据帧的始发者和接收者之间建立临时的交换路径,使数据帧直接由源地址到达目的地址。最常见的交换机是以太网交换机,如图 4-20 所示。

图 4-20 以太网交换机

1. 交换机的功能

在用集线器组成的网络中,集线器是一种共享设备,本身不能识别目的地址,只是使网络连接的范围得到了扩大,但是整个网络仍然在一个冲突域中。也就是说,在这种工作方式下,同一时刻网络上只能传输一组数据帧,如果发生冲突还得重试。这种工作模式就是共享网络带宽。

交换概念的提出改进了共享工作模式。交换机是一种智能设备,工作在物理层和 MAC 子层。交换机可以把一个网段分为多个网段,把冲突限制在一些细分的网段之内,增加了网络的带宽。同时交换机又可以在不同的网段之间进行 MAC 帧的转发,即它连接各个网段,使各个网段可以相互访问。交换机处于局域网的核心地位,已经成为局域网组网技术中的关键设备。

交换机的主要功能如下。

(1) 交换机提供了大量可供线缆连接的端口,可以采用星形拓扑布线。

(2) 像中继器、集线器和网桥那样,在转发帧时,交换机会重新产生一个不失真的方形电信号。

(3) 交换机在每个端口上都使用相同的转发或过滤逻辑。

(4) 交换机将局域网分为多个冲突域,每个冲突域都有独立的宽带,因此大大提高了局域网的带宽。

(5) 交换机除了具有网桥、集线器和中继器的功能以外,还提供了更先进的功能(如虚拟局域网)和更高的性能。

2. 交换机的工作原理

交换机是根据网桥的原理发展起来的。要理解交换机的工作原理,应先认识两个概念——冲突域和广播域。

1) 冲突域

定义:在同一个冲突域中的每一个节点都能收到所有被发送的帧。简单地说,冲突域就是同一时间内只能有一台设备发送信息的范围。

分层:基于 OSI 的第一层——物理层。

设备:第二层设备能隔离冲突域,如交换机。交换机的一个接口下的网络是一个冲突域,所以交换机可以隔离冲突域。

2) 广播域

定义:网络中能接收任意设备发出的广播帧的所有设备的集合。简单地说,如果站点发出一个广播信号,所有能接收到这个信号的设备范围就称为一个广播域。

分层:基于 OSI 的第二层——数据链路层。

设备:第三层设备才能隔离广播域,如路由器。路由器的每一个端口就是一个广播域。

交换机工作在数据链路层,拥有一条带宽很高的背部总线和内部交换矩阵。交换机的所有端口都挂接在这条背部总线上,控制电路收到数据包以后,处理端口会查找内存中的地址对照表以确定目的 MAC 地址的网卡挂接在哪个端口上,通过内部交换矩阵迅速将数据包传送到目的端口;目的 MAC 地址若不存在,则广播到所有的端口,接收端口回应后,交换机会学习新的地址,并把它加入交换机内存中的 MAC 地址表中。

3. 交换机的交换方式

交换机通过以下 3 种方式进行交换。

（1）直通式。这种方式的以太网交换机可以理解为在各端口间是纵横交叉的线路矩阵电话交换机。它在输入端口检测到一个数据包时，检查该包的包头，获取包的目的地址，启动内部的动态查找表，转换成相应的输出端口，在输入与输出交叉处接通，把数据包直通到相应的端口，实现交换功能。由于直通式不需要存储数据包，因此延时非常小，交换非常快。它的缺点是，因为数据包内容并没有被以太网交换机保存下来，所以无法检查数据包是否有误，没有错误检测能力；由于直通式没有缓存，因此不能将具有不同速率的输入端口和输出端口直接接通，而且容易丢包。

（2）存储转发。这是计算机网络领域应用最为广泛的方式。它把输入端口的数据包先存储起来，然后进行 CRC 校验，在对错误包进行处理后才取出数据包的目的地址，通过查找表转换成输出端口，送出数据包。正因如此，存储转发方式在数据处理时延时大。但是它可以对进入交换机的数据包进行错误检测，能有效地改善网络性能。尤其重要的是，它可以支持不同速率的端口间的转换，使高速端口与低速端口协同工作。

（3）碎片隔离。这是介于前两者之间的一种解决方案。它检查数据包的长度是否够 64B。如果小于 64B，说明是假包，则丢弃该包；如果大于 64B，则发送该包。这种方式也不提供数据校验。它的数据处理速度比存储转发方式快，但比直通式慢。

4. 交换机的分类

交换机通常可以从以下几方面进行分类。

1）按网络覆盖范围分类

按照网络的覆盖范围，交换机可以分为两种：局域网交换机和广域网交换机。

局域网交换机应用于局域网，用于连接终端设备，如服务器、工作站、集线器、路由器和网络打印机等。

广域网交换机主要应用于电信城域网互联、互联网接入等领域的广域网中。

2）按传输介质和传输速度分类

按照交换机使用的网络传输介质及传输速度的不同，一般可以将局域网交换机分为以太网交换机、快速以太网交换机、千兆以太网交换机、ATM 交换机、FDDI 交换机和令牌环交换机等。

快速以太网交换机用于百兆以太网及千兆以太网。快速以太网是一种在普通双绞线或者光纤上实现 100Mb/s 传输带宽的网络技术，它并非完全是 100Mb/s 带宽，其端口目前主要是以 10/100Mb/s、自适应型的为主。快速以太网交换机通常所采用的传输介质也是双绞线，有的快速以太网交换机为了兼顾与其他光传输介质的网络互联，会留有少数的光纤接口。

ATM 交换机是应用于 ATM 网络的交换机产品。ATM 网络由于其独特的技术特性，现在还广泛用于电信、邮政网的主干网段。同样，有线电视的 cablemodem 互联网接入在局端也采用 ATM 交换机。它的传输介质一般采用光纤，接口类型一般有两种，包括以太网 RJ-45 接口和光纤接口，这两种接口适合与不同类型的网络互联。

3）按工作的协议层次分类

网络设备工作在 OSI 参考模型的一定层上。工作的层越高，说明其设备的技术性越高,性能也越好,档次也就越高。根据工作的协议层不同,交换机可分为二层交换机、三层交换机和四层交换机。

二层交换机只能工作在 OSI 参考模型的第二层,即数据链路层。这是最原始的交换技术产品,目前桌面型交换机一般属于这一类型。

三层交换机可以工作在 OSI 参考模型的第三层,即网络层。它实际上是将传统交换机与传统路由器结合起来的网络设备,既可以完成传统交换机的端口交换功能,又可以完成部分路由器的路由功能。当网络规模较大时,可以根据特殊应用需求划分为小的独立的VLAN 网段。以减小广播所造成的影响。通常这类交换机采用模块化结构,以适应灵活配置的需要。

四层交换机是采用第四层交换技术的产品,工作于 OSI 参考模型的第四层,即传输层,直接面对具体应用。目前这类交换机在实际应用中比较少见。

4.4 局域网的组建

4.4.1 对等型局域网

1. 对等型局域网简介

对等型局域网是一种在对等(peer)节点之间分配任务和工作负载的分布式应用架构,是对等计算模型在应用层形成的一种组网或网络形式。peer 在英语里有"对等者、伙伴、对端"的意义。因此,从字面上讲,P2P 可以理解为对等计算或对等网络,是一种分布式网络,网络的参与者共享他们所拥有的一部分硬件资源(处理能力、存储能力、网络连接能力、打印机等),这些共享资源需要由网络提供服务和内容,能被其他对等节点直接访问而无须经过中间实体。在此网络中的参与者既是资源(服务和内容)提供者(server),又是资源(服务和内容)获取者(client)。通常这些资源和服务包括信息的共享和交换、计算资源(如 CPU 计算能力)共享、存储共享(如缓存和磁盘空间的使用)、网络共享、打印机共享等。对等型局域网如图 4-21 所示。

对等型局域网主要针对家庭、宿舍或者一些小型企业。因为它不需要服务器,所以成本较低。但它只是最基本的一种局域网,许多管理功能无法实现。

2. 对等型局域网的特点

对等型局域网有以下特点。

(1)网络节点较少,一般在 20 台计算机以内,适合人员少、频繁使用网络功能的中小企业。

(2)网络用户都处于同一区域中。

(3)对于对等型局域网来说,网络安全不是最重要的问题。

它的主要优点有:网络成本低,网络配置和维护简单。

它的缺点也相当明显的,主要是网络性能较低,数据保密性差,文件管理分散,计算机资源占用大。

3. 对等型局域网的结构

虽然对等型局域网结构比较简单,但根据具体的应用环境和需求,对等型局域网因其规模和传输介质类型的不同,实现的方式也有多种,下面分别介绍。

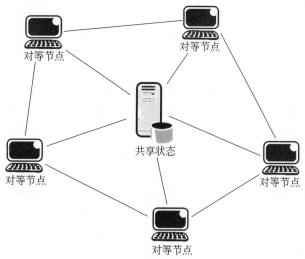

图 4-21　对等型局域网

1) 两台计算机的对等型局域网

这种对等型局域网的组建方式比较多,在传输介质方面既可以采用双绞线,也可以采用同轴电缆,还可采用串并行电缆。网络设备只需相应的网线或电缆和网卡,如果采用串并行电缆,还可省去网卡的投资,直接用串并行电缆连接两台计算机即可,显然这是一种最廉价的对等网组建方式。这种方式中的串并行电缆俗称零调制解调器,所以这种方式也称为远程通信。但这种网络的传输速率非常低,并且串并行电缆制作比较麻烦,在网卡如此便宜的今天,这种对等型局域网连接方式比较少见。

2) 3 台计算机的对等型局域网

如果网络所连接的计算机不是两台,而是 3 台,则此时就不能采用串并行电缆连接了,而必须采用双绞线或同轴电缆作为传输介质,而且网卡是不能少的。如果采用双绞线作为传输介质,根据网络结构的不同又有两种方式:

(1) 采用双网卡网桥方式,就是在其中一台计算机上安装两块网卡,另外两台计算机各安装一块网卡,然后用双绞线连接起来,再进行有关的系统配置即可。

(2) 添加一个集线器作为集线设备,组建一个星形对等型局域网,3 台计算机都直接与集线器相连。从这种方式的特点来看,虽然可以省下一块网卡,但需要购买一个集线器,网络成本比前一种高一些,但性能要好很多。

如果采用同轴电缆作为传输介质,则不需要购买集线器了,只需把 3 台计算机用同轴电缆直接串接即可。虽然也只需 3 块网卡,但因同轴电缆比双绞线贵,所以总的投资与用双绞线差不多。

3) 多于 3 台计算机的对等型局域网

多于 3 台计算机的对等型局域网组建方式只有以下两种。

(1) 采用集线设备(集线器或交换机)组成星形网络。

(2) 用同轴电缆直接串接。虽然这类对等型局域网也可采用双网卡网桥方式,就是在除了首、尾两台计算机外都采用双网卡配置,但这种方式因要购买差不多两倍的网卡,成本较高。而且双网卡配置对计算机硬件资源要求较高,所以很少采用这种方式来实现多台计算机的对等型局域网。

4.4.2 C/S 模式局域网

1. C/S 模式局域网简介

C/S(client/server)模式局域网即客户/服务器局域网。在客户/服务器局域网中,服务器是网络的核心,而客户机是网络的基础,客户机依靠服务器获得需要的网络资源,而服务器为客户机提供网络必须的资源,如图 4-22 所示。

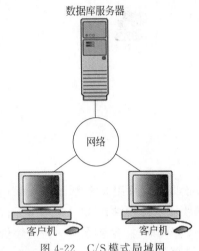

图 4-22　C/S 模式局域网

C/S 一般建立在专用的、小范围内的网络环境中,局域网之间再通过专门服务器提供连接和数据交换服务。C/S 一般面向相对固定的用户群,对信息安全的控制能力很强。一般高度机密的信息系统适宜采用 C/S 结构。

2. C/S 模式局域网的特点

C/S 模式的优点如下。

(1) 由于客户端与服务器直接相连,没有中间环节,因此响应速度快。

(2) 操作界面漂亮、形式多样,可以充分满足客户自身的个性化要求。

(3) C/S 结构的管理信息系统具有较强的事务处理能力,能实现复杂的业务流程。

C/S 模式的缺点如下。

(1) 需要专门的客户端安装程序,分布功能弱,对于点多面广且不具备网络条件的用户群体,不能够实现快速部署、安装和配置。

(2) 兼容性差。若采用不同工具,需要重新改写程序。

(3) 开发成本较高,需要具有一定专业水准的技术人员完成。

4.5 虚拟局域网

4.5.1 虚拟局域网概述

1. 虚拟局域网的产生

1) 广播风暴

我们知道,交换机可以分隔冲突域,但是不能分隔广播域,所以在交换机构成的局域网中,所有设备都会转发广播帧,任何一个广播帧或多播帧都将被广播给整个局域网中的每一台主机。如图 4-23 所示,主机 A 要与主机 B 通信,它首先广播一个 ARP 请求,以获取主机 B 的 MAC 地址。与主机 A 连接的二层交换机收到 ARP 广播后,会将它转发给除接收端口以外的其他所有端口,也就是泛洪(flooding)。接着,其他收到这个广播帧的交换机(包括三层交换机)也会作同样的处理。最终 ARP 请求会被转发到同一网络中的所有主机上。如果此时网络中的其他主机也要和别的主机进行通信,必然产生大量的广播。这种情况称为广播风暴。

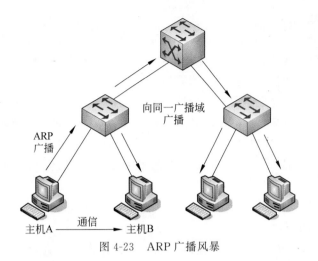

图 4-23　ARP 广播风暴

在网络通信中,广播信息是普遍存在的,这些广播帧将占用大量的网络带宽,导致网络速度和通信效率的下降,并额外增加了网络主机处理广播信息的负荷。

2)解决广播风暴的方法

由于二层网络工作原理的限制,网桥对广播风暴的问题无能为力。为了提高网络的通信效率,一般需要对网络进行分段,把一个大的广播域划分成几个小的广播域。

过去往往通过路由器对局域网进行分段。用路由器替换中心节点交换机。路由器能实现对广播域的分隔,使得广播报文的发送范围大大减小。但是路由器的以太网接口数量很少,一般为 1~4 个,组网方式不灵活,不能满足对网络分段的需要,并且大大增加了管理维护的难度。作为替代的局域网分段方法,虚拟局域网被引入到网络解决方案中,用于解决大型的二层网络环境面临的问题。

虚拟局域网从逻辑上把网络资源和网络用户按照一定的原则进行划分,把一个物理网络划分成多个小的逻辑网络,这些小的逻辑网络形成各自的广播域,也就是虚拟局域网。图 4-24 中几个部门都使用一个中心交换机,但是各个部门属于不同的虚拟局域网,形成各自的广播域,广播报文不能跨越这些广播域传送。虚拟局域网将一组位于不同物理网段上的用户在逻辑上划分成一个局域网,在功能和操作上与传统局域网基本相同,可以提供一定范围内的终端系统的互联。

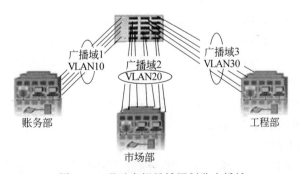

图 4-24　通过虚拟局域网划分广播域

2. 虚拟局域网的定义

虚拟局域网(virtual local area network,VLAN)是将局域网内的设备逻辑地而不是物理地划分成一个个网段以实现虚拟工作组的新兴技术。它允许网络管理者将一个物理的局域网逻辑地划分成不同的广播域(即虚拟局域网),每一个虚拟局域网都包含一组有着相同需求的计算机工作站,与物理上形成的局域网有相同的属性。但由于它是逻辑地而不是物理地划分,所以同一个虚拟局域网内的各个工作站无须放置在同一个物理空间,即这些工作站不一定属于同一个物理局域网网段。一个虚拟局域网内部的广播和单播流量都不会转发到其他虚拟局域网中,从而有助于控制流量,减少设备投资,简化网络管理,提高网络的安全性。

3. 虚拟局域网的特点

1) 虚拟局域网的特性

虚拟局域网是为解决以太网的广播问题和安全性而提出的协议,它在以太网帧的基础上增加了虚拟局域网头,用 VLAN ID 把用户划分为更小的工作组。同一个虚拟局域网中的所有成员共同拥有一个 VLAN ID,组成一个虚拟局域网。同一个虚拟局域网中的成员均能收到本虚拟局域网内其他成员发来的广播包,但收不到其他虚拟局域网成员的广播包。不同虚拟局域网成员之间不可以进行二层互访直接通信,需要通过三层交换或者路由支持才能通信;而同一虚拟局域网中的成员通过虚拟局域网交换机可以直接通信,不需要路由支持。

2) 与传统局域网相比的优势

(1) 增加、移动、更改工作站灵活方便。

在网络中,工作站在一个建筑物内或校园网内增加、移动、更改是很常见的事情。划分了虚拟局域网后,当一个工作站需要变动物理位置时,只要通过网管工作站就可以重新配置其属性。当一个工作站在相同的虚拟局域网内移动位置时,它在新的位置仍然保留其原有的属性;当一个工作站在不同虚拟局域网之间移动时,就把新的虚拟局域网的属性应用于这个站。若因工作需要,部门的一个人员需调到另一个部门,或因开发某个项目需要临时组建一个由不同部门的技术人员组成的工作小组时,有了虚拟局域网,这些人员就不必真正集中到一起,他们只需坐在自己的计算机旁就可参与另一部门的工作或了解小组其他成员的工作情况。工作结束后,这个工作小组可以随之消失。

(2) 隔离广播风暴,提高网络性能。

网络中大量的广播信息所带来的带宽消耗和网络延迟很可能造成网络堵塞,对用户来讲是不容忽视的。虚拟局域网具有隔离广播风暴的特点,可以把一个大的局域网划分成几个小的虚拟局域网,使每个虚拟局域网中的广播信息大大减少,从而减少整个网络范围内广播包的传输量,提高网络传输效率。除此之外,在划分虚拟局域网时,若将工作性质相同的用户集中在同一个虚拟局域网内,减少跨虚拟局域网的访问,可减少路由器经网络传输带来的延迟,也能进一步提高网络的性能。

(3) 增强网络的安全性。

各个虚拟局域网之间不能直接通信,而必须通过路由器转发。如果虚拟局域网之间没有路由器,那么虚拟局域网就是与外界隔离的,相当于一个独立的局域网,可防止大部分以网络监听为手段的入侵。当使用路由器转发时,可以在路由器上进行相应的设置,实现网络的安全访问控制。另外,在每个交换机端口只有一个工作站的结构中,可以形成特别有效的限制非授权访问的屏障。

（4）提高网络的可靠性。

在虚拟局域网中利用 STP 可以在两条中继链路上进行负载分担和冗余备份。也就是说,当两条中继链路都工作的时候,可以使一部分虚拟局域网通过一条中继链路传递信息,另一部分虚拟局域网通过另一条中断链路传递信息,使得两条中继链路共同承担信息传递任务,提高传输速度;当两条中继链路中有一条不能传递信息时,另一条自动承担全部虚拟局域网的信息传递任务,保证了网络的可靠性。

4.5.2　虚拟局域网的划分方法

1. 基于端口的划分

这是最常应用的一种虚拟局域网划分方法,应用也最广泛、最有效,目前绝大多数虚拟局域网协议的交换机都提供这种虚拟局域网配置方法。这种划分虚拟局域网的方法是根据以太网交换机的交换端口进行的,它是将虚拟局域网交换机上的物理端口和虚拟局域网交换机内部的永久虚电路(permanent virtual circuit,PVC)端口分成若干个组,每个组构成一个虚拟网,相当于一个独立的虚拟局域网交换机。

当不同部门需要互访时,可通过路由器转发,并配合基于 MAC 地址的端口过滤。在某站点的访问路径上最靠近该站点的交换机、路由交换机或路由器的相应端口上设定可通过的 MAC 地址集,这样就可以防止非法入侵者从内部盗用 IP 地址,从其他接入点入侵的可能。

可以看出,这种划分的方法的优点是:定义虚拟局域网成员时非常简单,只要将所有的端口都定义为相应的虚拟局域网组即可,适合任何规模的网络。它的缺点是:如果某用户离开了原来的端口,到了一个新的交换机的某个端口,则必须重新定义端口。

2. 基于 MAC 地址的划分

这种划分虚拟局域网的方法是根据每个主机的 MAC 地址进行的,即,将每个 MAC 地址的主机都配置到一个组中。它的实现机制是:每一块网卡都对应唯一的 MAC 地址,虚拟局域网交换机跟踪属于虚拟局域网 MAC 的地址。这种方式的虚拟局域网允许网络用户从一个物理位置移动到另一个物理位置时自动保留其所属虚拟局域网的成员身份。

可以看出,这种虚拟局域网划分方法最大的优点是:当用户的物理位置发生移动,即从一个交换机换到其他的交换机时,虚拟局域网不用重新配置,因为它是基于用户的,而不是基于交换机端口的。这种方法的缺点是:初始化时,所有的用户都必须进行配置,如果有几百个甚至上千个用户,配置非常耗时,所以这种划分方法通常适用于小型局域网。而且这种划分方法也导致了交换机执行效率的降低,因为在每一个交换机的端口上都可能存在很多个虚拟局域网组的成员,保存了许多用户的 MAC 地址,查询起来相当不容易。另外,对于使用笔记本计算机的用户来说,他们的网卡可能经常更换,这样虚拟局域网就必须经常配置。

3. 基于网络层的划分

虚拟局域网可以按网络层协议来划分,即可以将局域网按 IP、IPX、DECnet、AppleTalk、Banyan 等协议划分为虚拟局域网。这种按网络层协议来组成的虚拟局域网可使广播域跨越多个虚拟局域网交换机。这对于希望针对具体应用和服务来组织用户的网络管理员来说是非常具有吸引力的。而且,用户可以在网络内部自由移动,但其虚拟局域网成员身份仍然保持不变。

这种方法的优点是:当用户的物理位置改变时,不需要重新配置所属的虚拟局域网,而且可以根据协议类型来划分虚拟局域网,这对网络管理者来说很重要。还有,这种方法不需要附加的帧标签来识别虚拟局域网,这样可以减少网络的通信量。这种方法的缺点是效率低,因为检查每一个数据包的网络层地址是需要消耗处理时间的(相对于前面两种划分方法),一般的交换机芯片都可以自动检查网络中数据包的以太网帧头,但要让交换机芯片能检查 IP 帧头,需要更高级的技术,同时也更费时。

4.5.3 虚拟局域网协议

IEEE 802.1q 是虚拟桥接局域网的正式标准,定义了同一个物理链路上承载多个子网的数据流的方法。IEEE 802.1q 定义了虚拟局域网帧格式,为识别帧属于哪个虚拟局域网提供了一个标准的方法,如图 4-25 所示。这个格式统一了标识虚拟局域网的方法,有利于解决不同厂家的设备配置虚拟局域网的问题。IEEE 802.1q 协议为标识带有虚拟局域网成员信息的以太帧建立了一种标准方法。

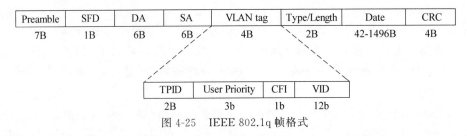

图 4-25　IEEE 802.1q 帧格式

其中主要字段含义如下。

Preamble:前导字段,7B。该字段中 1 和 0 交互使用,该字段用于向接收站表明自己是导入帧,并且该字段提供了同步化接收物理层帧接收部分和导入比特流的方法。

SFD:帧起始分隔符字段,1B。该字段中 1 和 0 交互使用,结尾是两个连续的 1,表示下一位是利用目的地址的重复使用字节的重复使用位。

DA:目的地址字段,6B。该字段用于识别接收帧的站。

SA:源地址字段,6B。该字段用于识别发送帧的站。

VLAN tag:4B,包含 2B 的标签协议标识(TPID)和 2B 的标签控制信息,具体如下。

(1) TPID:标记协议标识字段,2B,值为 8100(十六进制)。当帧中的 EtherType(以太网类型)字段值也为 8100 时,该帧传送标签 IEEE 802.1q/802.1p。

(2) User Priority:用户优先级 3b,表示帧的优先级,取值范围为 0～7,值越大,优先级越高,用于 IEEE 802.1p。

(3) CFI:规范格式指示器 1b,值为 0 代表 MAC 地址是标准格式,值为 1 代表 MAC 地址是 FDDI、令牌环的帧采用的格式。

(4) VID:12b,表示虚拟局域网的值。12b 共可以表示 4096 个虚拟局域网,实际上,由于 0 和 4095 被 IEEE 802.1q 协议保留,所以虚拟局域网的最大个数是 4094 个。

IEEE 802.1q 定义了以下内容:虚拟局域网的架构、虚拟局域网中所提供的服务、虚拟局域网实施中涉及的协议和算法。IEEE 802.1q 协议不仅规定了虚拟局域网中的 MAC 帧的格式，而且还制定了帧发送及校验、回路检测、对服务质量（QoS）参数的支持以及对网管系统的支持等方面的标准。

4.6　无线局域网

4.6.1　无线局域网标准

无线局域网技术的成熟和普及是一个不断磨合的过程。无线局域网技术发明之前，人们只能通过有线网络进行联络和通信。当网络发展到一定规模后，有线网络无论组建、拆装还是在原有基础上重新布局和改建都非常困难，且成本和代价也非常高，于是无线局域网的组网方式应运而生。

无线局域网（wireless local area network，WLAN）是相当便利的数据传输系统，它利用射频（radio frequency，RF）技术，使用电磁波取代物理线缆，在空气中进行通信连接，实现了"信息随身化、便利走天下"的目标。

最早的无线局域网产品运行在 900MHz 的频段上，传输速率只有 1～2Mb/s。1971 年，夏威夷大学开发的基于封包式技术的 ALOHAnet 采用无线电台替代电缆，克服了地理环境造成的布线困难。1979 年，瑞士 IBM Ruesehlikon 实验室的 Gfeller 首先提出了无线局域网的概念，他采用红外线作为传输介质，用以解决生产车间里的布线困难，避免大型机器的电磁干扰。但是这种技术由于传输速率小于 1Mb/s 而没有投入使用。1980 年，加利福尼亚惠普实验室的 Ferrert 进行了真正意义上的无线局域网项目的研究。1992 年，工作在公共频段 2.4GHz 上的无线局域网产品问世，之后出现了工作在公共频段 5GHz 上的产品。现在大部分无线局域网产品都在这两个频段上运行，采用的标准和技术主要包括 IEEE 802.11、HomeRF、BlueTooth 和 RFID 等。

1. IEEE 802.11

IEEE 802.11 是无线局域网的通用标准，它是由 IEEE 定义的无线网络通信标准。IEEE 802.11 标准定义了单一的 MAC 层和多样的物理层，其物理层标准主要有 IEEE 802.11b、IEEE 802.11a 和 IEEE 802.11g。表 4-2 为 IEEE 802.11 中的部分标准及其说明。

表 4-2　IEEE 802.11 中的部分标准及其说明

IEEE 标准	说　　明
IEEE 802.11	初期在射频频段 2.4GHz 上使用的规格是采用直接序列扩频（direct sequence spread spectrum，DSSS）或跳频扩频（frequency hopping spread spectrum，FHSS）技术制定的，并且提供了 1Mb/s、2Mb/s 和许多基础信号传输方式与服务的传输速率规格
IEEE 802.11a	5GHz 波段上的物理层规范
IEEE 802.11b	2.4GHz 波段上更高速率的物理层规范。在 2.4GHz 频段上采用了 DSSS 技术，将无线局域网的传输速度提升至 11Mb/s，可与以太网相媲美
IEEE 802.11d	当前 IEEE 802.11 标准中规定的操作仅在几个国家中是合法的，而制定该标准的目的是为了推广 IEEE 802.11 无线局域网在其他国家的应用

IEEE 标准	说　　明
IEEE 802.11e	该标准主要是为了改进和管理无线局域网的服务质量,保证能在 IEEE 802.11 无线局域网上进行话音、音频、视频的传输等
IEEE 802.11f	该标准是为了在多个厂商的无线局域网内实现访问互操作,保证网络内访问点之间信息的互换
IEEE 802.11g	该标准是 IEEE 802.11b 的扩充,是更高速率的物理层规范
IEEE 802.11h	该标准主要是为了增强 5GHz 频段的 IEEE 802.11 MAC 规范及 IEEE 802.11a 高速物理层规范;增强信道能源测度和报告机制,以便改进频谱和传送功率管理
IEEE 802.11i	增强无线局域网的安全和鉴别机制
IEEE 802.11j	日本所采用的等同于 IEEE 802.11h 的协议
IEEE 802.11k	无线电广播资源管理。通过部署此功能,服务运营商与企业客户能更有效地管理无线设备和 AP 设备/网关之间的连接
IEEE 802.11n	该标准将使得 IEEE 802.11a/g 无线局域网的传输速率提升一倍

下面介绍几个主要的 IEEE 802.11 标准。

1) IEEE 802.11a

IEEE 802.11a 规定的频段为 5GHz,用正交频分复用(orthogonal frequency division multiplexing,OFDM)技术来调制数据流。OFDM 技术最大的优势是其无与伦比的多途径回声反射,因此,特别适用于室内及移动环境,最大传输速率为 54Mb/s。

2) IEEE 802.11b

IEEE 802.11b 工作于 2.4GHz 频段,根据实际情况采用 5.5Mb/s、2Mb/s 和 1Mb/s 带宽,带宽最高可达 11Mb/s,实际的工作速度在 5Mb/s 左右,与普通的 10BASE-T 规格有线局域网几乎处于同一水平,比 IEEE 802.11 标准快 5 倍,扩大了无线局域网的应用领域。IEEE 802.11b 使用的是开放的 2.4GHz 频段,不需要申请就可使用。IEEE 802.11b 既可作为对有线网络的补充,也可独立组网,从而使网络用户摆脱网线的束缚,实现真正意义上的移动应用。

IEEE 802.11b 无线局域网与 IEEE 802.3 以太网的工作原理很类似,都是采用载波侦听的方式来控制网络中信息的传送。两者的不同之处是:以太网采用 CSMA/CD(载波侦听/冲突检测)技术,网络上所有工作站都侦听网络中有无信息发送,当发现网络空闲时即发出自己的信息,如同抢答一样,只能有一台工作站能抢到发言权,而其余工作站需要继续等待。如果有两台以上的工作站同时发出信息,则网络中会发生冲突,随后这些冲突信息都会丢失,各工作站继续抢夺发言权。而 IEEE 802.11b 无线局域网则引进了 CA(Collision Avoidance,冲突避免)技术,从而避免了网络中冲突的发生,可以大幅度提高网络效率。

3) IEEE 802.11g

IEEE 从 2001 年 11 月就开始草拟 IEEE 802.11g 标准,它与 IEEE 802.11a 具有相同的 54Mb/s 数据传输速率,但是它还可以提供一种重要的优势,即对 IEEE 802.11b 设备向后兼容。这意味着 IEEE 802.11b 客户端可以与 IEEE 802.11g 接入点配合使用,而 IEEE 802.11g 客户端也可以与 IEEE 802.11b 接入点配合使用。因为 IEEE 802.11g 和

IEEE 802.11b 都工作在不需要申请的 2.4GHz 频段,所以对于那些已经采用了 IEEE 802.11b 无线基础设施的企业来说,移植到 IEEE 802.11g 是一种合理的选择。

需要指出的是,IEEE 802.11b 产品无法"软件升级"到 IEEE 802.11g,这是因为 IEEE 802.11g 无线收发装置采用了一种与 IEEE 802.11b 不同的芯片组,以提供更高的数据传输速率。但是,就像以太网和快速以太网的关系一样,IEEE 802.11g 产品可以在同一个网络中与 IEEE 802.11b 产品结合使用。由于 IEEE 802.11g 与 IEEE 802.11b 工作在同一个无须申请的频段,所以它需要共享 3 个相同的频段,这将会限制无线局域网的容量和可扩展性。

4) IEEE 802.11i

由于无线传输的介质是空气,所以在数据传输过程中安全性很差。IEEE 802.11i 标准结合 IEEE 802.1x 中的用户端口身份验证和设备验证,对无线局域网 MAC 层进行修改与整合,定义了严格的加密格式和鉴权机制,以提高无线局域网的安全性。IEEE 802.11i 标准主要包括两项内容:WiFi 保护访问(WiFi protected access,WPA)技术和强健安全网络(robust security network,RSN)。

IEEE 802.11i 标准在无线局域网建设中是相当重要的,数据的安全性是无线局域网设备制造商和无线局域网网络运营商的头等工作。

5) IEEE 802.11n

IEEE 在 2003 年 9 成立了 IEEE 802.11n 工作小组,以制定一项新的高速无线局域网标准——IEEE 802.11n。IEEE 802.11n 工作小组是由高吞吐量研究小组发展而来的。

IEEE 802.11n 计划将无线局域网的传输速率从 IEEE 802.11a 和 IEEE 802.11g 的 54Mb/s 增加至 108Mb/s 以上,最高速率可达 320Mb/s,成为 IEEE 802.11b、IEEE 802.11a、IEEE 802.11g 之后的另一个重要标准。和其他的 IEEE 802.11 标准不同,IEEE 802.11n 为双频工作模式(包含 2.4GHz 和 5GHz 两个工作频段)。这样 IEEE 802.11n 就保障了与以往的 IEEE 802.11a、IEEE 802.11b、IEEE 802.11g 标准兼容。

IEEE 802.11n 采用 MIMO 与 OFDM 相结合的方法,使传输速率成倍提高。随着天线技术及传输技术的发展,无线局域网的传输距离大大增加,可以达到几公里(并且能够保障 100Mb/s 的传输速率)。IEEE 802.11n 标准全面改进了 IEEE 802.11 标准,不仅涉及物理层标准,同时也采用了新的高性能无线传输技术提升 MAC 层的性能,优化数据帧结构,提高网络的吞吐量和性能。

2. HomeRF

家庭射频(home radio frequency,HomeRF)由 HomeRF 工作组开发,是在家庭区域范围内的任何地方实现 PC 和用户电子设备之间无线数字通信的开放性工业标准。作为无线技术方案,它代替了需要铺设昂贵传输线的有线家庭网络,为网络中的设备,如笔记本计算机和因特网应用提供了漫游功能。

HomeRF 工作组是由美国家用射频委员会领导,于 1997 年成立的,其主要工作任务是为家庭用户建立具有互操作性的话音和数据通信网。HomeRF 标准的物理层规范比 IEEE 802.11 无线局域网中的相应物理层规范要宽松得多。它采用一个简单的跳频方案就消除了无线收发设备的复杂性,使无线收发设备的成本大大降低,从而使其进入了普通家庭消费产品领域。HomeRF 定义的 2.4GHz 工作频段是不需申请许可证的工业、科学、医疗

(ISM)频段,它使用的跳频空中接口每秒跳频 50 次,即每秒信道改变 50 次,最大功率为 100mW,有效范围约 50m。图 4-26 为 HomeRF 适配器。

HomeRF 把共享无线接入协议(shared wireless access protocol,SWAP)作为网络的技术指标,基于简化的 IEEE 802.11 标准,当进行数据通信时,采用类似于以太网技术中的 CSMA/CA 方式。它采用数字增强无绳通信(digital enhanced cordless telecommunication, DECT)无线通信标准的 TDMA 技术进行语音通信。HomeRF 提供了对流媒体真正意义上的支持,其规定了高级别的优先权并采用了带有优先权的重发机制,这样就满足了播放流媒体所需的高带宽、低干扰、低误码要求。

HomeRF 技术由于在抗干扰能力等方面与其他技术标准相比存在不少缺陷,仅获得了少数公司的支持,这些使得 HomeRF 技术的应用和发展前景受到限制。又加上市场策略定位不准,后续研发与技术升级进展迟缓,因此,2000 年之后,HomeRF 技术开始走下坡路,2001 年 HomeRF 的普及率降至 30%,逐渐丧失市场份额。尤其是芯片制造巨头英特尔公司决定在其面向家庭无线网络市场的 AnyPoint 产品系列中增加对 IEEE 802.11b 标准的支持后,由于 HomeRF 只能在家庭里应用的限制,发展前景很不乐观。

3. 蓝牙

蓝牙(blue tooth)是 1998 年 5 月由爱立信、英特尔、诺基亚、IBM 和东芝等公司联合主推的一种短距离无线通信技术,运行在全球通行的、无须申请许可的 2.46Hz 频段,采用高斯频移键控(gauss frequency shift keying,GFSK)调制技术,传输速率达 1Mb/s。它可以用于在较小的范围内通过无线连接的方式实现固定设备或移动设备之间的网络互联,从而在各种数字设备之间实现灵活、安全、低功耗、低成本的语音和数据通信。蓝牙技术的有效通信范围一般为 10m,最高可以达到 100m 左右。图 4-27 为蓝牙耳机。

图 4-26　HomeRF 适配器　　　　图 4-27　蓝牙耳机

蓝牙使用跳频技术,将传输的数据分割成数据包,通过 79 个指定的蓝牙频道分别传输数据包。每个频道的频宽为 1MHz。蓝牙 4.0 使用 2MHz 间距,可容纳 40 个频道。第一个频道始于 2402MHz,每 1MHz 一个频道,至 2480MHz。有了适配跳频(adaptive frequency-hopping,AFH)功能,通常每秒跳频 1600 次。

蓝牙主设备最多可与一个微微网(也称皮网,piconet,是一种采用蓝牙技术的临时计算机网络)中的 7 个设备通信,当然并不是所有设备都能够达到这一数量。设备之间可通过协议转换角色,从设备也可转换为主设备。例如,一个头戴式耳机如果向手机发起连接请求,它作为连接的发起者,自然就是主设备,但是随后也许会作为从设备运行。

蓝牙技术传输时的功耗很低,可以应用到无线传感器网络中,同时,也可以广泛应用于无线设备(如 PDA、手机、智能电话)、图像处理设备(如照相机、打印机、扫描仪)、安全产品

（如智能卡、身份识别、票据管理、安全检查），消遣娱乐产品（如蓝牙耳机、MP3、游戏），汽车产品（如 GPS、动力系统、安全气袋），家用电器（如电视机、电冰箱、电烤箱、微波炉、音响、录像机），医疗健身，智能建筑，玩具等领域。

4. RFID 技术

RFID 是一种非接触式的自动识别技术，通过射频信号自动识别目标对象并获取相关数据，也就是人们常说的电子标签。RFID 由标签、解读器和天线 3 个基本要素组成。RFID 在物流业、交通运输、医药、食品等领域被广泛应用。由于 RFID 制造技术复杂，生产成本高，标准尚未统一，应用环境和解决方案不够成熟，其安全性将接受考验。

DELL Latitude E6400 笔记本计算机使用了 RFID 技术，是笔记本计算机数据安全机制上一次新的尝试，如图 4-28 所示。

图 4-28　RFID 识别技术笔记本计算机

4.6.2　无线局域网接入设备

1. 无线网卡

无线网卡的作用类似于以太网中的网卡，作为无线局域网的接口，实现计算机与无线局域网的连接。无线网卡根据接口类型的不同，主要分为 3 种类型，即 PCMCIA 无线网卡、PCI 无线网卡和 USB 无线网卡。

PCMCIA 无线网卡仅适用于笔记本计算机，支持热插拔，可以非常方便地实现移动式无线接入。PCI 无线网卡适用于台式机，安装起来要复杂些。USB 无线网卡适用于笔记本计算机和台式机，支持热插拔，而且安装简单，即插即用。有的 USB 网卡有外置天线。图 4-29 是一个 USB 网卡。

2. 无线接入点

无线接入点（access point，AP）又称无线局域网收发器，它是移动计算机用户进入有线以太网骨干的接入点。其主要作用有两个：一是将无线网络接入以太网；二是将各无线网络客户端连接到一起，相当于以太网的集线器。无线接入点如图 4-30 所示。

图 4-29　USB 网卡

图 4-30　无线接入点

无线接入点主要用于宽带家庭、大楼内部以及园区内部，典型距离为几十米至上百米，使装有无线网卡的 PC 可以通过 AP 实现与有线网络的连接，从而使无线终端能够访问有线网络或因特网的资源。通常情况下，一个 AP 最多可以支持多达 30 台计算机的接入，推荐数量为 25 台以下。

3. 无线天线

在无线局域网中,无线天线可以达到增强无线信号、扩展无线网络覆盖范围的目的,把不同的办公大楼连接起来。这样,用户可以随身携带笔记本计算机,在大楼或房间之间移动。

可以把无线天线理解为无线信号的放大器,当计算机与无线接入点或其他计算机相距较远时,随着信号的减弱,或者传输速率明显下降,或者根本无法实现与接入点或其他计算机之间通信,此时,就必须借助于无线天线对接收或发送的信号进行增益(放大)。

无线天线类型多种多样,常见的有两种。一种是室内天线,优点是方便灵活,缺点是增益小,传输距离短。另一种是室外天线,类型比较多,例如栅栏式、平板式、抛物状等,如图4-31所示。室外天线的优点是传输距离远,比较适合远距离传输。

(a) 栅栏式天线 　　　　(b) 平板式天线 　　　　(c) 抛物状天线

图 4-31　室外天线

天线两个最重要的参数是方向性和增益。

方向性指的是天线辐射和接收是否有指向,即天线是否对某个角度过来的信号特别灵敏,辐射能量是否集中在某个角度上。天线根据水平面方向性的不同,可以分为全向天线和定向天线等。

增益表示天线功率放大倍数,数值越大,表示信号的放大倍数就越大,也就是说,增益数值越大,信号越强,传输质量就越好。目前市场上销售的无线路由器大多自带2dBi或3dBi的天线,用户可以按不同需求更换4dBi、5dBi甚至9dBi的天线。

4.7　本章小结

局域网是一种在有限的地理范围内将大量的计算机及各种设备互连在一起,实现数据传输和资源共享的计算机网络。

IEEE 802定义了网卡如何访问传输介质(如光缆、双绞线、无线等),以及如何在传输介质上传输数据,还定义了传输信息的网络设备之间连接建立、维护和拆除的途径。

以太网技术是世界上应用最广泛、最常见的网络技术,广泛应用于世界各地的局域网和企业骨干网。

局域网常见的设备有网卡、集线器、交换机。

局域网的组建方式有对等型和C/S模式。

虚拟局域网是一种将局域网内的设备逻辑地而不是物理地划分成一个个网段以实现虚拟工作组的新兴技术。

无线局域网是相当便利的数据传输系统,它利用射频技术,使用电磁波取代物理线缆,在空气中进行通信连接,实现"信息随身化、便利走天下"的目标。

扫一扫

4.8 实训

4.8.1 安装 Cisco Packet Tracer

交换机、路由器是网络通信中最常见的设备。可配置的交换机、路由器提供了多种功能。交换机、路由器出厂时基本没有任何设置。针对不同的环境,可以对交换机、路由器进行配置以适应、优化不同的网络环境,学习计算机网络必须熟悉设备配置的操作,才能根据不同的需求和环境优化网络。Cisco Packet Tracer 软件是一个模拟 Cisco 交换机、路由器的设备模拟软件,可供学习者进行设备配置基本操作。

1. 实训目的

(1) 了解 Cisco Packet Tracer 的作用。

(2) 掌握 Cisco Packet Tracer 的安装及汉化方法。

(3) 熟悉 Cisco Packet Tracer 的界面。

2. 应用环境

Cisco Packet Tracer 是由 Cisco 公司发布的交换机设备、路由器设备虚拟环境学习工具,为初学者设计、配置、排除网络故障提供了网络模拟环境。

3. 实训要求

本实训需要 Cisco Packet Tracer 安装文件及汉化文件。

4. 实训步骤

(1) 安装 Cisco Packet Tracer 5.3(也可安装其他版本)。

(2) 汉化 Cisco Packet Tracer。

(3) 熟悉 Cisco Packet Tracer 界面。

5. 详细步骤

1) 安装软件及汉化

(1) 双击安装文件,单击 next 按钮。

(2) 选择 I accept the agreement(接受协议),单击 Next 按钮。

(3) 选择安装路径,其他全部默认,即可完成安装。

(4) 单击 Install 按钮完成安装。

(5) 暂时不运行软件,因为要汉化。把 Launch Cisco Packet Tracer 前面的内容勾掉,单击 Finish 按钮。

(6) 把"Packet.Tracer 5.3.0.0088-汉化包"压缩包解压,然后复制 chinese.ptl 汉化文件。

(7) 右击桌面上的 Cisco Packet Tracer 图标,在弹出的快捷菜单中选择"属性"命令。

(8) 单击"查找目标"按钮找到软件安装目录。

(9) 单击"向上"工具按钮。

(10) 进入 languages 文件夹,把汉化文件复制到这里。

🌸 **小贴士**

languages 文件夹默认在系统盘中的 Program Files\Cisco Packet Tracer 5.3 文件夹下。例如系统盘为 C 盘,则路径为 C:\Program Files\Cisco Packet Tracer 5.3。

(11) 打开软件后,选择菜单栏 Options 下的 Preferences 命令进入首选项。

(12) 选择汉化文件后,单击 Change languages 按钮。

(13) 退出软件。重启软件后,发现软件已汉化。

2)熟悉软件界面

Cisco Packet Tracer 的界面如图 4-32 所示。

图 4-32 Cisco Packet Tracer 的界面

6. 相关知识

使用者可以在 Cisco Packet Tracer 的图形用户界面上直接拖动网络设备图标建立网络拓扑,并可查看数据包在网络中传播时的详细处理过程,观察网络实时运行情况。

网络设备的模拟软件除本实训中用到的 Cisco Packet Tracer 外,还有 Dynamips、RouterSim、BOSON、GNS3 等。

扫一扫

4.8.2 组建对等型局域网

1. 预备知识

组建计算机网络的最基本目的是共享资源,而两台计算机互联则组成了最小的网络。一些办公室或家庭有两台计算机,如果只有一台打印机(或其他硬件)或资料需要经常在两台计算机间传送,就可以组建网络,方便办公。

两台计算机要组建网络,需要各配一张网卡、一条交叉线,使用交叉线连接网卡的

RJ-45 口即可完成物理连接。然后在两台计算机上分别配置相同网段的 IP 地址和相同的子网掩码,即可通过网上邻居、IP 地址或计算机名访问对方。而两台计算机物理上是否连通可通过"ping 目标 IP 地址"命令的反馈信息来判断。

2. 实训目的

(1) 了解 T568A、T568B 网线的线序排列。

(2) 了解交叉线、直通线的制作方法。

(3) 掌握交叉线、直通线的应用环境。

(4) 掌握在 Cisco Packet Tracer 中设备、线缆的选择和添加方法及线缆连接方法。

(5) 掌握计算机 IP 地址的设置和命令提示符的使用。

3. 应用环境

某家庭有两台计算机。由于两台计算机上的资料要经常共享,目前的解决方法是使用移动存储器从一台计算机复制到另一台计算机,非常不方便。由于现在的计算机都配置了网卡,只需要用一条网线连接两台计算机并进行简单配置,就可实现两台计算机组网,达到资源共享的目的。

4. 实训要求

设备要求:两台 PC 和一条交叉线。

实训拓扑图如图 4-33 所示。

图 4-33 实训拓扑图

5. 配置要求

(1) PC 配置如表 4-3 所示。

表 4-3 PC 配置

设备名称	IP 地址	子网掩码
PC0	192.168.1.1	255.255.255.0
PC1	192.168.1.2	255.255.255.0

(2) 连接两台 PC 的线缆使用交叉线。

6. 实训步骤

(1) 添加 PC 并使用交叉线连接。

(2) 设置 PC 的 IP 地址。

(3) 使用 ping 命令测试连通性。

7. 详细步骤

(1) 打开软件后,在设备类型选择区选择终端设备,在右边的设备区选择 PC-PT,并拖动到工作区,如图 4-34 所示。

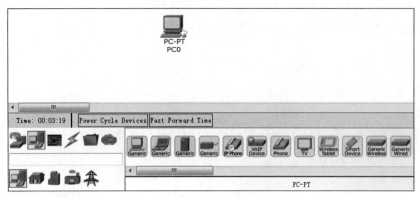

图 4-34　拖动 PC-PT 到工作区

(2)使用同样的方法添加另一台 PC。然后在设备类型区选择线缆,在右边的设备区选择交叉线,如图 4-35 所示。

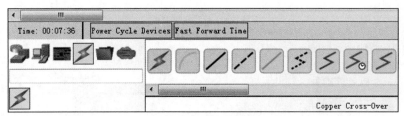

图 4-35　选择"交叉线"

(3)在工作区分别单击 PC0、PC1,使用交叉线连接两台计算机的 FastEthernet 网卡接口,如图 4-36 所示。

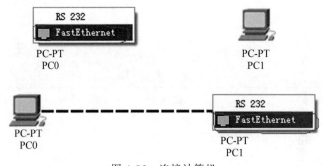

图 4-36　连接计算机

(4)单击 PC0,在 Desktop 选项卡里单击 IP Configuration,按图 4-37 所示设置 PC0 的 IP 地址。

(5)用同样的方法设置 PC1 的 IP 地址,如图 4-38 所示。

(6)单击 PC0,在"桌面"选项卡中单击"命令提示符",如图 4-39 所示。在命令提示符界面中使用 ping 命令进行网络连通性测试,如图 4-40 所示。

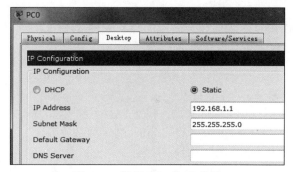

PC0
Physical
Config
Desktop
Attributes
Software/Services
IP Configuration
IP Configuration
DHCP
Static
IP Address
192.168.1.1
Subnet Mask
255.255.255.0
Default Gateway
DNS Server

图 4-37　设置 PC0 的 IP 地址

IP配置
自动获取
手动设置
IP地址
192.168.1.2
子网掩码
255.255.255.0
默认网关
DNS服务器

图 4-38　设置 PC1 的 IP 地址

物理
配置
桌面
106
run
http:
IP地址配置
拨号
终端
命令提示符
WEB浏览器

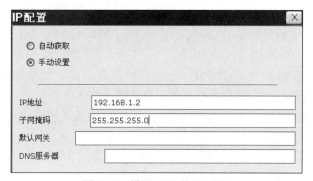

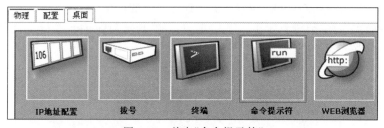

图 4-39　单击"命令提示符"

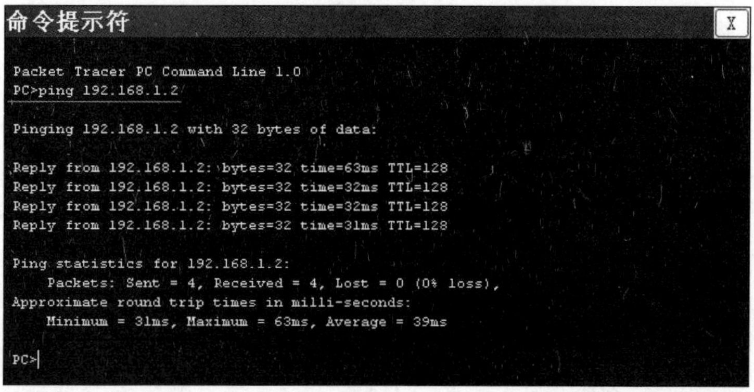

命令提示符
X
Packet Tracer PC Command Line 1.0
PC>ping 192.168.1.2
Pinging 192.168.1.2 with 32 bytes of data:
Reply from 192.168.1.2: bytes=32 time=63ms TTL=128
Reply from 192.168.1.2: bytes=32 time=32ms TTL=128
Reply from 192.168.1.2: bytes=32 time=32ms TTL=128
Reply from 192.168.1.2: bytes=32 time=31ms TTL=128
Ping statistics for 192.168.1.2:
Packets: Sent = 4, Received = 4, Lost = 0 (0% loss),
Approximate round trip times in milli-seconds:
Minimum = 31ms, Maximum = 63ms, Average = 39ms
PC>

图 4-40　使用 ping 命令进行网络连通性测试

8. 注意事项

(1) 两台计算机使用直通线连接会出现不能 ping 通的情况。

(2) 双机互联时,IP 地址要设置为同一网段,否则不能实现互联。

9. 相关知识

1) ping 命令

ping 是 TCP/IP 协议栈中 IP 协议的一部分。ping 命令是 Windows 系统自带的命令,利用它可以检查网络是否连通,可帮助我们分析、判定网络故障。

应用格式:ping IP 地址

ping 命令就是向一个 IP 地址发送测试数据包,看该 IP 地址是否有响应并统计响应时间,以此测试网络的连通性。可在命令提示符界面中使用"ping /?"查看命令参数。

参数如下:

-t:一直 ping 指定的计算机,直到按下 Ctrl+C 键中断。

-a:将地址解析为计算机 NetBIOS 名。

-n:发送指定个数的 ECHO 数据包,通过这个参数可以定义发送的个数,对衡量网络速度很有帮助,能够测试发送数据包的返回平均时间。默认值为 4。

-l:发送指定数据量的 ECHO 数据包,默认为 32B,最大值是 65 500B。

2) 对 ping 返回信息的分析

返回信息:Request timed out。

这是经常能看到的提示信息,原因可能如下:

(1) 对方已关机,或者网络上根本没有这个地址。

(2) 对方与自己不在同一网段内,且没有到达对方的路由。

(3) 对方确实存在,但设置了 ICMP 数据包过滤(比如对防火墙进行了设置)。

(4) 链路断路或拥塞。

怎样知道对方是否存在呢? 可以用带参数-a 的 ping 命令探测对方。如果能得到对方的 NetBIOS 名称,则说明对方是存在的,只是对防火墙进行了设置;否则,多半是对方不存在或关机,或不在同一网段内。

(5) IP 地址设置错误。

返回信息:Destination host unreachable。

原因如下:

(1) 对方与自己不在同一网段内,而自己又未设置默认的路由。

(2) 网线出了故障。

这里要说明一下 Destination host unreachable 和 Request time out 的区别。如果经过的路由器的路由表中具有到达目标的路由,而目标因为其他原因不可到达,这时会出现 Request time out;如果路由表中连到达目标的路由都没有,那么就会出现 Destination host unreachable。

返回信息:Unknown host。

这种出错信息的意思是,该远程主机的名字不能被域名服务器转换成 IP 地址。原因可能是域名服务器有故障,或者其名字不正确,或者网络管理员的系统与远程主机之间的通信线路有故障。

4.8.3　配置虚拟局域网

1. 预备知识

随着网络的增大,管理将会变得困难,问题也会越来越多,如广播风暴、安全问题等。虚拟局域网技术的出现主要为了解决交换机在进行局域网互联时无法限制广播的问题。这种技术可以把一个局域网划分成多个逻辑的局域网——虚拟局域网,每个虚拟局域网都是一个广播域,虚拟局域网内的主机间通信就和在一个局域网内一样,而虚拟局域网间则不能直接互通。这样,广播报文被限制在一个虚拟局域网内,安全性也相应提高了。

虚拟局域网的划分方法有多种,最常用的是根据端口来划分虚拟局域网:首先在交换机上创建虚拟局域网,然后进入虚拟局域网把端口划入,或进入端口后加入虚拟局域网。这种划分方法也称为静态虚拟局域网,初期配置的工作量大,较适合稳定的网络。一个虚拟局域网可以根据部门职能、对象组或者应用将不同地理位置的网络用户划分为一个逻辑网段。

2. 实训目的

(1) 了解虚拟局域网的作用。

(2) 掌握配置虚拟局域网的方法。

3. 应用环境

某公司有财务部和人事部两个部门,部门的计算机都通过交换机连成公司内部局域网。为了满足财务部的数据安全和保密性需要,需要把财务部和人事部的计算机分成不同网段,实现逻辑上的隔离,现交换机可通过把端口划分到不同的虚拟局域网实现计算机的逻辑隔离,使这两个部门不能直接通信。

4. 实训要求

设备要求如下。

(1) 1 台 2950-24 交换机和 4 台 PC。

(2) 4 条直通双绞线。

实训拓扑图如图 4-41 所示。

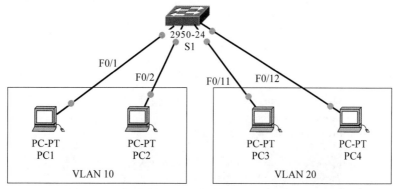

图 4-41　实训拓扑图

5. 配置要求

(1) PC 配置如表 4-4 所示。

表 4-4　PC 配置

设备名称	IP 地址	子网掩码	所属 VLAN	接口连接
PC1	192.168.0.1	255.255.255.0	VLAN 10	
PC2	192.168.0.2	255.255.255.0	VLAN 10	见图 4-41
PC3	192.168.0.3	255.255.255.0	VLAN 20	
PC4	192.168.0.4	255.255.255.0	VLAN 20	

(2) 交换机配置如表 4-5 所示。

表 4-5　交换机配置

设备名称	VLAN 10	VLAN 20	接口连接
S1	F0/1-F0/2	F0/11-F0/12	见图 4-41

6. 实训步骤

(1) 添加设备并连接,配置 PC 的 IP 地址。

(2) 更改交换机名称、创建虚拟局域网。

(3) 将端口划分到相应的虚拟局域网中。

(4) 使用 ping 测试连通性。

7. 详细步骤

(1) 按图 4-41 添加 1 台 2950-24 交换机和 4 台 PC,并使用直通双绞线连接到对应端口。

(2) 按实训要求配置 PC 的 IP 地址。

(3) 进入交换机的命令行配置窗口,在全局模式下更改交换机名称,如图 4-42 所示。

```
Switch>en                      //进入特权用户配置模式
Switch#conf t                  //进入全局配置模式
Switch(config)#hostname S1     //更改交换机名称
S1(config)#
```

图 4-42　更改交换机名称

(4) 创建 VLAN 10 和 VLAN 20 并分别命名,如图 4-43 所示。

```
S1(config)#vlan 10             //创建 VLAN 10
S1(config-vlan)#name caiwu     //给 VLAN 10 命名
S1(config-vlan)#exit           //退出
S1(config)#vlan 20             //创建 VLAN 20
S1(config-vlan)#name renshi    //给 VLAN 20 命名
S1(config-vlan)#exit           //退出
S1(config)#
```

图 4-43　创建 VLAN 10 和 VLAN 20 并分别命名

(5) 进入 F0/1 和 F0/2 端口,把端口划入 VLAN 10,如图 4-44 所示。

```
S1(config)#interface f0/1                  //进入 F0/1 端口配置模式
S1(config-if)#switchport mode access       //把 F0/1 端口设置为 access 模式
S1(config-if)#switchport access vlan 10    //把 F0/1 端口划入 VLAN 10
S1(config-if)#exit                         //退出
S1(config)#interface f0/2                  //进入 F0/2 端口配置模式
S1(config-if)# switchport mode access      //把 F0/2 端口设置为 access 模式
S1(config-if)#switchport access vlan 10    //把 F0/2 端口划入 VLAN 10
S1(config-if)#exit                         //退出
S1(config)#
```

图 4-44　把端口划入 VLAN 10

（6）使用关键字 range 同时进入 F0/11 和 F0/12 端口，并把它们划入 VLAN 20，如图 4-45 所示。

```
S1(config)#interface range f0/11-12        //同时进入 F0/11 和 F0/12端口
S1(config-if-range)#switchport access vlan 20   //把 F0/11、F0/12 端口划入 VLAN 20
S1(config-if-range)#
```

图 4-45　把端口划入 VLAN 20

（7）返回特权用户配置模式，使用 show vlan 查看虚拟局域网的相关信息，如图 4-46 所示。

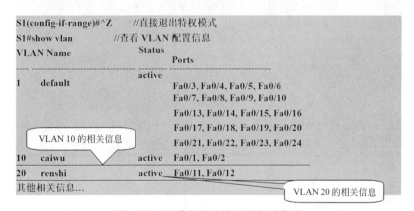

图 4-46　查看虚拟局域网的相关信息

（8）保存配置，如图 4-47 所示。

图 4-47　保存配置

（9）从 PC1 分别 ping PC2 和 PC3，从 PC3 ping PC4，如图 4-48 和图 4-49 所示。

8. 相关知识

（1）如果创建虚拟局域网时编号输入出错，可在全局配置模式使用"no vlan 编号"命令删除编号出错的虚拟局域网。

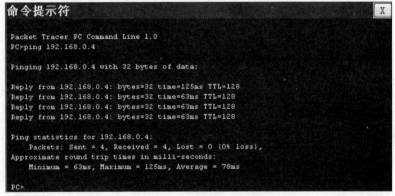

图 4-48　PC1 与 PC2 能通,PC1 与 PC3 不能通

图 4-49　PC3 与 PC4 能通

（2）如果某端口加入虚拟局域网错误,可进入该端口,使用 no switchport access vlan 退出该虚拟局域网后,再重新加入正确的虚拟局域网,或在该端口使用"switchport access vlan 编号"直接加入正确的虚拟局域网。

（3）如果要成批将端口加入虚拟局域网,可使用关键字 range。

4.8.4　组建无线局域网

1. 预备知识

无线局域网具有可移动性,该技术已逐渐成熟,越来越多的企业、单位和学校开始应用这一技术。无线局域网最基本的硬件有无线网卡、无线路由器、无线接入点。

家用无线路由器一般功能较为简单,只要在 WAN 口连接 ADSL 调制解调器,通过双绞线将计算机连接到其中一个 LAN 口,进入 Web 页面,设置路由器的管理地址,开启 DHCP 服务器并设置 IP 分配范围,设置 SSID、加密方式和密码即可。客户端安装好无线网

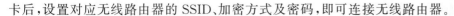

卡后,设置对应无线路由器的 SSID、加密方式及密码,即可连接无线路由器。

2. 实训目的

(1) 了解无线路由器的基本知识。

(2) 掌握无线局域网的配置方法。

3. 应用环境

某家庭有 3 台计算机,要组建局域网以方便资源的共享。考虑到使用网线布线不方便,也影响美观,笔记本计算机也不便于移动,使用无线路由器解决组网问题。

4. 实训要求

设备要求如下。

(1) 1 台 Linksys WRT300N 无线路由器。

(2) 1 台笔记本计算机、2 台 PC、3 张无线网卡。

实训拓扑图如图 4-50 所示。

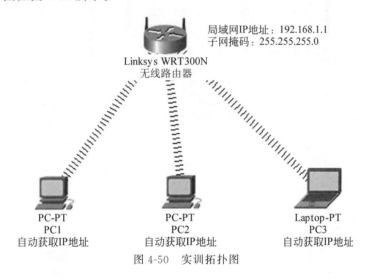

图 4-50　实训拓扑图

5. 配置要求

(1) PC 配置如表 4-6 所示。

表 4-6　PC 配置

设备名称	无线网卡 IP 地址	无线网卡 SSID	无线网卡认证方式	无线网卡加密类型
PC1～PC3	自动获取	cisco	WPA-ASK	AES

(2) 无线路由器配置如表 4-7 所示。

表 4-7　无线路由器配置

设备名称	IP 地址	SSID	认证方式	加密类型	DHCP 分配地址范围
无线路由器	192.168.1.1/24	cisco	WPA-ASK	AES	192.168.1.100～192.168.1.199

6. 实训步骤

(1) 添加各种设备。

(2) 设置无线路由器参数。

(3) 为 PC 添加无线网卡,设置无线网卡的参数。

(4) 测试网络连通性。

7. 详细步骤

(1) 在设备类型选择区选择终端设备,添加 2 台 PC 和 1 台笔记本计算机。

(2) 在设备类型选择区选择 Wireless Devices,在右边设备选择区选择 Linksys-WRT300N 无线路由器,添加到工作区,如图 4-51 所示。

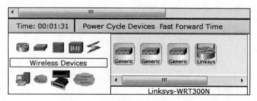

图 4-51　选择无线路由器

工作区添加设备后如图 4-52 所示。

Linksys-WRT300N
无线路由器

PC-PT　　　　　　　PC-PT　　　　　　　Laptop-PT
PC1　　　　　　　　PC2　　　　　　　　PC3

图 4-52　添加设备后的工作区

(3) 单击无线路由器,在弹出的 Wireless Router0 对话框中选择 Config 选项卡,在左侧选择 LAN 选项,在右侧输入无线路由器的局域网管理地址,如图 4-53 所示。

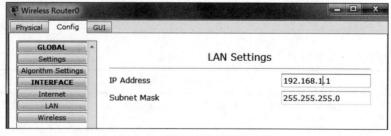

图 4-53　配置局域网管理地址

无线路由器的局域网 IP 地址主要用于该设备的访问和管理,一般与 LAN 口所连接的设备在同一网段。

(4)在对话框中选择 Config 选项卡,在左侧选择 Wireless 选项,在右侧进行无线配置,如图 4-54 所示。

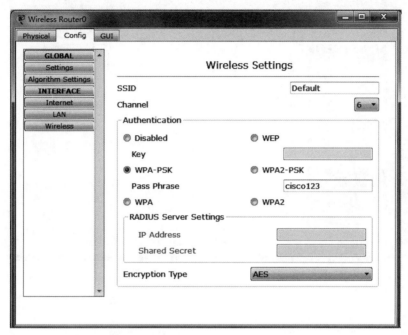

图 4-54　无线配置

如果家里有无线路由器或者被无线接入点覆盖,就可以通过无线网卡以无线的方式连接无线网络。

无线路由器里的服务集标识符(service set identifier,SSID)也可以写为 ESSID,用来区分不同的网络,最多可以有 32 个字符。无线网卡设置了不同的 SSID,就可以进入不同的网络。SSID 通常由无线接入点或无线路由器广播出来,通过操作系统自带的扫描功能可以查看当前区域内的 SSID。出于安全考虑,可以不广播 SSID,此时用户就要手工设置 SSID 才能进入相应的网络。简单地说,SSID 就是一个局域网的名称,只有 SSID 相同的计算机才能互相通信。

(5)选择 GUI 选项卡,选择 Setup→Network Setup 选项,如图 4-55 所示。

(6)为 DHCP 服务器输入可分配的 IP 地址范围,保存配置,如图 4-56 所示。

(7)单击 PC1,在弹出的 PC1 对话框中选择 Physical 选项卡,单击 PC 的电源按钮关闭 PC 电源,如图 4-57 所示。

(8)拖动 Physical Device View(物理设备视图)的垂直滚动条到最底端,单击 PC 前面板上的网卡,把网卡拖动到"模块"列表中,如图 4-58 所示。

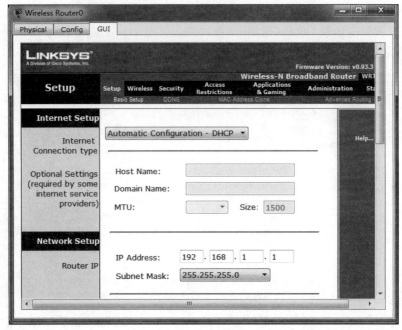

图 4-55　网络配置

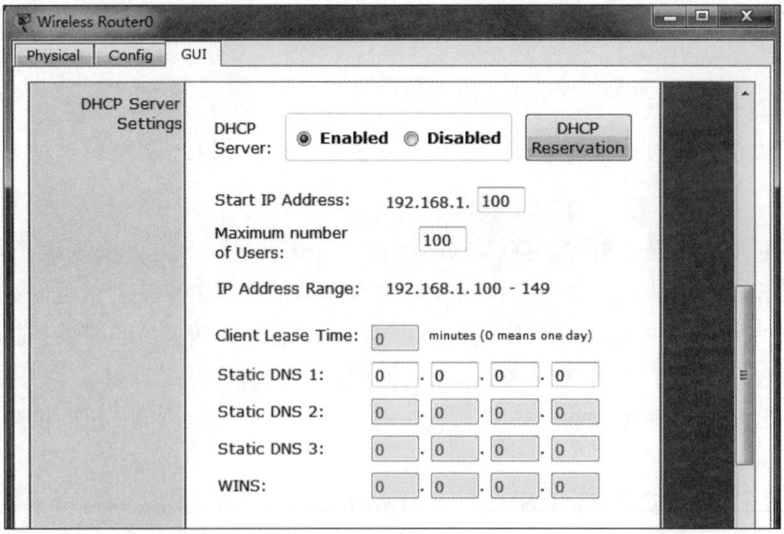

图 4-56　配置 DHCP

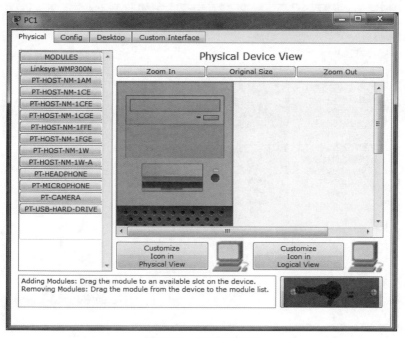

图 4-57 关闭 PC 电源

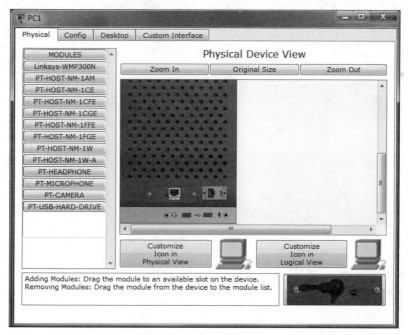

图 4-58 添加网卡

（9）在 MODULES 列表中单击 Linksys-WMP300N 模块，并把它拖动到 PC 的扩展插槽上，为 PC 添加无线网卡，添加完成后接通 PC 的电源，如图 4-59 所示。

（10）选择 Config 选项卡，选择 Wireless 选项，在右侧输入无线网卡的相关参数，此处各项参数应与无线路由器相同，如图 4-60 所示。

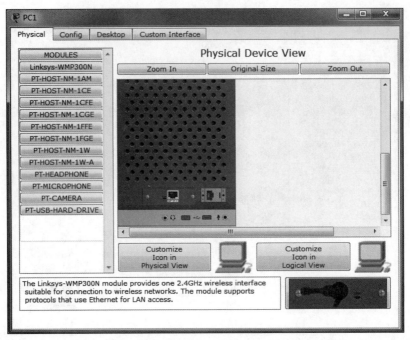

图 4-59　添加 Linksys-WMP300N 模块

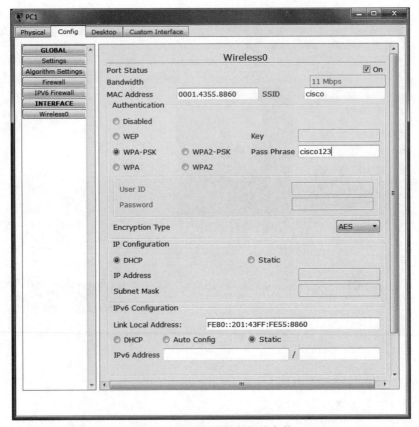

图 4-60　配置无线网卡相关参数

（11）参照步骤(7)～(10)为 PC2 和 PC3 添加无线网卡，完成后的拓扑图如图 4-61 所示。

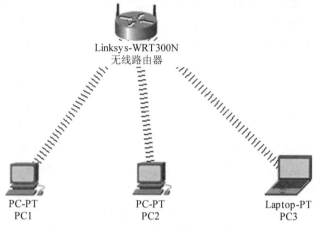

图 4-61　为 3 台 PC 添加无线网卡后的拓扑图

（12）进入任意一台 PC，查看 IP 地址获取情况，如果能获取 IP 地址，则表明 DHCP 服务器工作正常。图 4-62 为 PC1 的 IP 地址信息。

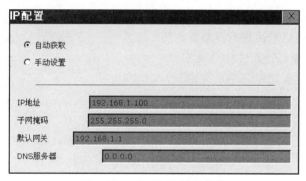

图 4-62　PC1 的 IP 地址信息

（13）在命令提示符界面执行 ping 命令分别测试本机与其他 PC 和路由器的连通性。图 4-63 为测试 PC3 与路由器连通性的结果。

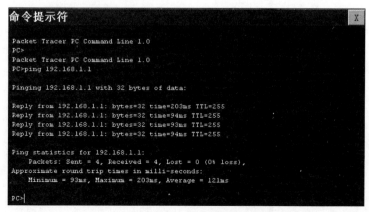

图 4-63　测试 PC3 与路由器连通性的结果

8. 相关知识

(1) 无线网卡按接口可分为台式机专用的 PCI 接口无线网卡、笔记本计算机专用的 PCMCIA 接口无线网卡、USB 接口无线网卡、笔记本计算机内置的 MINI-PCI 无线网卡。

(2) 无线加密认证方式可分为 WEP(64/124/256b)、WPA、WPA-PSK、WPA2、TKIP/AES、WPA2-PSK,具体可查阅相关资料。

9. 注意事项

(1) 使用无线网卡连接网络时,SSID、加密认证方式及密码都应与网络一致,否则不能连接网络。

(2) 家庭使用 WLAN 时,为保证安全性,建议在设置中关闭 SSID 广播和 DHCP 服务。

(3) 认证密码应设置较高的复杂性,如混合使用大小写英文字母、数字、符号。

(4) 在实际环境中添加台式机无线网卡需要安装驱动程序。

(5) 无线网卡参数(如认证方式、密码等)要与无线路由器一致。

习题 4

1. 简述局域网的概念。
2. 局域网常见的拓扑结构有哪几种?
3. 集线器和交换机的区别有哪些?
4. VLAN 有哪些划分方法?
5. 无线局域网主要使用哪两个频段?

第5章　广域网技术

本章学习目标

- 了解广域网的概念。
- 了解广域网相关接入技术。
- 掌握 VPN 的配置方法。

本章先介绍广域网的概念及相关接入技术,然后介绍 VPN 的概念及基本工作原理。

5.1　广域网概述

5.1.1　广域网的概念

广域网(wide area network,WAN)是连接不同地区的局域网或城域网构成的远程网。通常,广域网的覆盖范围从几十千米到几千千米,它能连接多个地区、城市、国家,或横跨几个洲,并能提供远距离通信,形成国际性的远程网络。

随着政府机构、大型企事业单位日益网络化,局域网互联已经成为必不可少的技术。多个局域网跨地区、跨城市,甚至跨国家互联在一起,就组成了一个覆盖很大区域的广域网。广域网是由多个局域网远距离连接在一起构成的大型网络。图 5-1 描述了广域网的结构。

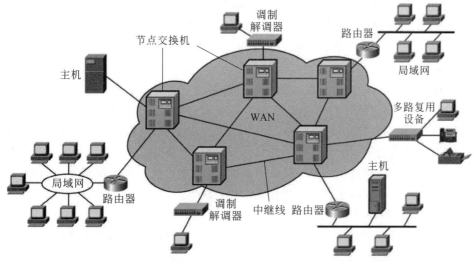

图 5-1　广域网的结构

广域网并不等同于互联网。例如,现在很多学校拥有多个校区,这些校区连接在一起就是一个广域网;又如一些公司在多个城市设有分公司,甚至设有海外分公司,把这些分公司以专线方式连接起来,即成为广域网。

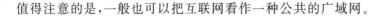

值得注意的是,一般也可以把互联网看作一种公共的广域网。

5.1.2 广域网的特点与服务

1. 广域网的特点

由于广域网的传输距离较远,因此广域网的传输介质主要是电话线或光纤,由互联网服务提供商(internet service provider,ISP)将企业互相连接,这些线是互联网服务提供商预埋的。因为广域网工程浩大,维修不易,而且必须保证带宽,所以成本很高。

目前一般认为广域网具有以下特点。

(1)数据传输速率比局域网低,误码率较高,信号的传播延迟也比局域网要大得多。广域网的典型速率是56kb/s~155Mb/s,目前已有622Mb/s、2.4Gb/s甚至更高速率的广域网,传播延迟从几毫秒到几百毫秒(使用卫星信道时)。

(2)覆盖范围广,通信距离远。广域网的连接能够跨越多个城市或者国家。广域网提供面向通信的服务,支持用户使用计算机进行远距离的信息交换。通过广域网可实现全球网络互联,进而实现全球范围的资源共享。

(3)广域网建立在电信网络的基础上。由于广域网的成本较高,通常由政府或者大型企业投资,由电信部门或公司负责组建、管理和维护,属于公用网络。

(4)广域网的应用情况复杂。广域网中链路的跨度大,需要考虑的因素很多,传输介质类型多(双绞线、同轴电缆、光纤、微波和卫星等),主干网的数据传输速率高,而用户接入速率较低,且接入方式多样,涉及技术较多,因此建网的成本高,技术难度大。

2. 广域网的组成

广域网连接相隔较远的设备,通常这些设备包括以下几类。

(1)路由器。提供诸如局域网互联、广域网接口等多种服务。

(2)交换机。连接到广域网上,进行语音、数据及视频通信。

(3)调制解调器。提供语音级服务的接口。信道服务单元是T1/E2服务的接口,终端适配器是综合业务数字网的接口。

(4)通信服务器。汇集用户拨入和拨出的连接。

广域网一般最多只包含OSI参考模型的底3层(物理层、数据链路层和网络层),而且大部分广域网都采用存储转发方式进行数据交换,也就是说,广域网是基于报文交换或分组交换技术的(传统的公用电话交换网除外)。广域网中的交换机先将发送给它的数据报完整接收下来,然后经过路径选择找出一条输出线路,最后将接收到的数据报发送到该线路上。交换机不断重复这一过程,直到将数据报发送到目的节点。

3. 广域网的服务模式

广域网可以提供面向连接的服务和无连接的服务。对应于这两种服务模式,广域网有两种组网方式:虚电路(virtual circuit)和数据报(data gram)。

1)虚电路

虚电路是由分组交换通信提供的面向连接的通信服务。在两个节点或应用进程之间建立一个逻辑上的连接或虚电路后,就可以在两个节点之间依次发送每一个分组,接收端收到分组的顺序必然与发送端的发送顺序一致,因此接收端无须负责在接收分组后重新进行排序。虚电路协议向高层协议隐藏了将数据分隔成段、包或帧的过程。

虚电路方式的主要特点如下。

(1) 每次分组传输前,都需要在源节点和目的节点之间建立一条逻辑连接。由于连接源节点与目的节点的物理链路已经存在,因此不需要真正建立一条物理链路。

(2) 一次通信的所有分组都通过虚电路依序传送,因此分组不必自带目的地址、源地址等信息。分组到达目的节点时不会出现丢失、重复与乱序的现象。

(3) 分组通过虚电路的每个节点时,节点只需要进行差错检测,而不需要进行路由选择。

(4) 提供较为可靠、有 QoS 保证的服务,可以用于文件传送等场合。

(5) 通信子网中每个节点可以与任何节点建立多条虚电路连接。

2) 数据报

数据报是报文分组存储转发的一种形式。其原理是:分组传输前不需要预先在源主机与目的主机之间建立线路连接。源主机发送的每个分组都可以独立选择一条传输路径,每个分组在通信子网中可能通过不同的传输路径到达目的主机。即交换机不必登记每条打开的虚电路,只需要用一张表来指明到达所有可能的目的端交换机的输出线路。由于数据报方式中每个报文都要单独寻址,因此要求每个数据报包含完整的目的地址。

数据报方式的主要特点如下。

(1) 同一报文的不同分组可以经过不同的传输路径通过通信子网。

(2) 同一报文的不同分组到达目的节点时可能出现乱序、重复与丢失现象。

(3) 每个分组在传输过程中都必须带有目的地址与源地址。

(4) 数据报方式的传输过程延迟大,适用于突发性通信,不适用于长报文、会话式通信。

虚电路方式与数据报方式之间最大的差别在于:虚电路方式为每一对节点之间的通信预先建立一条虚电路,后续的数据通信沿着建立好的虚电路进行,交换机不必为每个报文进行路由选择;而在数据报方式中,每台交换机为每一个进入的报文进行一次路由选择,也就是说,每个报文的路由选择都独立于其他报文,而且数据报方式不能保证分组报文的丢失、发送报文分组的顺序性和对时间的限制。

4. 广域网和局域网的区别

广域网不同于局域网,前者的范围更广,超越一个城市、一个国家甚至可以是全球互联,因此具有与局域网不同的特点。

(1) 广域网覆盖范围广,可达数千千米甚至全球。

(2) 广域网没有固定的拓扑结构。

(3) 广域网通常使用高速光纤作为传输介质。

(4) 局域网可以作为广域网的终端用户与广域网连接。

(5) 广域网主干带宽大,但提供给单个终端用户的带宽小。

(6) 数据传输距离远,往往要经过多个广域网设备转发,延时较长。

(7) 广域网管理、维护困难。

5.1.3　广域网的组成与连接方式

1. 广域网的组成

从资源组成角度来说,广域网一般由资源子网和通信子网组成。资源子网由主机组成,其中主机也称为端系统(end system),主要负责处理数据,面向网络应用,是网络资源的拥

图 5-2　分组交换机的作用

有者;通信子网的作用是在主机之间传送信息。

从通信子网组成原理上看,交换机是小型的计算机,有存储器和处理器,同时提供分组收发的输入输出端口。分组交换机的作用如图 5-2 所示。早期广域网中的交换机采用普通计算机,而现在的高速广域网中的交换机则采用专门的硬件。将一组交换机互联后就形成了广域网的通信子网,和主机一起形成广域网,如图 5-3 所示。在广域网中,一台交换机通常有多个端口(输入输出端口),以便形成不同的网络拓扑类型,连接更多的计算机。由此可见,交换机是通信子网的组成单元,通信子网由多个互联的交换机组成,并通过交换机来连接计算机。当需要对网络进行扩展时,可以通过连接更多的交换机来完成。同时,交换机之间的连接速率通常要比交换机与计算机之间的连接速率高。

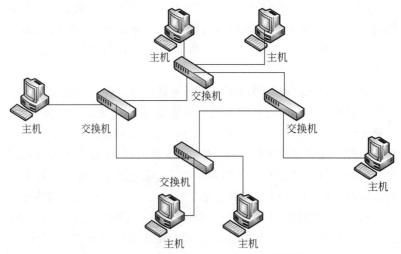

图 5-3　多个交换机互联形成一个广域网

2. 广域网的连接方式

广域网的连接方式有 3 种,即专线方式、电路交换方式和分组交换方式。

1) 专线方式

用户租用电信部门的专线来组建自己的网络系统。在线路两端,用户以点对点的方式自由连接,并可将线路任意组合以传输语音、数据、传真信息。专线方式是将两端的用户点对点连接起来,独占线路,因此传输费用高。

2) 电路交换方式

电路交换是在通话或数据传输前,在两个端点之间建立一条临时的专用线路,用户通话或传输时独占该线路,直到通话或传输结束再释放该线路。最普通的例子是电话系统。电路交换是根据交换机结构原理实现数据交换的,其主要任务是把要求通信的输入端与被呼叫的输出端接通,即由交换机负责在两者之间建立一条物理链路。在完成接续任务后,双方通信的内容和格式等均不受交换机的制约。电路交换方式的主要特点是要求在通信的双方之间建立一条实际的物理通道,在整个通信过程中,这条通道被独占。

电路交换分为时分交换(time division switching,TDS)和空分交换(space division

switching,SDS)两种方式。

（1）时分交换。将通信的时间划分为许多独立的时隙,每个时隙都对应一个子信道,通过时隙的交换实现时隙所承载的数据的传输。时分交换的关键在于时隙的交换,是由主叫拨号控制的。为了实现时隙交换,必须设置话音存储器。在抽样周期内有 n 个时隙分别存入 n 个存储器单元中,输入端按顺序存入时隙。若输出端是按特定的次序读出的,就可以改变时隙的次序,实现时隙交换。

（2）空分交换。在交换过程中,入线通过空间位置选择出线,建立连接并完成通信;通信结束后,随即拆除线路。例如,在早期的语音通话中,中间的线路连接是由接线员完成的,接线员将主叫的线路另一端按呼叫要求插入被叫的呼出线路上,而这些操作直到程控交换机出现后才被自动的机械动作所取代。

图 5-4 描述了电路交换原理。

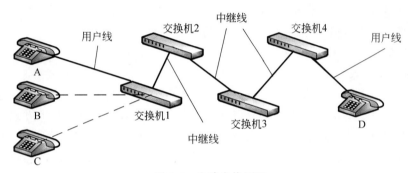

图 5-4 电路交换原理

如图 5-4 所示,整个电路交换的过程包括建立电路、占用线路并进行数据传输以及释放电路 3 个阶段。下面分别介绍。

（1）建立电路。

如同打电话先要通过拨号在通话双方间建立一条通路一样,数据通信的电路交换方式在传输数据之前也要先经过呼叫过程建立一条端到端的电路。它的具体过程如下。

① 发起方向某个终端站点(响应方站点)发送一个请求,该请求通过中间节点传输至终点。

② 如果中间节点有空闲的物理线路可以使用,则接收请求,分配电路,并将请求传输给下一中间节点;整个过程持续进行,直至终点。如果中间节点没有空闲的物理电路可以使用,整个电路的连接将无法实现。仅当通信的两个站点之间建立了物理电路之后,才允许进入数据传输阶段。

③ 电路一旦被分配,在未释放之前,其他站点将无法使用,即使某一时刻电路上并没有数据传输。

（2）数据传输。

电路交换连接建立以后,数据就可以从源节点发送到中间节点,再由中间节点交换到终端节点。当然终端节点也可以经中间节点向源节点发送数据。这种数据传输有最短的传播延迟,并且没有阻塞的问题,除非有意外的电路或节点故障而使电路中断。要求在整个数据传输过程中,建立的电路必须始终保持连接状态,通信双方的信息传输延迟仅取决于电磁信号沿介质传输的延迟。

(3) 释放电路。

当站点之间的数据传输完毕后,执行释放电路的动作。该动作可以由任一站点发起,释放电路请求通过途经的中间节点送往对方,释放电路资源。被拆除的电路空闲后,就可被其他通信使用。

电路交换的特点如下。

(1) 独占性。在建立电路之后、释放线路之前,即使站点之间无任何数据可以传输,整个电路仍不允许其他站点共享。这就和打电话一样,通话之前总要拨号建立连接,不管用户讲不讲话,只要不挂机,这个连接是专为用户所用的;如果没有可用的连接,用户将听到忙音。因此,这种方式电路的利用率较低,并且容易引起接续时的拥塞。

(2) 实时性好。一旦电路建立,通信双方的所有资源(包括电路资源)均用于本次通信,除了少量的传输延迟之外,不再有其他延迟,具有较好的实时性。

(3) 电路交换设备简单,无须提供任何缓存装置。

(4) 用户数据透明传输,要求收发双方自动进行速率匹配。

3) 分组交换方式

分组交换的实质就是将要传输的数据按一定长度分成很多组,为了准确地传送给对方,每个组都加上标识。许多不同的数据分组在物理线路上以动态共享和复用方式传输,为了能够充分利用资源,当数据分组传送到交换机时,会暂存在交换机的存储器中。交换机会根据当前线路的忙闲程度动态分配合适的物理线路,继续数据分组的传输,直到传送到目的地。到达目的地之后的数据分组再重新组合起来,形成完整的数据。

分组交换技术是在传输线路质量不高、网络技术手段比较单一的情况下产生的一种交换技术。

分组交换也称包交换,它将用户传送的数据划分成多个更小的等长部分,每个部分叫作一个数据段。在每个数据段的前面加上一些由必要的控制信息组成的首部,就构成了一个分组。首部用以指明该分组发往何地址。交换机根据每个分组的地址标志,将它们转发至目的地,这一过程称为分组交换。进行分组交换的通信网称为分组交换网。分组交换实质上是在存储转发基础上发展起来的,它兼有电路交换和报文交换的优点。

在分组交换方式中,由于能够以分组方式进行数据的暂存和交换,经交换机处理后,很容易实现不同速率、不同规程的终端间通信。

按照实现方式,分组交换可以分为数据报分组交换和虚电路分组交换。

(1) 数据报分组交换。数据报分组交换要求通信双方之间至少存在一条数据传输通路。发送者需要在通信之前将要传输的数据报准备好,数据报都包含发送者和接收者的地址信息。各数据报的传输彼此独立,互不影响,可以按照不同的路由到达目的地,并重新组合。

在数据报分组交换方式中,每个分组按一定格式附加源与目的地址、分组编号、分组起始/结束标志、差错校验等信息,以分组形式在网络中传输。网络只是尽力地将分组交付给目的主机,但不保证所传送的分组不丢失,也不保证分组能够按发送的顺序到达接收端。所以这种方式提供的服务是不可靠的,也不保证服务质量。如图5-5所示,主机 H1 向 H4 发送了 4 个分组,有的经过路径 A-B-D,有的经过 A-F-D 或 A-D。数据报分组交换方式一般适用于较短的单个分组的报文。其优点是传输延时小,当某节点发生故障时不会影响后续分组的传输。其缺点是每个分组附加的控制信息多,增加了传输信息的长度和处理时间,增大了额外开销。

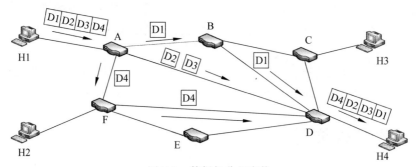

图 5-5　数据报分组交换

（2）虚电路分组交换。虚电路分组交换与数据报分组交换方式的区别主要是前者在信息交换之前需要在发送端和接收端之间先建立一个逻辑连接,然后才开始传送分组,所有分组沿相同的路径进行交换转发,通信结束后再拆除该逻辑连接。这种方式能保证所传送的分组按发送的顺序到达接收端,所以它提供的服务是可靠的,也能保证服务质量。

如图 5-6 所示,主机 H2 向 H3 发送的所有分组都经过相同的路径 F-C。

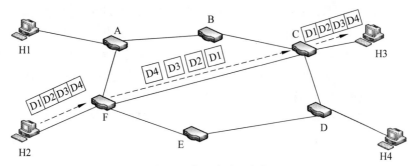

图 5-6　虚电路分组交换

这种方式对信息传输频率高、每次传输量小的用户不太适用。但由于每个分组头只需标出虚电路标识符和序号,所以分组头开销小,适用于长报文传送。

虚电路分组交换像电路交换一样,通信双方需要建立连接。与电路交换不同的是,分组交换的连接是虚拟连接（又称为虚电路）,连接中不存在一个独占的物理线路。

分组交换的特点如下。

（1）信息传送的最小单位是分组。分组由分组头和用户信息组成,分组头含有选路和控制信息。

（2）面向连接（逻辑连接）和无连接两种工作方式。虚电路分组交换采用面向连接的工作方式,数据报分组交换采用无连接工作方式。

（3）统计时分复用。其基本原理是把时间划分为不等长的时间片,长短不同的时间片就是传送不同长度的分组所需的时间,对每路通信没有固定分配时间片,而是按需使用。这就意味着使用这条复用线传送分组时间的长短不固定,由此可见,统计时分复用是动态分配带宽的。

（4）信息传送为有差错控制。分组交换是专门为数据通信网设计的交换方式，数据业务的特点是可靠性要求高，对实时性要求没有电话通信高，因而在分组交换中，为保证数据信息的可靠性，设有 CRC 校验、重发等差错控制机制，以满足数据业务的需求。

（5）信息传送不具有透明性。分组交换对所传送的数据信息要进行处理，如拆分、重组等。

（6）基于呼叫延迟制的流量控制。在分组交换中，当数据流量较大时，分组排队等待处理，而不像电路交换那样立即丢弃，因此其流量控制是基于呼叫延迟的。

5.2 广域网接入技术

5.2.1 ISDN 接入

1. ISDN 简介

综合业务数字网（integrated services digital network，ISDN）是一个数字电话网络国际标准，是一种典型的电路交换网络系统。它通过普通的铜缆以更高的速率和质量传输语音和数据。ISDN 是欧洲普及的电话网络形式。GSM 移动电话标准也可以基于 ISDN 传输数据。

20 世纪 70 年代初期，ITU-T 提出建立综合业务数字网的设想，将语音、数据、图像等信息综合在一个通信网中。引入 ISDN 后，用户只需要提出一次申请，仅用一条用户线和一个号码就可以将不同业务类型的终端接入网内，并按统一的规范进行通信。自 1984 年起，美国、日本、英国、法国、德国等先后建立了 ISDN 试验网，并逐渐推广。目前，ISDN 在欧洲还有不少用户，在其他地方已经逐渐被 DSL 技术取代。

我国电信产业发展速度很快，但是在 ISDN 大面积部署的时候，中国还没有引入此项技术。因此，当 ISDN 在欧美国家很普遍的时候，中国才开始安装局端设备。而此时，ADSL 技术已经成熟而且向市场推广了。因此，20 世纪 90 年代中期，只有北京、上海、广州等少数几个试点城市 ISDN 安装得比较多，其他城市只是小范围使用。其根本原因在于运营商需要投入巨额资金进行设备改造。当时中国电信提供的 2B+D 方案是窄带 ISDN 标准，只能提供 128kb/s 的速率。用户需要支付接近 1.5 倍普通电话的费用；同时，其网上业务没有真正展开，用户需要的服务和内容得不到支持。

ISDN 不像 ADSL 那样，语音与数据容易分离，因此用户必须使用全部数字化的设备，这就造成运营商和用户都要投资的状况。运营商一方面要不断满足飞速增长的网络连接需求，另一方面还要发展固定电话业务。ISDN 不能灵活地适应中国市场的多样化需求，只能淡出市场角逐。而 DSL 高带宽、大容量和低廉的改造费用让运营商很快投入网络建设。

ISDN 中的"综合"指的是在同一数据传输链路上通过同一数字交换机同时传送数字化的语音信号和各种数据业务。ISDN 的关键在于数字电话网，用户只要支付很少的费用就可以获得数据业务服务，ISDN 几乎是对电话系统的再设计。

2. ISDN 的特点

ISDN 有以下两种信道。

（1）B 信道用于数据和语音信息。

（2）D 信道用于信号和控制（也能用于数据）。

ISDN 有以下两种访问方式。

（1）基本速率接口（basic rate interface，BRI）。由每个带宽为 64kb/s 的两个 B 信道和一个带宽为 16kb/s 的 D 信道组成。3 个信道设计成 2B+D。

（2）主速率接口（primary rate interface，PRI）。由很多 B 信道和一个带宽为 64kb/s 的 D 信道组成。北美、中国香港和日本采用 23B+1D 方案，总位速率为 1.544Mb/s；欧洲、澳大利亚和中国内地采用 30B+D 方案，总位速率为 2.048Mb/s。

语音通过数据信道（B）传送，控制信号信道（D）用来设置和管理连接。传送语音的时候，一个 64kb/s 的同步信道被创建和占用，直到传送结束。每个 B 信道都可以创建一个独立的语音连接。多个 B 信道可以通过复用合并成一个高带宽的单一数据信道。

用户—网络接口是 ISDN 的用户访问 ISDN 的入口，是指电信公司的设备和用户设备之间的接口。这个接口必须满足业务综合化的要求，即要求接口具有通用性，能够接纳不同速率的电路交换业务和分组业务。一个 ISDN 用户—网络接口可以支持多个终端。ISDN 用户—网络接口上包括以下几个功能群：

（1）终端设备（terminal equipment，TE）。分为两类：符合 ISDN 用户-网络接口标准要求的数字终端为 TE1；不符合用户—网络接口要求的终端为 TE2，如模拟电话机、X.25 终端等。

（2）终端适配器（terminal adapter，TA）。其功能是把非 ISDN 的终端（TE2）接入 ISDN。TA 的功能包括速率适配和协议转换等。

（3）网络终端设备（network terminal，NT）。也分为两类：NT1 和 NT2。NT1 为用户线传输服务，功能包括线路维护、监控、定时、馈电和复用等；NT2 执行用户交换机（PBX）、局域网和中段控制设备的功能。

（4）线路终端设备（line terminal，LT）。是用户环线与交换局端连接的接口设备，实现交换设备与线路传输端之间的接口功能。

不同功能群之间的连接点称为接入参考点。ISDN 用户—网络接口中定义的参考点有以下 4 个。

（1）R 接口。定义非 ISDN 设备和 TA 之间的传输转换。

（2）S 接口。定义 ISDN 设备和 NT2 之间的接口。

（3）T 接口。定义 NT2 和 NT1 设备。

（4）U 接口。定义 NT1 和电话交换机之间的节点。

通常，不使用 PBX 时，S 和 T 参考点可以合并，称为 S/T 参考点。

利用 ISDN 接入因特网也有一个拨号的过程，用 ISDN 适配器来拨号。ISDN 采用纯数字传输，通信质量比较高，数据传输误码率是传统电话线路误码率的 1/10 以下。其连接速度也比较快，一般只要几秒。使用 ISDN 的最高数据传输速率可达 128kb/s。

3. ISDN 接入因特网的方式

用户通过 ISDN 接入因特网有如下 3 种方式。

1）单用户 ISDN 适配器接入

这是最简单的一种 ISDN 连接方式。将 ISDN 适配器（内置适配卡或者外置的 TA 设备）安装到计算机（以及其他非 ISDN 终端）上，创建和配置拨号连接，通过 ISND 适配器拨号接入因特网,如图 5-7 所示。

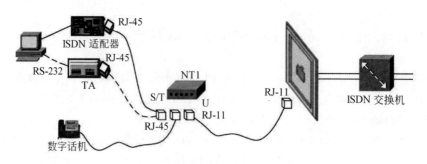

图 5-7　单用户 ISDN 适配器接入

2）小型局域网通过 ISDN 适配器接入

对于小型局域网,如家庭内的几台计算机组成的网络,可以通过一个 ISDN 出口实现共享上网。通过这种方式接入因特网,需要设置一个网关服务器,其上安装两块网卡。将 ISDN 适配器连接到这台服务器上,由它拨号接入因特网,连接方式和单用户相同。网关服务器的另一个网卡连接内部局域网集线器,其他计算机作为客户端,实现整个局域网接入因特网,如图 5-8 所示。

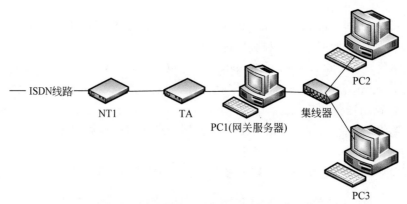

图 5-8　小型局域网通过 ISDN 适配器接入

3）通过 ISDN 专用交换机接入

这种方式适用于局域网中用户较多(如企事业单位)的情况,如图 5-9 所示。这种方式比租用线路灵活和经济。在这方式中用 NT1 设备已经不能满足需要,必须增加一个设备——ISDN 专用交换机 NT2。NT2 的一端和 NT1 连接,另一端和电话、传真机、计算机、集线器等各种用户设备相连,为它们提供接口。

5.2.2　DDN 接入

1. DDN 简介

数字数据网(digital data network,DDN)是一种利用数字信道(光纤、数字微波、卫星)和数字交叉复用技术组成的,以传输数字信号为主的数字数据传输网络,如图 5-10 所示。DDN 实际上是人们常说的数据租用专线,有时简称专线。

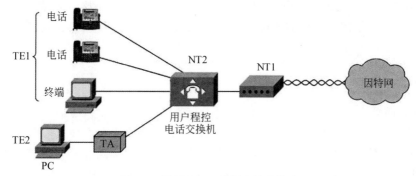

图 5-9 通过 ISDN 专用交换机接入

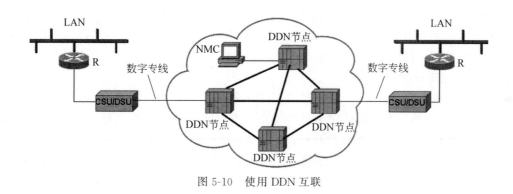

图 5-10 使用 DDN 互联

DDN 有以下几个部分。

（1）用户设备，如数据终端设备、计算机、网桥、路由器等。

（2）网络接入单元，可以是调制解调器、基带传输设备（DSU/CSU）以及时分复用、语音/数字复用设备等。

（3）DDN 节点，复用及数字交叉连接系统（DCS）。

（4）NMC，即网管中心，对网络结构和业务进行配置，实时监视网络运行状态，进行网络信息、网络节点告警、线路利用情况等的收集、统计和报告。

现在常见的固定 DDN 专线按照速率可以分为 14.4kb/s、28.8kb/s、64kb/s、128kb/s、256kb/s、512kb/s、768kb/s、1.544Mb/s（T1 线路）及 44.763Mb/s（T3 线路）等。教育科研网（CERNET）的很多用户就是通过 DDN 实现跨省市连接的。

2. DDN 的特点

DDN 的主干传输采用光纤，通过数字信道直接传送数据，所以传输质量高。DDN 专线属于固定连接的方式，不需要经过交换机房，不必选择路由即可直接进入主干网络，平均时延较低，所以速度很快，特别适用于业务量大、实时性强的用户。

DDN 主要用于点对点的局域网连接。DDN 本身是一种数据传输网，支持所有通信协议，具体使用何种协议由用户决定。

DDN 需要铺设专用线路从用户端进入主干网络，所以使用专线要付两种费用：一是电信月租费，就像拨号上网要付电话费一样；二是网络使用费，其花费对于普通用户来说是承受不了的，所以 DDN 不适合普通的互联网用户。

DDN用于宽带连接时,相同带宽时的费用是其他上网方式的数十倍,甚至上百倍,唯一的好处就是其在主干网络上反应速度快。所以,随着ADSL等技术的普及,DDN的应用已趋于衰落。

5.2.3 xDSL接入

1. xDSL简介

数字用户线路(digital subscriber line,DSL)是通过铜线或者本地电话网提供数字连接的一种技术。它的历史要追溯到1988年,贝尔实验室一位工程师设计了一种可以让数字信号加载到电话线路未使用频段的方法,这就在不影响话音服务的前提下实现了在普通电话线上提供数据通信。但是贝尔公司的管理层对这一技术并不热心,因为如果用户安装两条线路会带来更多的利润。这一状况直到20世纪90年代末有线电视公司开始推销宽带互联网访问时才得到改善。当意识到大多数用户绝对不会安装两条电话线访问互联网时,贝尔公司才拿出他们已经讨论了10年的DSL技术来争夺有线电视网络公司的宽带市场份额。

2. DSL的工作原理

电话系统最初主要用来传送语音,出于经济的考虑,电话系统设计传送频率为300Hz~3.4kHz的信号。然而本地电话网到最终用户的铜缆实际上可以提供更大的带宽,至少为200Hz~800kHz,这取决于电路质量和设备的复杂度(一般认为,到最终用户分线器之间接头越少越有利于提高带宽;线路传输路过的环境中电子干扰越小,越有益于提高线路带宽)。

DSL利用电话线的附加频段成功克服了在语音频带上传送大量数据的难题。DSL服务通常保留300Hz~4kHz这个范围的频段给语音服务,使用这个范围以外的频率传送数据。

DSL连接在用户设备DSL调制解调器和电话交换机之间创建,然后交换机通过其他的协议与用户真正要连接的ISP创建连接。这不同于普通的公共电话网与用户端到端的电话连接。如果用户到交换机的距离超过5.5km,服务质量会因为干扰而急剧下降。

xDSL是各种类型DSL的总称,具体包括以下技术。

(1) 非对称数字用户线(asymmetric digital subscriber line,ADSL)。

(2) 高速数字用户线(high-speed digital subscriber line,HDSL)。

(3) 速率自适应数字用户线(rate automatic adapt digital subscriber line,RADSL)。

(4) 对称数字用户线(symmetric digital subscriber line,SDSL)。

(5) 超高速数字用户线(very high speed digital subscriber line,VDSL)。

下面对部分xDSL技术进行介绍。

3. ADSL

ADSL是一种通过现有普通电话线为家庭、办公室提供宽带数据传输服务的技术。因为它上行(从用户到电信服务提供商方向,如上传操作)和下行(从电信服务提供商到用户的方向,如下载操作)带宽不对称(即上行和下行的速率不相同),因此称为非对称数字用户线。它采用频分多路复用技术把普通的电话线分成电话、上行和下行3个相对独立的信道,从而避免了相互之间的干扰。通常,ADSL在不影响正常电话通信的情况下可以提供最高3.5Mb/s的上行速度和最高24Mb/s的下行速度。

ADSL技术能够充分利用现有公共交换电话网(public switched telephone network,

PSTN），只须在线路两端加装 ADSL 设备即可为用户提供高宽带服务，无须重新布线，从而可极大地降低了服务成本。同时 ADSL 用户独享带宽，线路专用，不受用户数量增加的影响。ADSL 在我国发展很快，一直到 2012 年，我国推进"光进铜退"工程，才逐渐被 FTTH（光纤到户）取代。

ADSL 是一种异步传输模式（asynchronous transfer mode，ATM）。

在电信服务提供商端，需要将每条开通 ADSL 业务的电话线路连接在数字用户线路访问多路复用器（DSLAM）上。而在用户端，用户需要使用一个 ADSL 终端（因为和传统的调制解调器类似，所以也被称为"猫"）来连接电话线路。由于 ADSL 使用高频信号，所以在两端都要使用 ADSL 信号分离器将 ADSL 数据信号和普通音频电话信号分开，避免打电话时出现噪声干扰。具体如图 5-11 至图 5-13 所示。

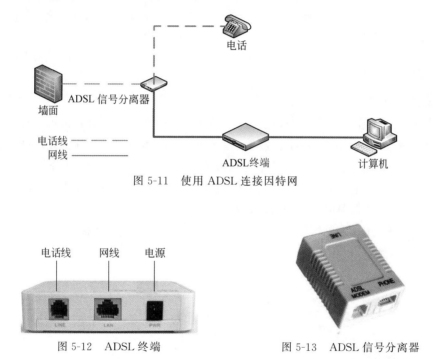

图 5-11 使用 ADSL 连接因特网

图 5-12 ADSL 终端   图 5-13 ADSL 信号分离器

有些 ADSL 终端集成了 ADSL 信号分离器，还提供一个连接电话的接口。

4. HDSL

HDSL 是 xDSL 家族中开发比较早、应用比较广泛的一种，采用回波抑制、自适应滤波和高速数字处理技术，使用 2B1Q 编码，利用两对双绞线实现数据的双向对称传输，传输速率为 2048kb/s 或 1544kb/s（E1/T1），每对电话线传输速率为 1168kb/s，使用 24 美国线缆规程（american wire gauge，AWG）双绞线（相当于 0.51mm）时传输距离可以达到 3.4km，可以提供标准 E1/T1 接口和 V.35 接口。

HDSL 是各种 DSL 技术中较成熟的一种，互联性好，传输距离较远，设备价格较低，传输质量优异，误码率低，并且对其他线的干扰小，线路无须改造，安装简便，易于维护与管理。

和广泛用于家用市场的 ADSL 技术相比，HDSL 技术广泛应用于数字交换机连接、高带宽视频会议、远程教学、移动电话基站连接、PBX 系统接入、数字回路载波系统、因特网服务器、专用数据网等方面,更加适合商用环境下的各种服务对带宽和应用的要求。

5. VDSL

VDSL是一种非对称DSL技术。和ADSL技术一样,VDSL也使用双绞线进行语音和数据的传输。VDSL是利用现有电话线安装VDSL,只需在用户侧安装一台VDSL调制解调器。最重要的是,无须为宽带上网而重新布设或变动线路。VDSL技术采用频分复用原理,数据信号和电话音频信号使用不同的频段,互不干扰,上网的同时可以拨打或接听电话。从技术角度而言,VDSL实际上可视作ADSL的下一代技术,其平均传输速率可比ADSL高出5~10倍。VDSL能提供更高的数据传输速率,满足更多的业务需求,包括传送高保真音乐和高清晰度电视,是真正的全业务接入手段。由于VDSL传输距离缩短(传输距离通常为300~1000m),码间干扰小,对数字信号处理要求大为简化,所以设备成本比ADSL低。另外,根据市场或用户的实际需求,VDSL上下行速率可以设置成对称的,也可以设置成不对称的。

5.2.4 光纤接入

1. 光纤简介

光纤接入是指局端与用户之间完全以光纤作为传输介质。光纤接入可以分为有源光接入和无源光接入。光纤用户网的主要技术是光波传输技术。光纤传输的复用技术发展相当快,多数已处于实用阶段。复用技术用得最多的有时分复用(TDM)、波分复用(WDM)、频分复用(FDM)、码分复用(CDM)等。光纤通信不同于有线电通信,后者是利用金属介质传输信号,光纤通信则是利用透明的光纤传输光波。

光纤是一种纤细的、柔软的固态玻璃物质,它由纤芯、包层和涂覆层3部分组成,可作为光传导工具,如图5-14和图5-15所示。

图5-14 光纤

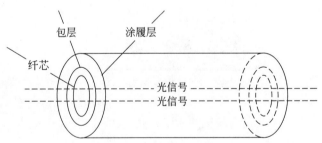
图5-15 光纤的组成部分

2. 光纤接入网

光纤接入网是指以光纤为传输介质的网络环境。光纤接入网从技术上可分为两大类:有源光网络(active optical network,AON)和无源光网络(passive optical network,PON)。

由于光纤接入网使用的传输媒介是光纤,因此根据光纤深入用户群的程度,可将光纤接入网分为FTTC(光纤到路边)、FTTZ(光纤到小区)、FTTB(光纤到大楼)、FTTO(光纤到办公室)和FTTH(光纤到户),它们统称为FTTx。FTTx不是具体的接入技术,而是光纤在接入网中的推进程度或使用策略。

为了提高全社会信息化水平,我国从2012年开始逐渐推广光纤到户。所谓光纤到户,就是把光纤一直铺到用户家里,如图 5-16 所示。

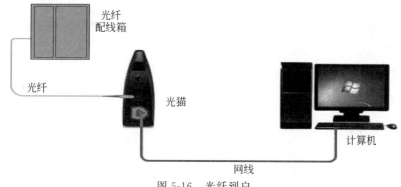

图 5-16　光纤到户

3. PON

PON 是一种采用点到多点(point-to-multi-point,P2MP)结构的单纤双向光接入网络。如图 5-17 所示,PON 系统结构主要由中心局的光线路终端(optical line terminal,OLT)、包含无源光器件的光分配网(optical distribution network,ODN)、用户端的光网络单元/光网络终端(optical network unit/optical network terminal,ONU/ONT)组成,其区别为 ONT 直接位于用户端,而 ONU 与用户之间还有其他网络(如以太网)以及网元管理系统组成,通常采用点到多点的树形拓扑结构。

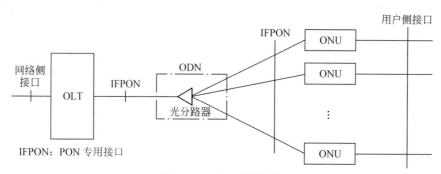

图 5-17　PON 系统结构

PON 的优势比较明显,具体如下。

(1) 相对成本低,维护简单,容易扩展,易于升级。PON 结构在传输途中不需电源,没有电子部件,因此容易铺设,基本不用维护,能节省大量的长期运营成本和管理成本。

(2) 无源光网络是纯介质网络,彻底避免了电磁干扰和雷电影响,极适合在自然条件恶劣的地区使用。

(3) PON 系统对局端资源占用很少,系统初期投入低,扩展容易,投资回报率高。

(4) 能提供非常高的带宽。以太网无源光网络(ethernet passive optical network,EPON)目前可以提供上下行对称的 1.25Gb/s 的带宽,并且随着以太技术的发展,可以升级到 10Gb/s。千兆位无源光网络(gigabit passive optical network,GPON)则可提供高达 2.5Gb/s 的带宽。

(5) 服务范围大。PON 作为一种点到多点网络,以一种扇形的结构来节省拥有成本

(cost of ownership,CO)的资源,服务大量用户。用户共享局端设备和光纤的方式更是节省了用户投资。

(6)带宽分配灵活,服务质量有保证。GPON/EPON系统对带宽的分配和保证都有一套完整的体系。

由于具有以上特点,PON可以经济地为家庭用户服务。

5.2.5 无线接入

1. 无线接入简介

通过无线网络接入互联网的方式有很多,如通过支持2G/3G/4G/5G的移动网络接入、无线局域网接入、蓝牙接入、红外接入、微波接入以及卫星接入(星网通或者数字卫星服务)等。其中除了使用移动网络接入之外,最主要的无线接入就是无线局域网接入。

2. 无线局域网接入

无线局域网是不使用任何导线或传输电缆连接的局域网,它使用无线电波作为数据传送的介质,传送距离一般只有几十米。无线局域网用户通过一个或多个无线接取器接入无线局域网。无线局域网现在已经广泛应用在商务区、大学、机场及其他公共区域。

无线局域网最通用的标准是IEEE定义的IEEE 802.11系列标准。无线局域网标准的第一个版本发表于1997年,其中定义了介质访问接入控制层和物理层。物理层定义了工作在2.4GHz的ISM频段上的两种无线调频方式和一种红外传输方式,总数据传输速率设计为2Mb/s。两个设备之间的通信可以自由直接(ad hoc)的方式进行,也可以在基站(base station)或者接入点的协调下进行。

1999年,IEEE 802.11b协议被批准,称为IEEE 802.11b—1999,在2.4GHz上采用HR-DSSS进行数据传输,传输速率为1Mb/s、2Mb/s、5.5Mb/s和11Mb/s。

1999年,IEEE 802.11a协议被批准,称为IEEE 802.11a—1999,在5GHz上采用OFDM进行数据传输,传输速率提高到54Mb/s。

2003年,IEEE 802.11g协议被批准,称为IEEE 802.11g—2003,在2.4GHz上采用ERP-OFDM进行数据传输,传输速率提高到54Mb/s。

2007年,IEEE 802.11n协议被批准,称为IEEE 802.11n—2007,在2.4GHz和5GHz上进行数据传输时,传输数据提高到150Mb/s、300Mb/s、450Mb/s或600Mb/s(40MHz)。IEEE 802.11n采用了多种方法提高传输速率,例如MIMO、SGI、信道绑定等。

2013年,IEEE 802.11ac协议被批准,称为IEEE 802.11ac—2013,在5GHz上进行数据传输时,传输数据提高到433.3Mb/s、866.7Mb/s、1300Mb/s或1733.3Mb/s(80MHz)。IEEE 802.11ac可以认为是IEEE 802.11n的改进版本。

无线局域网发展的速度非常快,除了以上协议之外,IEEE还定义了很多其他协议。

典型的无线局域网拓扑结构如图5-18所示,计算机、平板电脑或者智能手机等通过无线访问接入点接入局域网,最后通过路由器访问互联网。

搭建无线局域网要比搭建有线网络简单得多。只需要把无线网卡插入台式机或笔记本计算机,把无线集线器通上电,网络就搭建完成了。在无线接入互联网的过程中,最常见的设备有以下两种:

(1)无线网卡。其作用类似于以太网中的网卡,作为无线局域网的接口,实现与无线局

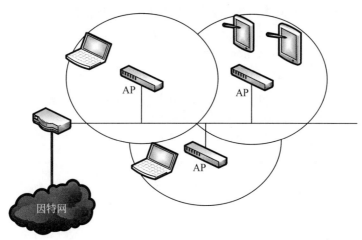

图 5-18　典型的无线局域网拓扑结构

域网的连接。无线网卡根据接口类型的不同，主要分为 3 种类型，即 PCMCIA 无线网卡、PCI 无线网卡和 USB 无线网卡。目前很多设备已经集成了无线网卡，如智能手机、笔记本计算机等。

（2）接入点，又称无线局域网集线器。即用于无线网络的无线集线器，是无线网络的核心，是移动设备进入有线骨干网的接入点。接入点可以简便地安装在天花板或墙壁上。根据功率的不同，其信号覆盖范围也不相同。接入点的传输速度和它支持的协议以及与终端的距离有关。接入点的外观如图 5-19 和图 5-20 所示。

接入点在一个区域内为无线节点提供连接和数据报转发，其覆盖的范围取决于天线的尺寸和增益。通常接入点的覆盖范围是 $91.44 \sim 152.4\mathrm{m}$。为了覆盖更大的范围，就需要多个接入点。各个接入点的覆盖区域需要有一定的重叠，这一点很像手机通信的基站之间的重叠，覆盖区域重叠的目的是允许设备在无线局域网中移动。虽然没有规范明确规定重叠的深度，但是一般在考虑接入点的位置时都设置为 20％～30％。这样就使得无线局域网中的笔记本计算机可以漫游，而不至于出现通信中断。

需要注意的是，这里说的接入点和无线路由器是有区别的。图 5-21 为无线路由器。

图 5-19　吸顶式无线接入点

图 5-20　面板式无线接入点

图 5-21　无线路由器

通常所说的接入点是指没有路由功能的无线接入设备，相当于无线交换机，仅仅提供无线信号发射的功能。它的工作原理是：将网络信号通过双绞线传送过来，经过无线接入点的编译,将电信号转换成为无线电信号发送出来,形成无线网络的覆盖。不同功率的接入点,其网络覆盖程度也是不同的,一般无线接入点的最大覆盖距离可达几百米。

无线路由器是带有无线覆盖功能的路由器,它主要应用于用户上网和无线覆盖。通过路由功能,可以实现家庭无线网络中的因特网连接共享,也能实现 ADSL 和小区宽带的无线共享接入。值得一提的是,可以通过无线路由器把无线连接和有线连接的终端都分配到一个子网中,使得子网中的各种设备可以方便地交换数据。

当然,随着技术的发展,网络设备厂商推出的产品集成了越来越多的功能,接入点和无线路由器之间的区别越来越模糊。

5.3 虚拟专用网络

5.3.1 VPN 简介

1. 认识 VPN

虚拟专用网(virtual private network,VPN)被定义为通过一个公用网络建立的一个临时的、安全的连接,是一条穿过混乱的公用网络的安全、稳定的隧道。使用这条隧道可以对数据进行加密,以达到安全使用互联网的目的。虚拟专用网是针对企业内部网的扩展。

虚拟专用网不是真正的专用网络,但能够实现专用网络的功能。虚拟专用网指的是依靠因特网服务提供商和其他网络服务提供商,在公用网络中建立专用的数据通信网络的技术。在虚拟专用网中,任意两个节点之间的连接并没有传统专用网络所需的端到端的物理链路,而是利用某种公用网络的资源动态组成的。IETF(国际互联网工程任务组)草案对基于 IP 的 VPN 的理解为"使用 IP 机制仿真出一个私有的广域网",是通过私有的隧道技术在公共数据网络上仿真一条点到点的专线技术。所谓"虚拟",是指用户不再需要拥有实际的长途数据线路,而是使用公用网络的长途数据线路;所谓"专用网络",是指用户可以为自己组建一个最符合自己需求的网络。以 IP 为主要通信协议的 VPN 也可称为 IP-VPN。图 5-22 显示了 VPN 的结构。

如图 5-22 所示,由于 VPN 是在因特网上临时建立的安全专用虚拟网络,用户就节省了租用专线的费用,在运行的资金支出上,除了购买 VPN 设备,企业所付出的仅仅是向企业所在地的 ISP 支付一定的上网费用。

事实上,VPN 之所以发展起来,和用户的需求是分不开的。20 世纪 90 年代末,因特网和电子商务蓬勃发展,经济全球化程度也越来越高。随着商务活动的日益频繁,各企业开始允许其生意伙伴、供应商也能够访问本企业的局域网,从而大大简化信息交流过程,提高信息交换速度。这些合作和联系是动态的,并依靠网络来维持和加强。各企业发现,这样的信息交流不但带来了网络的复杂性问题,还带来了管理和安全性的问题,因为因特网是一个全球性和开放性的、基于 TCP/IP 技术的、不可管理的因特网,因此,基于因特网的商务活动就面临信息威胁和安全隐患。

另外,随着很多企业自身的发展壮大与跨国化,分支机构不仅越来越多,而且网络基础设施互不兼容的情况也更为普遍。信息技术部门在连接分支机构时也感到非常棘手。

正是这些需求促使 IT 行业开发出了 VPN 技术。现在 VPN 被广泛用于企业办公,帮

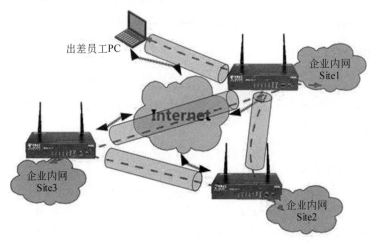

图 5-22　VPN 的结构

助公司分支机构、商业伙伴及供应商与公司的内部网建立可信的安全连接。出差人员可以通过在自己的计算机中建立 VPN 连接进行远程办公,如图 5-23 所示。

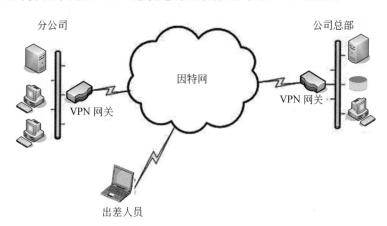

图 5-23　出差人员通过 VPN 远程访问公司服务器

2. VPN 的特点

VPN 可以实现远程用户(个人用户或局域网)拨号连接到单位的内部网络,并实现安全、可信的通信。目前,由于 IP 地址的紧缺,单位内部局域网中的主机一般使用私有 IP 地址,这些私有 IP 地址再通过地址转换的方式与外部网络连接,如访问因特网等。但是这种连接是单向的,使用私有 IP 地址的主机可以通过地址转换访问外部网络中的主机,但外部网络中的主机却无法访问单位内部使用私有 IP 地址的主机。VPN 解决了这一问题。使用 VPN 技术,不但可以让外部主机访问单位内部使用私有 IP 地址的主机,而且通过公用网络(如因特网)连接的两个局域网之间也可以进行安全通信。所以,VPN 可用于不断增长的移动用户的全球因特网接入,以实现安全连接;同时,还可用于实现企业网站之间安全通信的虚拟专用线路。虚拟专用网至少应能提供如下功能。

(1) 数据加密。保证通过公用网络传输的信息即使被他人截获也不会泄露。

(2) 信息认证和身份认证。保证信息的完整性、合法性,并能鉴别用户的身份。

(3) 提供访问控制。不同的用户拥有不同的访问权限。

5.3.2 VPN 的分类

目前 VPN 主要采用 4 项技术来保证安全,这 4 项技术分别是隧道技术(tunneling)、加解密技术(encryption & decryption)、密钥管理技术(key management)、使用者与设备身份认证技术(authentication)。

VPN 可以按以下标准分类。

1. 按 VPN 的协议分类

VPN 按协议来分主要有点对点隧道协议(point to point tunneling protocol,PPTP)、第二层隧道协议(layer 2 tunneling protocol,L2TP)、因特网协议安全(internet protocol security,IPSec)和安全套接层(secure socket layer,SSL)。下面分别介绍。

1) PPTP

PPTP 是实现 VPN 的方式之一。PPTP 使用传输控制协议(TCP)创建控制通道来发送控制命令,并利用通用路由封装(GRE)通道来封装点对点协议(PPP)数据包以发送数据。这个协议最早由微软等厂商主导开发,但因为它的加密方式容易被破解,微软公司已经不再建议使用这个协议。

2) L2TP

L2TP 是一种工业标准的因特网隧道协议,功能大致和 PPTP 类似,例如同样可以对网络数据流进行加密。不过两者也有不同之处,例如,PPTP 要求网络为 IP 网络,L2TP 要求面向数据包的点对点连接;PPTP 使用单一隧道,L2TP 使用多隧道;L2TP 提供包头压缩、隧道验证,而 PPTP 不支持。

3) IPSec

IPSec 是一种开放标准的框架结构,通过使用加密的安全服务以确保在因特网协议(IP)网络上进行保密而安全的通信。IPSec 工作在网络层。大部分防火墙支持的 VPN 都是 IPSec VPN。IPSec VPN 需要安装独立的客户端。

IPSec VPN 的应用场景分为以下 3 种。

(1) site-to-site(站点到站点或者网关到网关)。例如,某高校的 3 个分校分布在互联网的 3 个不同的地方,各使用一个网关建立 VPN 隧道,学校内网(若干 PC)之间的数据通过这些网关建立的 IPSec 隧道实现安全传输。

(2) end-to-end(端到端或者 PC 到 PC)。两个 PC 之间的通信由两个 PC 之间的 IPSec 会话保护,而不是由网关保护。

(3) end-to-site(端到站点或者 PC 到网关)。两个 PC 之间的通信由网关和异地 PC 之间的 IPSec 进行保护。

实际上,VPN 只是 IPSec 的一种应用方式,IPSec 的目的是为 IP 提供高安全性特性,VPN 则是在实现这种安全特性的方式下产生的解决方案。IPSec 是一个框架性架构,具体由以下两类协议组成:

(1) AH(authentication header)。可以同时提供数据完整性确认、数据来源确认、防重放等安全特性;AH 常用摘要算法(单向哈希函数)MD5 和 SHA1 实现该特性。

（2）ESP（encapsulated security payload）。可以同时提供数据完整性确认、数据加密、防重放等安全特性。ESP 通常使用 DES、3DES、AES 等加密算法实现数据加密，使用 MD5 或 SHA1 来实现数据完整性。

在实际应用中，AH 协议使用较少。AH 无法提供数据加密，所有数据以明文传输；而 ESP 提供数据加密。另外，AH 因为提供数据来源确认（源 IP 地址一旦改变，则 AH 校验失败），所以无法穿越 NAT。当然，IPSec 在极端的情况下可以同时使用 AH 和 ESP 实现最完整的安全特性，但是此种方案极其少见。

4）SSL

SSL 是 Netscape 公司率先采用的网络安全协议。它是在传输通信协议（TCP/IP）上实现的一种安全协议，采用公开密钥技术。SSL 广泛支持各种类型的网络，同时提供 3 种基本的安全服务，它们都使用公开密钥技术。SSL 工作在传输层，SSL VPN 的客户端就是浏览器。

对于很多 IPSec VPN 用户来说，IPSec VPN 的解决方案的高成本和复杂的结构让他们很头疼。IPSec VPN 在部署和使用软硬件客户端的时候，需要进行大量的评价、部署、培训、升级和支持工作，对于用户来说，这些在经济上和技术上都是很大的负担。将远程解决方案和昂贵的内部应用集成，对任何 IT 专业人员来说都是严峻的挑战。由于 IPSec VPN 的上述限制，大量的企业认为 IPSec VPN 是一个成本高、复杂程度高的方案，甚至是一个无法实施的方案。为了保持竞争力，消除企业内部信息孤岛，很多公司需要在与企业相关的不同的组织和个人之间传递信息，所以需要找到一种实施简便、不须改变现有网络结构、运营成本低的解决方案。因此，SSL VPN 逐渐发展起来。

目前，SSL VPN 和 IPSec VPN 是两种主流的 VPN 解决方案，二者长期共存，优势互补。两者的差异主要有以下几点。

（1）SSL VPN 多用于"移动客户—网"连接，IPsec VPN 多用于"网—网"连接。SSL VPN 的移动用户使用标准的浏览器，无须安装客户端程序，即可通过 SSL VPN 隧道接入内部网络；而 IPSec VPN 的移动用户需要安装专门的 IPSec 客户端软件。

（2）SSL VPN 是基于应用层的 VPN，而 IPsec VPN 是基于网络层的 VPN。IPsec VPN 对所有的 IP 应用均透明；而 SSL VPN 保护基于 Web 的应用更有优势，当然好的 SSL VPN 产品也支持 TCP/UDP 的 C/S 应用，例如文件共享、网络邻居、FTP、Telnet、Oracle 数据库等。

（3）SSL VPN 用户不受上网方式限制，SSL VPN 隧道可以穿透防火墙；而 IPSec 客户端需要支持 NAT 穿透功能才能穿透防火墙，而且需要防火墙打开 UDP500 端口。

（4）SSL VPN 只需要维护中心节点的网关设备，客户端无须维护，降低了部署和支持费用；而 IPSec VPN 需要管理通信的每个节点，对网络管理员的专业性要求较高。

（5）SSL VPN 更容易提供细粒度访问控制，可以对用户的权限、资源、服务、文件进行更加细致的控制，与第三方认证系统（如 RADIUS、AD 等）结合更加便捷；而 IPSec VPN 主要基于 IP 组对用户进行访问控制。

SSL VPN 无法为远程访问应用提供全面的解决方案，因为它并不支持访问内部开发的应用，也不支持访问要求多个渠道和动态端口以及使用多种协议的复杂的应用。例如，SSL VPN 不支持即时消息传送、多播、数据馈送、视频会议及 VoIP 等。而这些对公司及远程用户来说却是关键需求。

尽管 SSL 能够保护由 HTTP 创建的 TCP 通道的安全,但它并不适用于 UDP 通道。然而,如今企业要求 VPN 的协议支持各种类型的应用——TCP 和 UDP、客户/服务器和各类内部开发的程序,这些工作只有 IPSec VPN 才能胜任。

所以,理想的解决方案是企业在总部和各个分部之间通过 IPSec VPN 进行连接,这样可以把总部和分部的终端包括在一个 LAN 中。而为移动办公或者出差的人员提供 VPN 的接入服务。充分利用 IPSec VPN 的互补性,可以使企业的网络结构更加合理。

2. 按 VPN 的应用分类

VPN 按应用来分主要有以下 3 种。

(1) access VPN(远程接入 VPN)。客户端到网关,使用公用网络作为骨干网,在设备之间传输 VPN 数据流量。

(2) intranet VPN(内联网 VPN)。网关到网关,通过公司的网络架构连接公司内部的资源。

(3) extranet VPN(外联网 VPN)。与合作伙伴企业网构成外联网,对一个公司的资源与另一个公司的资源进行连接。

3. 按网络设备类型分类

网络设备提供商针对不同客户的需求,开发出不同的 VPN 网络设备,主要为路由器、交换机和防火墙,如图 5-24 至图 5-26 所示。因此,VPN 可以分为以下 3 种。

(1) 路由器式 VPN。这种 VPN 部署较容易,只要在路由器上添加 VPN 服务即可。

(2) 交换机式 VPN。主要应用于连接用户较少的 VPN。

(3) 防火墙式 VPN。这是最常见的 VPN 实现方式,许多厂商都提供这种方式。

图 5-24 VPN 路由器　　　图 5-25　带 VPN 功能的交换机　　　图 5-26　带 VPN 功能的防火墙

4. 按实现原理划分

VPN 按实现原理可分为以下两种。

(1) 重叠 VPN。此 VPN 需要用户自己建立端节点之间的 VPN 链路,主要包括 GRE、L2TP、IPSec 等技术。

(2) 对等 VPN。由网络运营商在主干网上完成 VPN 通道的建立,主要包括 MPLS-VPN 技术。

5.3.3　VPN 工作原理

由于 IPv4 地址短缺,组建局域网时,通常使用保留地址作为内部 IP 地址。例如,最常用的 C 类保留地址(192.168.0.0~192.168.255.255),这些地址不会分配给用户,因此它们在因特网上也无法被路由,所以在正常情况下无法直接通过外网访问局域网内的主机。为了能够从外网访问局域网内部资源,需要使用 VPN 隧道技术建立一个虚拟专用网。下面通过案例说明 VPN 工作原理。

某学校分成两个校区：主校区 A 和分校区 B。在 A 校区网络中搭建教务系统服务器（IP 地址为 192.168.1.245），A 校区的计算机可以通过这台服务器内网地址直接访问，但 B 校区无法通过外网访问这台服务器的内网地址。

要求 B 校区教师机 192.168.2.2 能够通过 VPN 接入 A 校区的局域网访问这台服务器，如图 5-27 所示。

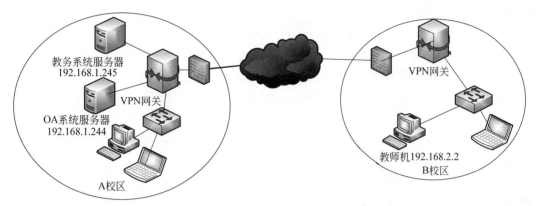

图 5-27　B 校区通过 VPN 访问 A 校区内网服务器

具体过程如下：

（1）VPN 网关一般采用双网卡结构。内网卡接入 A 校区的局域网，外网卡使用公共 IP 地址接入因特网。

（2）教师机 192.168.2.2 发出请求，数据包的目标地址为 A 校区服务器的 IP 地址 192.168.1.245。

（3）B 校区的 VPN 网关在接收到教师机 192.168.2.2 发出的访问请求（数据包 1）时对其目标地址 192.168.1.245 进行检查，发现目标地址属于 A 校区网络的地址，于是将数据包 1 根据 VPN 技术进行封装，同时 VPN 网关会构造一个新的 VPN 数据包（数据包 2），并将封装后的数据包 1 作为数据包 2 的负载，数据包 2 的目标地址为 A 校区网络的 VPN 网关的公共 IP 地址。

（4）B 校区的 VPN 网关将数据包 2 发送到外网，由于数据包 2 的目标地址是 A 校区网络的 VPN 网关的外部地址，所以该数据包将被外网中的路由器正确地发送到 A 校区网络的 VPN 网关。

（5）A 校区的 VPN 网关对接收到的数据包 2 进行检查，如果发现该数据包是从 B 校区网络的 VPN 网关发出的，即可判定该数据包为 VPN 数据包，并对该数据包进行解包。解包的过程主要是将 VPN 数据包的包头剥离，将负载通过 VPN 技术反向处理，还原成原始的数据包 1。

（6）A 校区网络的 VPN 网关将还原后的原始数据包发送至目标服务器 192.168.1.245。在服务器 192.168.1.245 看来，它收到的数据包就跟从教师机 192.168.2.2 直接发过来的一样。

（7）从服务器 192.168.1.245 返回到教师机 192.168.2.2 的数据包的处理过程与上述过程原理是一样的。这样就完成了外网通过 VPN 访问内网的过程。

5.4 本章小结

将不同的局域网连接在一起就形成了广域网,广域网可以覆盖多个城市甚至多个国家。

广域网向上层提供面向连接的服务与无连接的服务,相应地提供虚电路与数据报两种组网方式。

广域网的连接方式有3种:专线方式、电路交换方式与分组交换方式。

光纤接入是指局端与用户之间完全以光纤作为传输介质。光纤接入可以分为有源光接入和无源光接入。目前无源光网络是实现FTTB/FTTH的主要技术。

目前最典型的无线接入方式是无线局域网接入,其协议发展迅速,组网简单,仅需要接入点与无线网卡即可。

虚拟专用网是一条通过公用网络建立的临时的、安全的连接,是一条穿过混乱的公用网络的安全、稳定的隧道。此外,VPN是否加密也是可控的。

扫一扫

5.5 实训

1. 实训目的

了解VPN的工作原理,掌握使用虚拟机搭建实验网络的方法。

2. 实训内容

(1) 安装VMware Workstation。其主页如图5-28所示。

图 5-28 VMware Workstation 主页

（2）在 VMware 中安装 Windows Server 2003 服务器虚拟机，设置其网络连接模式为桥接，如图 5-29 所示。在 Windows Server 2003 中安装并配置 VPN 访问服务，如图 5-30 和图 5-31 所示。

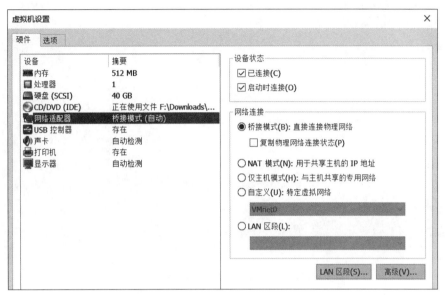

图 5-29　设置服务器虚拟机网络连接为桥接模式

图 5-30　安装 VPN 访问服务

图 5-31　为 VPN 客户端设置地址池 172.20.13.5～172.20.13.10

（3）在服务器上创建 VPN 用户，并为该用户设置 VPN 访问权限，如图 5-32 和图 5-33 所示。

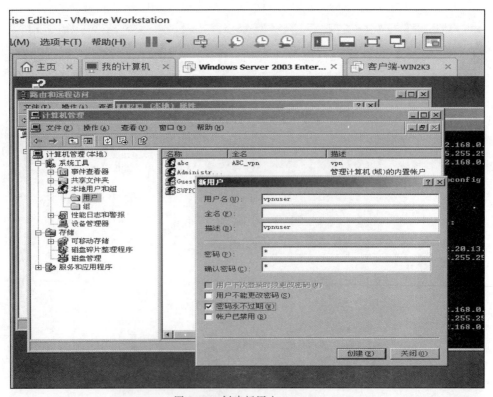

图 5-32　创建新用户 vpnuser

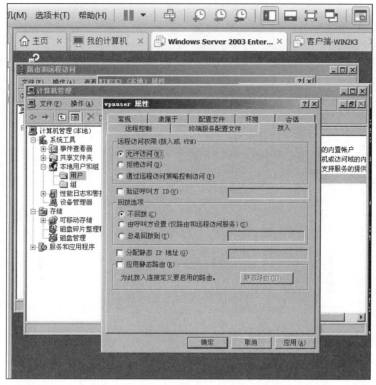

图 5-33　为 vpnuser 设置 VPN 访问权限

（4）在虚拟机中安装客户端计算机并创建网络连接，设置网络连接为 NAT 方式，并配置拨号连接。连接成功后，访问 VPN 服务器，查看其 IP 地址。完整的过程如图 5-34 至图 5-37 所示。

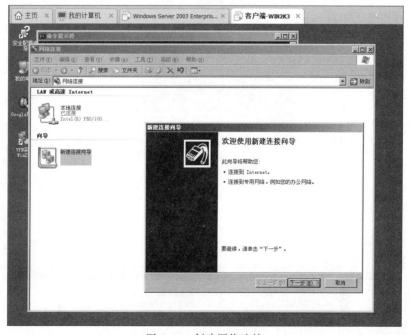

图 5-34　创建网络连接

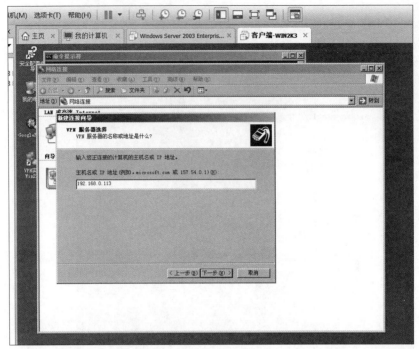

图 5-35　设置 VPN 服务器 IP 地址

图 5-36　输入用户名和密码

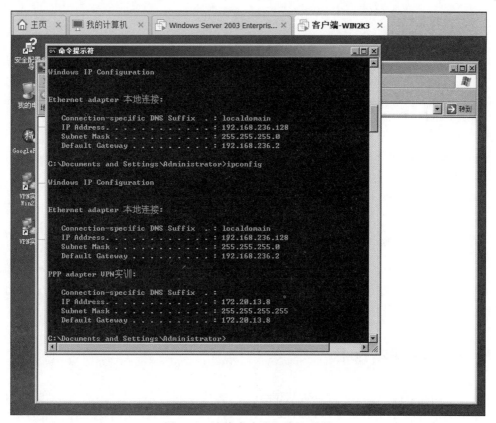

图 5-37　连接成功后查看 IP 地址

习题 5

1. 广域网和局域网的区别有哪些？

2. 虚电路与数据报各自的特点有哪些？

3. DDN 接入通常由哪些部分组成？

4. ADSL 的特点有哪些？

5. 有一个小型企业，员工有 40 人，公司共有 6 个房间。请为该企业设计一个 WLAN 接入互联网方案。

6. 什么是 VPN？它有什么特点？

第 6 章 IP 路由技术

本章学习目标

- 理解 IP 地址及 IP 网络,掌握路由的基本概念。
- 理解路由器的工作原理。
- 熟悉常见的路由协议。
- 理解 RIP 和 OSPF 路由协议。
- 掌握路由器的基本管理、配置。
- 掌握 Telnet 远程登录、静态路由、RIP、OSPF 的配置。

本章主要介绍 IP 路由技术的基础知识。包括路由的基本概念,路由器的工作原理,路由分类方法及常见的路由协议,路由器的管理,Telnet 远程登录、静态路由、RIP、OSPF 的配置方法等。

6.1 路由的基本概念

在互联网中,路由(routing)是指数据分组从源地址到目标地址时,决定端到端路径的网络范围的进程。在 OSI 的 7 层模型下,路由主要在第 3 层网络层进行: 通过寻址来建立两个节点之间的连接,为源端的运输层送来的分组选择合适的路由和交换节点,正确无误地按照地址传送给目的端的运输层。路由器根据路由指导的 IP 报文的路径转发信息,路由提供的路径信息转发数据包。

虽然路由器可以支持多种协议(如 TCP/IP、IPX/SPX、AppleTalk 等协议),但是我国的绝大多数路由器运行 TCP/IP。路由器通常连接两个或多个由 IP 子网或点到点协议标识的逻辑端口,至少拥有 1 个物理端口。路由器根据收到数据包中的网络层地址以及路由器内部维护的路由表决定输出端口以及下一跳地址,并且重写链路层数据包头,实现转发数据包。路由器通过动态维护路由表来反映当前的网络拓扑,并通过网络上其他路由器交换路由和链路信息来维护路由表。

6.2 路由器的工作原理

6.2.1 工作原理简介

1. 路由算法

路由器使用路由算法来找寻到达目的地的最佳路由。路由算法,又名选路算法,算法的目的是找到一条从源路由器到目的路由器的"最佳"路径(即具有最低费用的路径)。

路由算法通常具有下列设计目标的一个或多个: 最优化、简洁性、健壮性、稳定性、快速聚合、灵活性。

（1）最优化：指路由算法选择最佳路径的能力。根据 metric 的值和权值来计算。

（2）简洁性：算法设计必须简洁。路由协议在网络中必须高效地提供其功能，尽量减少软件和应用的开销。这在当实现路由算法的软件必须运行在物理资源有限的计算机上时尤其重要。

（3）健壮性：路由算法处于非正常或不可预料的环境时，如硬件故障、负载过高或操作失误时，都能正确运行。由于路由器分布在网络联结点上，所以出故障时会产生严重后果。最好的路由器算法通常能经受时间的考验，并在各种网络环境下被证实是可靠的。

（4）稳定性：算法应具有稳定性。在网络通信量和网络拓扑相对稳定的情况下，路由算法应收敛于一个可以接受的解，而不应使得出的路由不停地变化。

（5）快速收敛：收敛是在最佳路径的判断上所有路由器达到一致的过程。当某个网络事件引起路由可用或不可用时，路由器就发出更新信息。路由更新信息遍及整个网络，引发重新计算最佳路径，最终达到所有路由器一致公认的最佳路径。收敛慢的路由算法会造成路径循环或网络中断。

（6）灵活性：路由算法要求可以快速、准确地适应各种网络环境。例如，某个网段发生故障，路由算法要能很快发现故障，并为使用该网段的所有路由选择另一条最佳路径。

路由算法使用了许多种不同的度量标准去决定最佳路径。复杂的路由算法可能采用多种度量来选择路由，通过一定的加权运算，将它们合并为单个的复合度量，再填入路由表中，作为寻径的标准。通常使用的度量有路径长度、可靠性、时延、带宽、负载、通信成本等。

2. 路由器工作原理

路由器是工作在网络层的设备，负责将数据分组从源端主机经最佳路径传送到目的端主机。路由器主要用于同类或异类局域网以及局域网与广域网之间的互联，是连接不同逻辑子网的网络互联设备。路由器具有异构网络互联、广域网互联和隔离广播信息的能力。

路由器的某一个接口接收到一个数据包时，会查看包中的目标网络地址，以判断该包的目的地址在当前的路由表中是否存在（即路由器是否知道到达目标网络的路径）。如果发现包的目标地址与本路由器的某个接口所连接的网络地址相同（直连端口），那么数据马上转发到相应接口；如果发现包的目标地址不是自己的直连网段，路由器会查看自己的路由表，查找包的目的网络所对应的接口，并从相应的接口转发出去；如果路由表中记录的网络地址与包的目标地址不匹配，则根据路由器配置转发到默认接口，在没有配置默认接口的情况下，会给用户返回目标地址不可达的 ICMP（ping 命令）信息。

6.2.2　路由表

路由表（routing table）是在路由器中存储、维护的路由条目的集合。路由表存储着指向特定网络地址的路径（在有些情况下，还记录路径的路由度量值），含有网络周边的拓扑信息，路由器可以根据路由表实现路由选择。那么，路由表是怎么形成的呢？路由表中的路由条目的形成可以分为两种情况。

1. 直连网段

当在路由器上配置了接口的 IP 地址，并且接口状态为 up 的时候，路由器就会将 IP 地址段作为直连路由项记录到路由表中。例如，在图 6-1 中，路由器 R1 在接口 F0/0 和 F0/1 上分别配置了 IP 地址，并且在接口已经是 up 状态时，路由器 R1 的路由表中就会出现 192.

168.1.0 和 10.0.0.0 这两个网段,如图 6-2 所示。

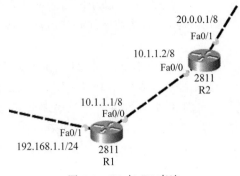

图 6-1　R1 与 R2 直连

```
R1#show ip route
Codes: C - connected, S - static, I - IGRP, R - RIP, M - mobile,
B - BGP
       D - EIGRP, EX - EIGRP external, O - OSPF, IA - OSPF inter
area
       N1 - OSPF NSSA external type 1, N2 - OSPF NSSA external
type 2
       E1 - OSPF external type 1, E2 - OSPF external type 2, E -
EGP
       i - IS-IS, L1 - IS-IS level-1, L2 - IS-IS level-2, ia -
IS-IS inter area
       * - candidate default, U - per-user static route, o - ODR
       P - periodic downloaded static route

Gateway of last resort is not set

C    10.0.0.0/8 is directly connected, FastEthernet0/0
C    192.168.1.0/24 is directly connected, FastEthernet0/1
```

图 6-2　直连路由表

2. 非直连网段

对于 20.0.0.0 这样不直连在路由器 A 上的网段,路由器 A 应该怎么写进路由表呢?这就需要使用静态路由或动态路由来将这些网段以及如何转发写到路由表中。某路由器中配置了多个路由策略,其路由表如图 6-3 所示。

整个路由表分为两个部分。

(1) Codes 部分。

Codes 部分的内容是对路由表中条目类型的说明,描述了各种路由表条目的类型缩写。其中:

C 表示连接路由,路由器的某个接口设置/连接了某个网段之后,就会自动生成。

S 静态路由,系统管理员通过手工配置之后生成。

R　　RIP 协商生成的路由。

B　　BGP 协商生成的路由。

BC　　BGP 的连接路由。

D　　BEIGRP 生成的路由,兼容 CISCO 的 EIGRP。

```
Router#show ip route
Codes: C - connected, S - static, I - IGRP, R - RIP, M - mobile, B - BGP
       D - EIGRP, EX - EIGRP external, O - OSPF, IA - OSPF inter area
       N1 - OSPF NSSA external type 1, N2 - OSPF NSSA external type 2
       E1 - OSPF external type 1, E2 - OSPF external type 2, E - EGP
       i - IS-IS, L1 - IS-IS level-1, L2 - IS-IS level-2, ia - IS-IS inter area
       * - candidate default, U - per-user static route, o - ODR
       P - periodic downloaded static route

Gateway of last resort is not set

     172.168.0.0/24 is subnetted, 2 subnets
C       172.168.10.0 is directly connected, FastEthernet0/0
C       172.168.20.0 is directly connected, FastEthernet0/1
O    192.168.10.0/24 [110/2] via 172.168.10.1, 00:00:39, FastEthernet0/0
O    192.168.20.0/24 [110/2] via 172.168.10.1, 00:00:39, FastEthernet0/0
O    192.168.30.0/24 [110/2] via 172.168.10.1, 00:00:39, FastEthernet0/0
R    192.168.40.0/24 [120/1] via 172.168.20.1, 00:00:01, FastEthernet0/1
C    202.116.200.0/24 is directly connected, Serial0/1/0
Router#
```

图 6-3 包含多路由策略的路由表

DEX BEIGRP 的外部路由。

DHCP 当路由器的某个端口设置为由 DHCP 分配地址时,系统在收到"默认网关"属性之后自动生成的路由,实际上是一条默认路由。

对于 OSPF 生成的路由,又有如下的路由表现。

OIA OSPF 的区域之间路由。

ONI OSPF NSSA 路由(类型 1)。

ONI OSPF NSSA 路由(类型 2)。

ONI OSPF 外部注入路由(类型 1)。

ONI OSPF 外部注入路由(类型 2)。

以上这些 Codes 信息对于路由表的工作不产生任何影响,却给管理维护人员的阅读提供了便利。

(2) 路由表的实体。

实体中的每一行就是一条路由记录,从左到右有这样几个内容:路由的类型、目的网段、优先级、下一跳 IP 地址等。现以路由表中第 3 条记录进行具体说明。

```
O  192.168.10.0/24  [110/2]  via 172.168.10.1,00:00:39,FastEthernet0/0
```

第 1 列表示路由表中某条记录是通过哪种方式学习到的,其中 C 表示直连路由,O 表示通过 OSPF 协议学习,R 表示通过 RIP 协议学习……直连路由比较特殊,会直接在路由表中写明,由其他路由协议产生的记录每一项代表不同含义。第三条记录第一列为 O,表示此条记录是通过 OSPF 协议学习到的。

第 2 列的内容代表目标网段,用来标识 IP 包的目的地址或目的网络。第 3 条记录表示目标网段为 192.168.10.0/24。

第 3 列方括号中的内容是管理距离和度量值,管理距离主要用于不同路由协议之间的可信度。第 3 条记录的可信度为 100,可信度的范围是 0~255,它表示一条路由选择信息源的可信性值。该值越小,可信度越高。0 为最信任,255 为最不信任,即没有从这条线路将没有任何流量通过。第 3 条记录的度量值为 2,度量值代表距离,用来寻找路由时确定最优路径。每种路由协议都有自己独特的路由算法,每一种路由算法在产生路由表时,会为每一条通过网络的路径产生一个数值,最小值就是表示这个路径时的最优路径,会记录到路由表中。

第 4 列表示下一跳 IP 地址,说明 IP 包所经过的下一个路由器。第 3 条记录的下一跳地址为 172.168.10.1。

第 5 列表示学习到路由所用的时间。路由器学习到第 3 条记录所花的时间为零时零分 39 秒。

最后一列表示输出接口,说明 IP 包将从该路由器哪个接口转发。第 3 条记录要到达下一跳 IP 地址,将从 FastEthernet0/0 转发。

6.3 路由分类

根据路由器学习路由信息、生成并维护路由表的方法,可以将路由器分为直连(direct)路由、静态(static)路由和动态(dynamic)路由。一般地,路由器查找路由的顺序为直连路由、静态路由、动态路由,如果以上路由表中都没有合适的路由,则通过默认路由(default)将数据包传输出去,可以综合使用 3 种路由。

6.3.1 直连路由

直连路由是由链路层协议发现的,一般指去往路由器的接口地址所在网段的路径。直连路由无须手工配置,只要接口配置了网络协议地址,同时管理状态、物理状态和链路协议均为 up 时,路由器就能给自动感知该链路存在,接口上配置的 IP 网段地址会自动出现在路由表中,且与接口关联,并动态随接口状态变化在路由表中自动出现或消失。

6.3.2 静态路由

静态路由是由网络管理员根据网络拓扑手工定义到一个目的地网络或者几个网络的路由。网络管理员可以在静态路由表中指定路由,将路由器配置为静态路由。通过配置静态路由,用户可以人为地指定对某一网络访问时所要经过的路径,在网络结构比较简单,且一般到达某一网络所经过的路径唯一的情况下采用静态路由。静态路由不需要使用路由协议,完全依赖于网络管理员,当网络规模较大或网络拓扑经常发生改变时,静态路由通常不能对线路不通等路由变化做出反应,需要由路由器管理员手工更新路由表。网络管理员需要做的工作将会非常复杂,并且容易产生错误。因此,通常只能在网络路由相对简单、网络与网络之间只能通过一条路径路由的情况下使用静态路由。

6.3.3 动态路由

由路由器按指定的路由协议格式在网上广播和接收路由信息,通过路由器之间不断交换的路由信息动态地更新和确定路由表,独立地选择最佳路径,并随时向附近的路由器广播,这种方式称为动态路由。

使用了动态路由协议的路由器通过检查其他路由器的信息,并根据开销、链接等情况自动决定每个包的路由途径。动态路由方式仅需要手工配置第一条或最初的极少量路由线路,其他的路由途径则由路由器自动配置。动态路由由于较具灵活性,使用配置简单,成为目前主要的路由类型。

动态路由机制的运作依赖路由器的两个基本功能:路由器之间适时的路由信息交换、对路由表的维护。

(1) 路由器之间适时地交换路由信息。

动态路由之所以能根据网络的情况自动计算路由、选择转发路径,是由于当网络发生变化时,路由器之间彼此交换的路由信息会告知对方网络的这种变化,通过信息扩散使所有路由器都能得知网络变化。

(2) 路由器根据某种路由算法(不同的动态路由,协议算法不同)把收集到的路由信息加工成路由表,供路由器在转发 IP 报文时查阅。

网络发生变化时,收集到最新的路由信息后,路由算法重新计算,从而可以得到最新的路由表。

路由器之间的路由信息交换在不同的路由协议中的过程和原则是不同的。交换路由信息的最终目的在于通过路由表找到一条转发 IP 报文的“最佳”路径。每一种路由算法都有其衡量“最佳”的一套原则,大多是在综合多个特性的基础上进行计算,这些特性有:路径所包含的路由器节点数(hop count)、网络传输费用(cost)、带宽(bandwidth)、延迟(delay)、负载(load)、可靠性(reliability)和最大传输单元 MTU(maximum transmission unit)。

常见的动态路由协议有 RIP、OSPF、IS-IS、BGP、IGRP/EIGRP。每种路由协议的工作方式、选路原则等都有所不同,6.4 节中将详细介绍。

6.3.4　默认路由

默认路由是指当路由表中与包的目的地址之间无匹配的表项时路由器能够做出的选择,是一种特殊的静态路由。

每台路由器中不可能保存能给到达每个可能目的地的路由,都进行维护是不可行的,所以路由器可以保存一条默认路由,或者叫“最后的可用路由”。当路由器不能用路由表中的任何一个条目来匹配一个目的网络时,它就将使用默认路由,即“最后的可用路由”。实际上,路由器用默认路由来将数据包转发给另一台路由器,这台新的路由器必须要么有一条到目的地的路由,要么有它自己的到另一台路由器的默认路由,这台新的路由器依次也必须要么有具体路由,要么有另一条默认路由。以此类推。最后数据包应该被转发到能匹配目的网络的路由器上。如果没有默认路由,目的地址在路由表中无匹配表项的包将被丢弃。

默认路由可以尽可能地将路由表的大小保持得很小,它们使路由器能够转发目的地为任何 Internet 主机的数据包而不必为每个 Internet 网络都维护一个路由表条目。

默认路由可有管理员静态地输入,或者通过路由选择协议被动态地学到。

6.4　常见的路由协议

6.4.1　路由协议概述

路由协议(routing protocol)是一种主要用来进行路径选择,运行在路由器上的协议,工作于网络层,包括 RIP、OSPF 协议以及 BGP 等。

路由协议作为 TCP/IP 协议簇中重要成员之一,其选路过程实现的好坏会影响整个 Internet 的效率。按应用范围的不同,路由协议可分为两类:在一个自治系统(autonomous system,AS,指一个互联网络,就是把整个 Internet 划分为许多较小的网络单位,这些小的网络有权自主地决定在本系统中应采用何种路由协议)内的路由协议称为内部网关协议 (interior gateway protocol,IGP),AS 之间的路由协议称为外部网关协议(exterior gateway protocol,EGP)。这里网关是路由器的旧称。

6.4.2 内部网关协议和外部网关协议

大型网络,尤其是因特网,采用的都是分层的路由选择协议,原因有如下 2 点。

(1)因特网是由数量庞大的路由器连接在一起形成的,如果所有路由器的路由表中都保存有到达任一一个目标网络的路由,那么路由表将不堪重负,路由表中的记录越多,路由表的查询时间就会越长。

(2)很多单位或部门希望连接上互联网,但是不愿意让外界了解本单位或部门的网络拓扑结构以及采用的路由协议。

因此,因特网将整个互联网分割成很多个比较小的自治系统。路由协议也可以根据在自治系统内部或者外部使用来进行分类。

1. 内部网关协议

IGP 是运行在一个自治系统内部的路由协议,一般适用由单个组织管理的网络。内部网关路由协议有以下几种:RIP、RIP2、IGRP、EIGRP、IS-IS 和 OSPF。其中前 3 种路由协议采用的是距离向量算法,IS-IS 和 OSPF 采用的是链路状态算法,EIGRP 是结合了链路状态和距离矢量型路由选择协议的 Cisco 私有路由协议。

常见的内部网关协议有 RIP/RIP2、OSPF。

1) RIP/RIP2

路由信息协议(routing information protocol,RIP)是 IGP 中最先得到广泛使用的协议。RIP 是一种分布式的基于距离向量的路由选择协议,是因特网的标准协议,其最大优点就是简单。

(1)距离矢量路由算法。

距离矢量路由算法(distance vector routing,DV)是 ARPANET 网络上最早使用的路由算法,也称 Bellman-Ford 路由算法和 Ford-Fulkerson 算法。距离矢量是指以距离和方向构成的矢量来通告路由信息。距离按跳数等度量来定义,方向则是下一跳的路由器或送出接口。"距离矢量路由算法"的基本思想如下:每个路由器维护一个距离矢量(通常是以延时是作变量的)表,然后通过相邻路由器之间的距离矢量通告进行距离矢量表的更新。每个距离矢量表项包括两部分:到达目的节点的最佳输出线路和到达目的节点所需的时间或距离,通信子网中的其他每个路由器在表中占据一个表项,并作为该表项的索引。每隔一段时间,路由器会向所有邻居节点发送它到每个目的节点的距离表,同时也接收每个邻居节点发来的距离表。这样以此类推,经过一段时间后便可将网络中各路由器获得的距离矢量信息在各路由器上统一起来,这样各路由器只需要查看这个距离矢量表,就可以为不同来源分组找到一条最佳的路由。

现以图 6-4 所示的示例介绍距离矢量路由算法中的路由的确定流程,各段链路的延时均已在图中标注。A、B、C、D、E 代表 5 个路由器,假设路由表的传递方向为 A → B → C → D → E(这与路由器启动的先后次序有关)。

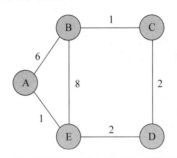

图 6-4　使用距离矢量路由算法的网络拓扑结构

具体的流程如下。

在初始状态下,各路由器都只收集直接相连的链路的延时信息,各路由器节点得出各自的初始矢量表,如图 6-5 所示。因为各节点间还没有交换路由信息,所以它们初始状态的路由表也如它们的矢量表一样。

A 节点初始矢量表

源	目的			
	B	C	D	E
A	6			1

B 节点初始矢量表

源	目的			
	A	C	D	E
B	6	1		8

C 节点初始矢量表

源	目的			
	A	B	D	E
C		1	2	

D 节点初始矢量表

源	目的			
	A	B	C	E
D			2	2

E 节点初始矢量表

源	目的			
	A	B	C	D
E	1	8		

图 6-5　初始状态下各节点的矢量表

现在路由器 A 把它的路由表发给路由器 B。此时它会综合从 A 路由器发来的路由表和它自己的初始路由表,更新为一个新的矢量表,如图 6-6(a)所示(最终的矢量表如(a)图中深颜色部分)。从图中可以看出,从 B 节点到达 E 节点存在两条路径,一条是直达的,一条是通过 A 节点到达的。而且这两条线的开销不同,经过 A 节点到达 E 节点的开销"7"比直达线路的开销"8"更低,所以最终在形成的路由表中,把到达 E 节点的线路改为经由 A 节点这条线路,如图 6-6(b)所示。

目的节点	经由节点	开销
A		6
C		1
D		
E		8
E	A	7

(a)

目的节点	经由节点	矢量开销
A		6
C		1
E	A	7

(b)

图 6-6 B 节点新的矢量表和路由表

B 再把最终形成的路由表发给路由器 C。同样,路由器 C 也要把它原来的初始路由表与从 B 路由器发来的路由表进行综合,形成新的矢量表,如图 6-7(a)所示(最终的矢量表如(a)图中深颜色部分)。在新的矢量表中,除了最初直接连接的 B 和 D 节点间的矢量外,还新收集了到达 A 和 E 节点的矢量信息。因为 C 节点没有与 A 和 E 节点的直接连接,初始路由表中并没有到达这两个节点的路由信息,所以现在只有采用从 B 路由器发来的路由表中经过 B 节点到达 A、E 节点的路径。

这里要注意一点,因为在 B 节点路由表中就已识别了直接通过 B 节点到达 E 节点的开销"8"还比依次通过 B、A 节点到达 E 节点的开销"7"大,所以在 C 节点路由表中是采用依次通过 B、A 节点到达 E 节点这条路径。最终形成的路由表如图 6-7(b)所示。

目的节点	经由节点	开销
A	B	7
C		1
D		2
E	B→A	8

(a)

目的节点	经由节点	矢量开销
A		7
C		1
D		2
E	B→A	5

(b)

图 6-7 C 节点新的矢量表和路由表

路由器 C 再把它的最终路由表发给路由器 D。同样,路由器 D 也要把它原来的初始路由表与从 C 路由器发来的路由表进行综合,形成新的矢量表,如图 6-8(a)所示(最终的矢量表如(a)图中深颜色部分)。在新的矢量表中,除了最初的直接连接的 C 和 E 节点间的矢量信息外,还新收集了到达 A 和 B 节点的矢量信息。因为 D 节点没有与 A 和 B 节点的直接连接,所以在其最初的路由表中并没有到达这两个节点的矢量信息,此时仍采用经过 C 节点到达 A 和 B 节点的路径。

这里同样要注意一点,从 D 节点到达 E 节点也有两条路径:一是直接到达,二是依次通过 C、B、A 节点到达,经过比较发现直接连接到达的开销"2"比通过 C、B、A 节点到达 E 节点路径的开销"10"要小,所以,在 D 节点中,到达 E 节点是采用直接连接这条线路。最终形成的路由表如图 6-8(b)所示。

目的节点	经由节点	开销
A	C	9
B	C	3
C		2
E	C→B→A	10
E		2

(a)

目的节点	经由节点	矢量开销
A	C	9
B	C	3
C		2
E		2

(b)

图 6-8　D 节点新的矢量表和路由表

路由器 D 再把它的最终路由表发给路由器 E。同样,路由器 E 也要把它原来的初始路由表与从 D 路由器发来的路由表进行综合,形成新的矢量表,如图 6-9(a)所示(最终的矢量表如(a)图中深颜色部分)。在新的矢量表中,除了最初的直接连接的 A、B 和 D 节点间的矢量外,还新收集了到达 C 节点的矢量信息,因为 E 节点没有与 C 节点的直接连接。此时仍采用经过 D 节点到达 C 节点的路径。

在这里有两个要注意的地方:一是从 E 节点到达 A 节点的路径问题,因为此时 E 节点与 A 节点是直接连接的,而且其开销"1"要比原来从 D 路由口器发来的路由表中提供的通过 D、C、B 节点到达 A 节点路径开销"11"要小,所以在最终的 E 节点路由表中,到达 A 节点是采用直接连接这条线路。二是 E 节点虽然也是与 B 节点直接连接,但它的开销"8"还要比原来从 D 路由器发来的路由表中提供的依次经过 D、C 这两个节点到达 B 节点的开销"5"大,所以在最终的 E 节点路由表中,到达 B 节点是采用依次经过 D、C 两个节点这条路径。最终形成的路由表如图 6-9(b)所示。

目的节点	经由节点	开销
A		1
A	D→C→B	11
B		8
B	D→C	5
C	D	4
D		2

(a)

目的节点	经由节点	矢量开销
A		1
B	D→C	5
C	D	4
E		2

(b)

图 6-9　E 节点新的矢量表和路由表

通过以上步骤,网络中各路由器就完整了整个路由表的确定。当然在拓扑结构发生变化时,各路由器的路由表又会发生变化,重新进行更新。

当形成环路或者有一些路由器连接断裂时,就会产生无穷计算问题。

(2)距离矢量路由算法应用场景。

为了避免无穷计算,RIP协议规定路由的最大METRIC为15跳,大于15跳表示网络不可达。这种规定限制的RIP的应用范围只能适用于中小网络,网络规模太大时,路由信息就无法到达远端的路由器了。

因此,距离矢量协议适用于以下情形。

① 网络结构简单、扁平,不需要特殊的分层设计。

② 管理员没有足够的知识来配置链路状态协议和排查故障。

③ 特定类型的网络拓扑结构,如集中星形网络。

④ 无须关注网络最差情况下的收敛时间。

(3)RIP协议的特点。

协议是距离向量路由算法的具体实现,规定了路由器之间交换路由信息的时间、格式以及错误的出等内容。它有以下3个特点。

① 仅和相邻路由器交换信息。如果两个路由器之间的通信不需要经过另一个路由器,那么这两个路由器就是相邻的,不相邻的路由器不交换信息。

② 交换的信息是当前本路由器所知道的全部信息,即自己的路由表。

③ 按固定的时间间隔交换路由信息,一般每隔30s交换一次。当网络拓扑结构发生变化时,路由器会及时向相邻的路由器通过网络拓扑结构变化后的路由信息。

RIP最多的优点是实现简单,开销较小,但其缺点也比较明显,内容如下。

① 限制了网络的规模。RIP能使用的最大距离为15(16表示不可达)。

② 路由器之间交换的路由信息是路由器中的完整路由表,随着网络规模的扩大,开销也就增加了。

③ 当网络拓扑发生变化时,更新消息传播得很快,但是当网络出现故障时,要经过较长时间才能将此信息传送到所有的路由器,使更新过程的收敛时间过长。

(4)RIP与RIP2的区别。

RIP2是在RIP基础上的改进,RIP和RIP2的区别主要如表6-1所示。

表6-1 RIP和RIP2的区别

RIP	RIP2
数据包中不含子网掩码,所以就要求网络中所有设备必须使用相同的子网掩码,否则就会出错	数据包中包含子网掩码
发送数据包时,目的地址使用的是广播地址	发送数据包时,目的地址使用的是组地址224.0.0.9,这样更节省网络带宽
不支持路由器之间的认证	支持路由器之间明文或是MD5验证,只有认证通过才可以进行路由同步,因此安全性更高

2)OSPF协议

开放式最短路径优先(open shortest path first,OSPF)是一种内部网关协议,用于在单一自治系统内决策路由,它是为克服 RIP 的缺点在 1989 年被开发出来的,其性能远远优于 RIP,因此在大、中、小网络中得到了广泛应用。OSPF 是由 IETF 开发的,它的使用不受任何厂商限制,所有人都可以使用,所以称为开放的,而最短路径优先(SPF)则是 OSPF 的核心思想,其使用的算法是 Dijkstra 算法。OSPF 协议的原理很简单,但实现起来比较复杂。

(1) 链路状态路由选择算法。

链路状态路由选择算法也称为最短路径优先(shortest path first,SPF)算法,其基本思想是互联网上的每个路由器周期性地向其他路由器广播自己与相邻路由器的连接关系,以使各个路由器都可以画出一张网络拓扑结构图。利用这张图和最短路径优先算法,路由器就可以计算出自己到达各个网络的最短路径。

现以图 6-10 所示的示例介绍距离矢量算法中的路由的确定流程,各段链路的延时均已在图中标注。A、B、C、D、E、F 代表 6 个路由器。

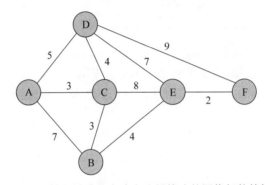

图 6-10　使用链路状态路由选择算法的网络拓扑结构

图中以 A 为起点,计算 A 到 F 的最短路径。可见,若要计算 A 到 F 的路径,必须考虑全局信息。

具体过程参考如表 6-2 所示。

表 6-2　链路状态路由选择算法路由表生成过程

步骤	集合	B	C	D	E	F
0	A	7	3	5	∞	∞
1	AB	6		5	11	∞
2	ABC	6			11	14
3	ABCD				10	14
4	ABCDE					12
5	ABCDEF					

步骤如下。

① 初始化:与 A 相邻的置为权值,不与 A 相邻的置为无穷。

② 找到最小:在图 6-10 中,与 A 相邻的权值最小的是(C,3),所以将 C 加入集合中。

③ 在其余中找最小:5 为最小,则将 D 加入集合。经过 D,可以到达 F,这样最短,将 F 更新为 14。

④ 接着找最小：6为最小，将B加入集合。经过ACB，可以到达E，最小值为10，则更新。

⑤ 以此类推，得到最终结果。

所以，能够得到最终的转发表如表6-3所示。

表6-3　路由转发表

目　的	链　路
B	A→C→B
D	A→D
E	A→C→B→E
C	A→C
F	A→C→B→E→F

从上例可以看出，链路状态路由选择算法与向量距离路由选择算法有很大区别。向量距离路由选择算法并不需要路由器了解整个网络的拓扑结构，它通过相邻的路由器了解到达每个网络的可能路径；而链路状态路由选择算法则依赖于整个网络的拓扑结构图生成路由表。

（2）分层次划分区域。

因为OSPF路由器之间会将所有的链路状态（LSA）相互交换，毫不保留，当网络规模达到一定程度时，LSA将形成一个庞大的数据库，势必会给OSPF计算带来巨大的压力。为了能够降低OSPF计算的复杂程度，缓存计算压力，OSPF采用分区域计算，将网络中所有OSPF路由器划分成不同的区域，每个区域负责各自区域精确的LSA传递与路由计算，然后再将一个区域的LSA简化和汇总之后转发到另外一个区域，这样一来，区域内部拥有网络精确的LSA，而在不同区域则传递简化的LSA。为了能够尽量设计成无环网络，区域的划分采用hub-spoke的拓扑架构，也就是采用核心与分支的拓扑，如图6-11所示。

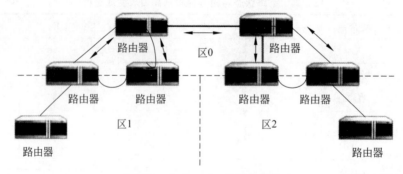

图6-11　hub-spoke的拓扑架构

OSPF区域的命名可以采用整数数字，如1、2、3、4，也可以采用IP地址的形式，如0.0.0.1、0.0.0.2，因为采用了hub-spoke的架构，所以必须定义出一个核心，然后其他部分都与核心相连。OSPF的区域0就是所有区域的核心，称为backbone区域（骨干区域），而其他区域称为Normal区域（常规区域）。

OSPF 区域是基于路由器的接口划分的,而不是基于整台路由器划分的,一台路由器可以属于单个区域,也可以属于多个区域。

划分区域可以把交换链路状态信息的范围限制在每一个区域,而不是整个自治系统,这就减少了整个网络上的通信量。

(3) 指派路由器。

指派路由器是指在互联的局域网中,路由器将自己与相邻路由器的关系发送给一个或多个指定路由器,而不是广播给网络上的所有路由器。指派路由器生成整个网络的拓扑结构图,以便其他路由器查询。

由于一个路由器的链路状态只涉及与相邻路由器的连通状态,与整个网络的规模并无直接关系,因此,当互联网规模较大时,OSPF 协议的优越性要比 RIP更强。

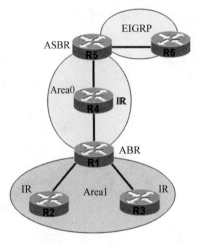

图 6-12　OSPF 区域的命名

(4) OSPF 协议的优缺点。

OSPF 协议的优点是收敛快,同时还具有服务类型选路、负载均衡和身份认证等特点,非常适合在规模庞大、环境复杂的环境中使用;缺点是开销较大,生成链路状态数据库时需要占用较多 CPU 和内存资源。

3. 外部网关协议(EGP、BGP)

EGP 是自治系统之间使用的路由协议,是一种在自治系统网络中两个邻近的网关主机(每个主机都有自己的路由)间交换路由信息的协议。如果源主机和目的主机处于不同的自治系统中(这两个自治系统有可能使用不同的内部网关协议),当数据报传到一个自治系统的边界时,就需要使用一种协议将路由选择信息传递到另一个自治系统中。这样的协议就是外部网关协议。因此,外部网关协议应具有以下 3 个基本功能。

① 支持邻站获取机制,即允许一个路由器请求另一个路由器同意交换可达路由信息。

② 路由器持续测试其 EGP 邻站是否有响应。

③ EGP 邻站周期性地传送路由更新报文来交换网络可达路由信息。

目前使用最多的外部网关协议是 BGP 的第 4 版本(BGP4)。边界网关协议(border gateway protocol,BGP)是运行于 TCP 上的一种自治系统的路由协议。BGP 是唯一一个用来处理像因特网大小的网络的协议,也是唯一能够妥善处理好不相关路由域间的多路连接的协议。

如图 6-13 所示,AS1 和 AS2 是两个独立的自治系统,指一个组织管辖下的所有 IP 网络和路由器的全体(可以想象成一个小公司里所有的主机和路由器)。如果 AS1 的 10.10.0.2 要访问 AS2 的 172.17.0.3,根据路由规则,发出的 IP 包必须经过 Router1,通过 C 口发往网关 Router2(AS 上的路由器),但是反过来,如果主机 172.17.0.3 要访问 10.10.0.2,到达 Router2 后,就不知道去哪儿了,因为没有相应的路由规则。这时,网络管理员就应该给 Router2 也添加一条路由规则,比如 10.10.0.2 的 IP 包,应该经过 Router2 的 C 接口发往 Router1。

像 Router1 和 Router2 这样把各个自治系统连接在一起的路由器称为边界网关,它的路由表里存储了其他自治系统里的主机路由信息。如果网络拓扑结构非常复杂,依靠人工对边界网关的路由表进行配置和维护很不现实,于是 BGP 随之产生。

使用 BGP 后,每个边界网关上都运行着一个小程序,会将各自的路由表信息通过 TCP 传输给其他的边界网关,而其他边界网关的这个小程序会对收到的数据进行分析,然后将需要的信息添加到自己的路由表里,可以实现不同 AS 之间的通信。

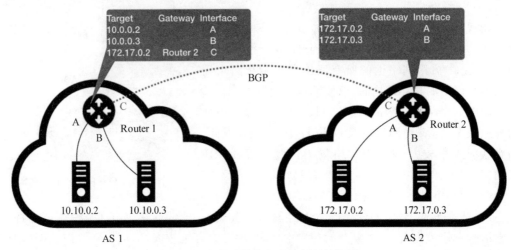

图 6-13　内部网关协议和外部网关协议

6.4.3　有类路由协议和无类路由协议

路由协议在路由选择更新中不支持子网信息,路由器只能依据传统的地址类别进行数据转发,这样的路由协议就属于有类路由协议,例如 RIP1 和 BGPv3。

路由协议在路由选择更新中支持子网信息,传输子网掩码,路由器也可以忽略地址的类别进行数据报的转发,这样的路由协议即属于无类路由协议。只有无类路由协议才能支持VLSM(可变长子网掩码)和 CIDR(无类域间路由)。例如,RIP2、OSPF 和 BGPv4 都属于无类路由协议。

6.5　路由器的管理

6.5.1　路由器概述

路由器是一台有特殊用途的计算机,和常见 PC 一样,路由器有 CPU、RAM 和 ROM 等组件。路由器没有键盘、硬盘和显示器;然而比起计算机,路由器多了 NVRAM、Flash 以及各种各样的接口。路由器各个部件的作用如下所述。

CPU:中央处理单元,和计算机一样,CPU 执行操作系统指令,如系统初始化、路由器功能和交换功能等。

RAM:内存,存储 CPU 所需执行的指令和数据。启动时,路由器会将 IOS(internetwork operating system)复制到 RAM 中运行。在路由器上配置的大多命令均存储于内存中,因此这些配置称为 running-config。IP 路由表用以确定转发数据包的最佳路径,

IP 路由表保存在内存中，ARP 缓存也保存在内存中。数据包到达接口之后以及从接口送出之前，也都会暂时存储在内存中的缓冲区。

　　ROM：是一种永久性存储器。Cisco 设备使用 ROM 来储存 bootstrap 指令、基本诊断软件和精简版 IOS。ROM 使用的是固件，即内嵌于集成电路中的软件。固件包含一般不需要修改或升级的软件，如启动指令。当路由器断电或重新启动时，ROM 中的内容不会丢失。

　　NVRAM：非易失性 RAM，电源关闭后不会丢失信息。NVRAM 用以存储启动配置文件（startup-config）。路由器配置的更改都存储于 RAM 的 running-config 文件中，并由 IOS 立即执行。要保存这些更改，以防路由器重新启动或断电，必须将 running-config 复制到 NVRAM 中，存储名为 startup-config 的文件。

　　Flash：闪存，是非易失性存储器，可以以电子的方式存储和擦除。闪存用以存储操作系统 Cisco IOS。在大多数型号的 Cisco 路由器中，IOS 存储在闪存中，在启动过程中才复制到 RAM 执行。如果路由器断电，闪存中的内容也不会丢失。

　　以太网接口：常用网络接口，采用 RJ-45 接口形式，实现双绞线与以太网的链接。一般情况下，速率为 10Mbit/s 的接口的名称是 ethernet，速率为 100Mbit/s 的接口的名称是 fastethernet。

　　光缆接口：就是 SC 接口，用于与光纤的连接。

　　高速同步串口：用于广域网连接。

　　管理接口：又称为 Console 接口或者控制台接口。当对路由器进行初始配置时，必须使用管理接口。大多数路由器的 Console 接口为 RJ-45 接口。

6.5.2　路由器的基本操作

1. 路由器的登录和管理方式

　　随着路由器种类的增多，路由器的配置方式也多样化了，本书根据目前最为通用的方式讲解。个别设备的配置方法会因新版本的推出与本书所写略有不同，应以最新出版的用户手册为准。

　　一般来说，登录和管理路由器的方式有 3 种。

　　（1）Console 口连接。

　　使用 Console 接口来进行路由器的配置，具体方法如下。

　　查看设备是否存在 Console 口，通过该端口完成设备的配置。Console 口同样使用 RJ-45 端口，也就是常见的水晶头接口。该端口可在路由器的前、后面板处查找。图 6-14 所示为路由器的 Console 口。

　　一般路由器出厂时仅有一根配置线，用于电脑配置时使用。但是，实际很少使用电脑串口来配置路由器，通常使用的是便于移动的笔记本进行配置，这就需要购买 USB 转串口连接线缆。如图 6-15 所示。

　　安装并打开超级终端后，输入需要新建的连接名称。如图 6-16 所示。

　　在超级终端的端口设置中，需要设置相应的参数。"位/秒"一般为 9600，特殊设备可能会有不同，可以参考相关说明；数据位为 8 位，奇偶校验值为无，停止位为 1，数据流控制为无，如图 6-17 所示。

图 6-14　路由器的 Console 口

图 6-15　路由器配置线

图 6-16　新建连接名称

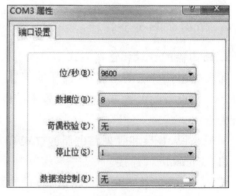

图 6-17　设置端口相应参数

　　正常登录路由器的配置界面如图 6-18 所示。不同厂家设备的配置命令也不同,常见的有思科、华为等设备配置命令。

　　注意:第一次配置路由器,必须使用 Console 口连接方式。使用 Console 口配置交换机不占用网络带宽,称为带外管理。

　　(2)Telnet 远程连接。

　　使用 Console 口配置交换机虽然不占用网络带宽,但由于要使用专用配置线缆,而配置线缆较短,一般为 1.5~3m,所以要配置分散在不同楼、不同楼层或不在同一区域的交换机时非常麻烦,工作效率也不高,仅适用于首次配置交换机。而带内管理只需要配置好交换

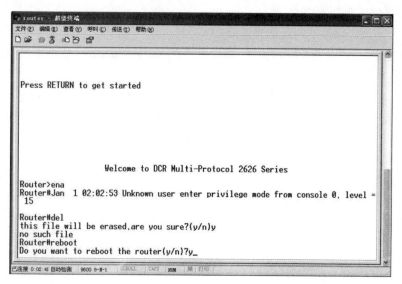

图 6-18　路由器配置界面

机,在任何一台能连接到设备的终端计算机上即可对网络上的任何交换机进行配置管理,对于管理大中型网络来说能大大提高工作效率。

使用 Telnet 远程登录对交换机进行配置就是最常用的带内管理方式的一种,它首先需要通过 Console 口连接到交换机,配置交换机的远程管理地址,然后进入 vty 线路配置模式配置远程登录密码,并开启远程登录功能。由于是远程登录管理交换机,出于安全考虑,交换机必须要配置特权用户密码才能进行远程登录。配置好交换机后,可使用网络中任何一台与设备连通的计算机里的 Telnet 程序连接到交换机进行管理。

（3）AUX 口连接。

AUX 接口是路由器提供的一个固定端口,可以作为普通异步串口使用。使用 AUX 接口可以通过电话线与远方的终端或运行终端仿真软件的电脑相连,实现对路由器的远程配置、线路备份等。

通过 AUX 接口建立远程配置环境如图 6-19 所示。

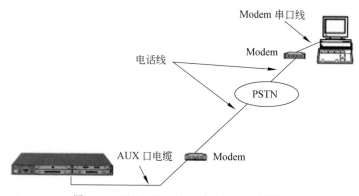

图 6-19　通过 AUX 接口建立远程配置环境

2. 路由器常见配置命令

(1) 进入及退出路由器各级模式的命令。

在使用过程中,路由器有用户模式、特权模式、全局配置模式等,各级模式的作用和登录命令如下。

第1级:用户模式。以超级终端或 Telnet 方式进入路由器时,系统会提示用户输入口令,输入口令后便进入了第1级,即用户模式级别。此时系统提示符为">"。如果路由器名称为 cisco2600,则提示符为"cisco2600>"。在这一级别,用户只能查看路由器的一些基本状态,不能进行设置。

第2级:特权模式。在用户模式下先输入"enable",再输入相应的口令,进入第2级特权模式。特权模式的系统提示符是"♯",在这一级别上,用户可以使用 show 和 debug 命令进行配置检查。这时还不能修改路由器配置,如果要修改,必须进入第3级。进入特权模式的命令如下。

```
Router>enable
Router#
```

第3级:配置模式。在这种模式下,用户可以真正修改路由器的配置。进入第3级的方法是在特权模式中输入命令"config terminal",相应提示符为"(config)♯"。进入配置模式的命令如下。

```
Router#conf terminal
Router(config)#
```

此时,用户才能真正修改路由器的配置,比如配置路由器的静态路由表,详细的配置命令需要参考路由器配置文档。如果想配置具体端口,还需要进入第4级。

第4级:端口配置模式。路由器中有各种端口,如 10/100Mbps 以太网端口和同步端口等。要配置这些端口,需要进入端口配置模式。例如,现在想对以太网端口 0 进行配置(路由器上的端口都有编号,请参考路由器随机文档),需要使用的命令如下。

```
Router(config)#interface e0/0
Router(config-if)#
```

(2) 配置路由器接口 IP 地址命令。

在接口配置模式中进行 IP 地址配置,需要使用的命令如下。

```
R1(config-if)#ip address 192.168.1.1 255.255.255.0
//以太网接口配置一个 IP 地址 192.168.1.1,掩码为 255.255.255.0
R1(config-if)#no shut
//开启以太网接口,因为默认时路由器的各个接口是关闭的,要使用该接口,必须将其开启
```

(3) 常用的查看命令。

显示路由信息:show ip route。

显示接口信息:show interface。

显示路由协议信息:show ip route。

查看启动配置命令:show startup-config。

查看运行配置命令：show running-config。

（4）配置文件的管理。

路由器内部有两份配置文件，running-config 文件存储于 RAM 中，是当前系统正在使用的配置，断电后会丢失；startup-config 文件保存在外存中，当路由器重启时，startup-config 将加载到内存中，作为 running-config 保存并执行。

在配置模式下，所有配置都保存在 running-config 中，如果不保存到 startup-config 中，断电后将会丢失。

（1）将当前正在运行的配置信息保存到 startup-config 中，可以使用如下命令之一。

```
Router#copy running-config startup-config
Router#write
```

（2）删除初始配置文件，使路由器恢复到出厂状态，可以使用如下命令。

```
Router#erase startup-config
```

6.6　本章小结

在互联网中，路由是指数据分组从源地址到目标地址时，决定端到端路径的网络范围的进程。

路由器使用路由算法来找寻到达目的地的最佳路由。路由算法，又名选路算法，目的是找到一条从源路由器到目的路由器的"最佳"路径（即具有最低费用的路径）。

路由表是在路由器中存储、维护的路由条目的集合。路由表存储着指向特定网络地址的路径，含有网络周边的拓扑信息，路由器可以根据路由表实现路由选择。

路由协议是一种主要用来进行路径选择，运行在路由器上的协议，路由协议工作于网络层，包括 RIP、IGRP、EIGRP、OSPF、IS-IS、BGP 等。

路由器是一台有特殊用途的计算机，和常见 PC 一样，路由器有 CPU、RAM 和 ROM 等组件。

6.7　实训

6.7.1　Telnet 远程登录路由器

1. 预备知识

路由器的管理方式基本分为两种：带内管理和带外管理。通过路由器的 Console 口管理路由器属于带外管理，它不占用路由器的网络接口，其特点是需要使用配置线缆，近距离配置。第一次配置时必须利用 Console 端口配置。通过 Telnet 管理路由器属于带内管理，可以远程登录路由器进行配置，但需要为 Telnet 用户配置用户登录口令。

2. 实训目的

（1）了解 Telnet 远程登录的原理及应用环境。

（2）掌握用 Console 口对路由器进行配置。

（3）掌握用 Telnet 远程登录的配置命令。

扫一扫

3. 应用环境

某校园网上的路由器分布在各栋楼的不同楼层里,由于经常需要进行网络配置,使用Console口对路由器进行配置需要到该路由器前,一次小的配置改动就要到多栋楼的不同楼层,降低了管理效率。路由器的 Telnet 远程登录允许管理员从网络上的任意终端登录并进行管理,登录时只需要输入登录用户名和密码,就可以像使用 Console 口一样管理路由器,从而提高管理效率。

4. 实训要求

设备要求如下。

(1)一台 PC,一台 2811 路由器。

(2)一条交叉双绞线和一条配置线。

实训拓扑图如图 6-20 所示。

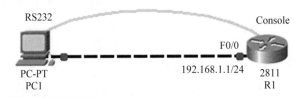

图 6-20　实训拓扑图

5. 配置要求

(1)PC 配置如表 6-4 所示。

表 6-4　PC 配置

设备	IP 地址/子网掩码	网关	连接端口
PC0	192.168.1.2/24	192.168.1.1	R1 的 F0/0

(2)R1 路由器配置如表 6-5 所示。

表 6-5　R1 路由器配置

设备	接口 IP 地址/子网掩码
F0/0	192.168.1.1/24

6. 实训效果

管理员既能够用配置线配置路由器,又能够 Telnet 远程登录到路由器配置。

7. 实训步骤

(1)按实训拓扑图添加一台 2811 路由器和一台 PC,并使用配置线连接 PC 的 RS232接口和路由器的 Console 口,如图 6-21 所示。

(2)单击"PC1→桌面→终端",在打开的"终端配置"对话框中单击"确定"按钮,进入路由器的命令行配置窗口,如图 6-22 所示。

(3)在路由器配置模式下,进入全局配置模式配置路由器名称。代码如下。

图 6-21　实训接线

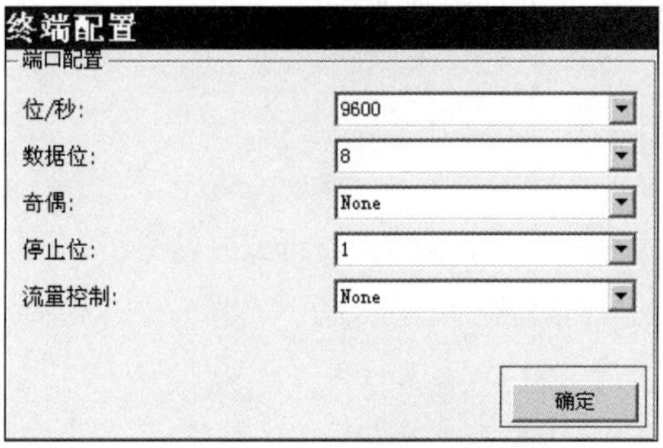

图 6-22　终端配置

```
Router>enable
Router#conf t
Router(config)#hostname R1
R1(config)#
```

（4）进入 F0/0 接口，配置接口 IP 地址，并打开接口。代码如下。

```
R1(config)#interface f0/0
R1(config-if)#ip address 192.168.1.1 255.255.255.0
R1(config-if)#no shutdown
R1(config-if)#
```

（5）进入线路配置模式，设置远程登录密码，并允许远程登录。代码如下。

```
R1(config-if)#exit                     //退出接口模式
R1(config)#line vty 0 4                //进入终端线路配置模式
R1(config-line)#password cisco123      //设置进入路由器的密码
R1(config-line)#login                  //允许远程登录
R1(config-line)#
```

（6）退出到全局配置模式，配置进入特权用户模式的密码。代码如下。

```
R1(config-line)#exit
R1(config)#enable secret cisco456      //设置特权模式的密码
R1(config)#
```

（7）查看特权用户模式的密码是否加密。

```
R1(config)#^Z
R1#
```

%SYS—5—CONFIG_I: Configured from console by console

R1# show run   //查看路由器配置情况
Building configuration...
Current configuration : 527 bytes
!
version 12.4
no service timestamps log datetime msec
no service timestamps debug datetime msec
no service password—encryption
!
hostname R1
enable secret 5 1mERr$nU5A2OzzVK4SUlSP717zP.
!
省略其他信息…
R1#

(8) 使用交叉双绞线连接 PC 的以太网口和路由器的 F0/0 口,删除配置线,如图 6-23 所示。

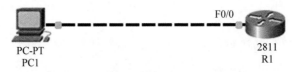

图 6-23　使用交叉双绞线连接 PC 和路由器

(9) 按实训配置要求配置 PC1 的 IP 地址,如图 6-24 所示。

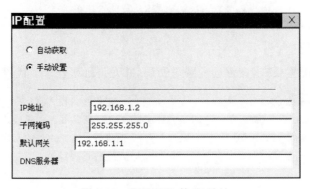

图 6-24　配置 PC1 的 IP 地址

(10) 通过进入 PC1 的"桌面"→"命令提示符",使用命令"telnet Ip 地址"测试路由器的远程登录功能,如图 6-25 所示。

8. 相关知识

(1) 使用 Telnet 远程登录的方式,用户名和密码在网络上传输时是明文传送数据,是不加密的,这种方式是不安全的,而使用 SSH 对所有传输的数据进行加密、压缩,则既安全又快速。

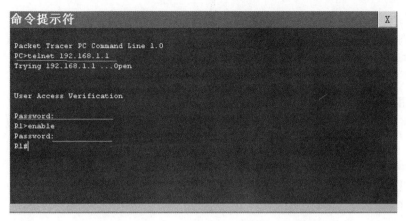

图 6-25　使用 telnet 命令进行路由器远程登录

（2）VTY 是路由器远程登录的虚拟端口，0 4 表示可以同时打开 5 个会话，line vty 0 4 是进入 VTY 端口，对 VTY 端口进行配置，比如配置密码或者 ACL。

（3）设置 Telnet 远程登录认证方式也可以使用存储在本地数据库的用户名和密码。在路由器上配置的代码如下。

```
Router(config)#username admin secret cisco123    //添加本地数据库的用户名和密码
Router (config)#line vty 0 4                      //进入终端线路配置模式
Router (config-line)#login local                 //登录认证方式使用本地数据库
Router (config-line)#exit
```

使用计算机的命令提示符，通过配置线连接到路由器。代码如下。

```
Packet Tracer PC Command Line 1.0
PC>telnet 192.168.1.2                             //telnet 远程方式登录
Trying 192.168.1.2 ...Open
User Access Verification
Username: admin                                   //本地数据库中的用户名
Password:                                         //本地数据库中的密码
Router >
```

6.7.2　静态路由配置

扫一扫

1. 预备知识

路由器属于网路层设备，能够根据 IP 包头的信息选择一条最佳路径，将数据包转发出去，实现不同网段的主机之间的互相访问。路由表就是由一条条路由信息组成，路由器是根据路由表进行选路和转发的。路由器使用送出接口来把数据发送至离目的地更接近的位置。而一下跳则是相连路由器上的一个接口，同样用来把数据发送至离最终目的地更接近的位置。

生成路由表主要有手工配置和动态配置两种方式，即使用静态路由协议配置和动态路由协议配置。

静态路由是网络管理员手动配置的。静态路由包括目的网络的网络地址和子网掩码，以及送出接口或下一跳路由器的 IP 地址。路由表用 S 表示静态路由。静态路由比动态路由更加稳定和可靠,因此其管理距离比动态路由的管理距离要小。

2. 实训目的

(1) 了解静态路由的概念。

(2) 掌握静态路由的配置方法。

3. 应用环境

静态路由可满足特定的网络需求,根据网络的物理拓扑,静态路由可以用于流量控制。将网络流量局限于单一的入口或出口的网络称为末节网络。在一些企业网络中,小型的分支机构只有一条通往其他网络的路径。在这种情况下,就没有必要使用路由更新加重末节网络的负担,也没有必要采用动态路由协议增加系统开销,而采用静态路由更为合适。

4. 实训要求

实训设备如下。

(1) 两台 2811 路由器,两台 PC。

(2) 四条交叉双绞线。

实训拓扑图如图 6-26 所示。

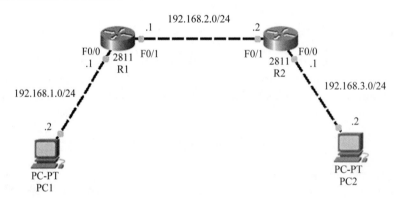

图 6-26　实训拓扑图

5. 配置要求

(1) PC 配置如表 6-6 所示。

表 6-6　PC 配置

设备	IP 地址/子网掩码	网关	接口连接
PC0	192.168.1.2/24	192.168.1.1	见实训拓扑图 3.7.1
PC1	192.168.3.2/24	192.168.3.1	

(2) 路由器配置如表 6-7 所示。

表 6-7　路由器配置

设备	F0/0	F0/1	接口连接
R1	192.168.1.1/24	192.168.2.1/24	见实训拓扑图 3.7.1
R2	192.168.3.1/24	192.168.2.2/24	

6. 实训效果

PC1 与 PC2 两台 PC 之间能 ping 通。

7. 实训步骤

（1）按实训拓扑图添加 2 台 2811 路由器和 2 台 PC，并按图连接网络。

（2）按配置要求设置 PC1 和 PC2 的 IP 地址及网关信息。

（3）进入路由器 R1 命令行配置窗口，更改路由器名称，为 F0/0、F0/1 接口配置 IP 地址，并打开接口。代码如下。

```
Router>enable                     //进入特权模式
Router#conf t                     //进行全局配置模式
Router(config)#hostname R1        //将路由器命名为 R1
R1(config)#interface f0/0         //进入接口配置模式
R1(config-if)#ip address 192.168.1.1 255.255.255.0
//将以太网的接口指定 IP 地址和子网掩码
R1(config-if)#no shutdown         //打开接口
/*此时注意观察 F0/0 接口的状态*/
R1(config-if)#exit                //退出接口模式
R1(config)#interface f0/1
R1(config-if)#ip address 192.168.2.1 255.255.255.0
R1(config-if)#no shut
R1(config-if)#
```

（4）用同样的方法进入路由器 R2 命令行配置窗口，更改路由器名称，为 F0/0、F0/1 接口配置 IP 地址，并打开接口。代码如下。

```
Router>enable
Router#conf t
Router(config)#hostname R2
R2(config)#interface f0/0
R2(config-if)#ip address 192.168.3.1 255.255.255.0
R2(config-if)#no shutdown
/*此时注意观察 F0/0 接口的状态*/
R2(config-if)#exit
R2(config)#interface f0/1
R2(config-if)#ip address 192.168.2.2 255.255.255.0
R2(config-if)#no shutdown
R2(config-if)#
/*此时注意观察 R1 和 R2 的 F0/1 接口的状态*/
```

（5）使用 PC1 测试与 PC2 的连通性，此时不能连通，如图 6-27 所示。

（6）使用 show ip route 命令在特权用户配置模式下查看 R1 上的路由信息表。代码如下。

```
R1#show ip route           //显示路由表
Codes: C —connected, S —static, I —IGRP, R —RIP, M —mobile, B —BGP
    D —EIGRP, EX —EIGRP external, O —OSPF, IA —OSPF inter area
```

图 6-27　测试 PC1 与 PC2 的连通性

```
N1 —OSPF NSSA external type 1, N2 —OSPF NSSA external type 2
E1 —OSPF external type 1, E2 —OSPF external type 2, E —EGP
i —IS—IS, L1 —IS—IS level—1, L2 —IS—IS level—2, ia —IS—IS inter area
 * —candidate default, U —per—user static route, o —ODR
P —periodic downloaded static route
Gateway of last resort is not set


C    192.168.1.0/24 is directly connected, FastEthernet0/0
C    192.168.2.0/24 is directly connected, FastEthernet0/1
R1#
```

(7) 使用 show ip route 命令在特权用户配置模式下查看 R2 上的路由信息表。代码
如下。

```
R2#show ip route
Codes: C —connected, S —static, I —IGRP, R —RIP, M —mobile, B —BGP
       D —EIGRP, EX —EIGRP external, O —OSPF, IA —OSPF inter area
       N1 —OSPF NSSA external type 1, N2 —OSPF NSSA external type 2
       E1 —OSPF external type 1, E2 —OSPF external type 2, E —EGP
       i —IS—IS, L1 —IS—IS level—1, L2 —IS—IS level—2, ia —IS—IS inter area
        * —candidate default, U —per—user static route, o —ODR
       P —periodic downloaded static route
Gateway of last resort is not set
C    192.168.2.0/24 is directly connected, FastEthernet0/1
C    192.168.3.0/24 is directly connected, FastEthernet0/0
R2#
```

(8) 在 R1 上进入全局配置模式配置到网段 192.168.3.0 的静态路由信息。如下所示。

```
R1#conf t
R1(config)#ip route 192.168.3.0 255.255.255.0 192.168.2.2
//配置网段 192.168.3.0 的静态路由
R1(config)#
```

（9）用同样的方法，在 R2 上进入全局配置模式，配置到网段 192.168.1.0 的静态路由信息。代码如下。

```
R2#conf t
Enter configuration commands, one per line. End with CNTL/Z.
R2(config)#ip route 192.168.1.0 255.255.255.0 192.168.2.1
//配置到网段 192.168.1.0 的静态路由
R2(config)#
```

（10）使用 PC1 测试与 PC2 的连通性，此时连通，如图 6-28 所示。

图 6-28　再次测试 PC1 与 PC2 的连通性

（11）再次查看 R1 上的路由信息表，此时已有非直连网段的静态路由信息。代码如下。

```
R1(config)#exit
R1#show ip route
Codes: C —connected, S —static, I —IGRP, R —RIP, M —mobile, B —BGP
       D —EIGRP, EX —EIGRP external, O —OSPF, IA —OSPF inter area
       N1 —OSPF NSSA external type 1, N2 —OSPF NSSA external type 2
       E1 —OSPF external type 1, E2 —OSPF external type 2, E —EGP
       i —IS—IS, L1 —IS—IS level—1, L2 —IS—IS level—2, ia —IS—IS inter area
       * —candidate default, U —per—user static route, o —ODR
       P —periodic downloaded static route
```

```
Gateway of last resort is not set
C    192.168.1.0/24 is directly connected, FastEthernet0/0
C    192.168.2.0/24 is directly connected, FastEthernet0/1
S    192.168.3.0/24 [1/0] via 192.168.2.2
R1#
```

(12) 再次查看 R2 上的路由信息表,此时已有非直连网段的静态路由信息。代码如下。

```
R2(config)#exit
R2#show ip route
Codes: C —connected, S —static, I —IGRP, R —RIP, M —mobile, B —BGP
       D —EIGRP, EX —EIGRP external, O —OSPF, IA —OSPF inter area
       N1 —OSPF NSSA external type 1, N2 —OSPF NSSA external type 2
       E1 —OSPF external type 1, E2 —OSPF external type 2, E —EGP
       i —IS-IS, L1 —IS-IS level—1, L2 —IS-IS level—2, ia —IS-IS inter area
       * —candidate default, U —per—user static route, o —ODR
       P —periodic downloaded static route
Gateway of last resort is not set
S    192.168.1.0/24 [1/0] via 192.168.2.1
C    192.168.2.0/24 is directly connected, FastEthernet0/1
C    192.168.3.0/24 is directly connected, FastEthernet0/0
R2#
```

8. 相关知识

线路上的波特率由 DCE 侧决定,因此当同步串口工作在 DCE 方式下,需要配置波特率;之所以要配置时钟频率,是因为如果两端的时钟频率不一致,接收端会在错误的时间对数据进行采样,造成数据错误。这是由数字信号系统的传输机制决定的。如果作为 DTE 设备使用,则不配置波特率。

另外,如果两台路由器通过串口直接互联,则必须在其中一端设置时钟频(data circuit-terminating equipment,DCE);另外当静态路由有两个网段需要设值时,最好用默认静态路由或动态路由。

扫一扫

6.7.3　RIP 动态路由配置

1. 预备知识

RIP 协议最初是为 Xerox 网络系统的 Xerox parc 通用协议设计的,是 Internet 中常用的路由协议。RIP 采用距离向量算法,即路由器根据距离选择路由,所以也称为距离向量协议。路由器收集所有可到达目的地的不同路径,并且保存到达每个目的地的最少站点数的路径信息,除到达目的地的最佳路径外,任何其他信息均予以丢弃。同时路由器也把所收集的路由信息用 RIP 协议通知相邻的其他路由器。这样,正确的路由信息逐渐扩散到了全网。

RIP 使用非常广泛,它简单、可靠,便于配置。但是 RIP 只适用于小型的同构网络,因为它允许的最大站点数为 15,任何超过 15 个站点的目的地均被标记为不可达。而且 RIP 每隔 30s 一次的路由信息广播是造成网络广播风暴的重要原因之一。

2. 实训目的

(1)了解静态路由、动态路由的区别。

（2）掌握动态路由 RIP 协议的配置与应用。

3．应用环境

动态路由协议使用路由选择算法根据实测或估计的距离、时延和网络拓扑结构等度量权值，自动计算最佳路径，建立路由表。它能自动地适应网络拓扑结构的变化，实时、动态地更新路由表。

动态路由协议适合应用于大、中型且网络拓扑结构变化频繁的网络环境。一般在一个园区网或归属于一个技术部门管理的互联网，也就是同一个自治域内的所有路由器都是用内部网关协议。RIP、OSPF 协议、IGRP 和 EIGRP 都是内部网关协议。

4．实训要求

实训设备如下。

（1）3 台 Generic 路由器、3 台 PC。

（2）3 条交叉双绞线、两条串口线。

实训拓扑图如图 6-29 所示。

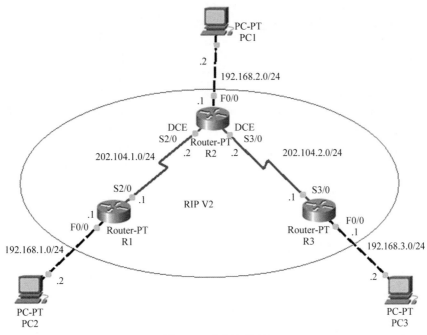

图 6-29　实训拓扑图

5．配置要求

（1）PC 配置如表 6-8 所示。

表 6-8　PC 配置

设备	IP 地址/子网掩码	网关	接口连接
PC1	192.168.2.2/24	192.168.2.1	见实训拓扑图 6-29
PC2	192.168.1.2/24	192.168.1.1	
PC3	192.168.3.2/24	192.168.3.1	

(2) 路由器配置如表 6-9 所示。

表 6-9 路由器配置

设备	F0/0	S2/0	S3/0	接口连接
R1	192.168.1.1/24	202.104.1.1/24		见实训拓扑图 6-29
R2	192.168.2.1/24	202.104.1.2/24	202.104.2.2/24	
R3	192.168.3.1/24		202.104.2.1/24	

6. 实训效果

PC2、PC2 与 PC3 之间能够互通。

7. 实训步骤

(1) 按实训拓扑图 6-29 添加 3 台 Generic 路由器和 3 台 PC,并按图连接网络。

(2) 按实训配置要求设置 PC1、PC2、PC3 的 IP 地址和网关(略)。

(3) 进入路由器 R1 的命令行配置窗口,更改路由器名称和配置 F0/0、S2/0 的接口地址,并打开接口。代码如下。

```
Router>enable                                 //进入用户特权配置模式
Router#conf t                                 //进入全局配置模式
Router(config)#hostname R1                    //将路由器改名为 R1
R1(config)#int f0/0                            //进入接口模式
R1(config-if)#ip add 192.168.1.1 255.255.255.0  //配置接口的 IP 地址和子网掩码
R1(config-if)#no shut                         //开启接口
R1(config-if)#exit                            //退出接口模式
R1(config)#int s2/0                           //进入接口模式
R1(config-if)#ip add 202.104.1.1 255.255.255.0  //配置接口 IP 地址和子网掩码
R1(config-if)#no shut                         //开启接口
R1(config-if)#
```

(4) 同样方法对 R2 进行配置。代码如下。

```
Router>en                                     //进入特权模式
Router#conf t                                 //进入全局配置模式
Router(config)#hostname R2                    //配置交换机名称
R2(config)#int f0/0                           //进入 F0/0 接口
R2(config-if)#ip add 192.168.2.1 255.255.255.0  //配置接口 IP
R2(config-if)#no shut                         //打开接口
R2(config-if)#int s2/0                        //进入 S2/0 接口
R2(config-if)#ip add 202.104.1.2 255.255.255.0  //配置接口 IP
R2(config-if)#no shut                         //打开接口
R2(config-if)#clock rate 9600                 //配置接口时钟频率
R2(config-if)#exit
R2(config)#int s3/0                           //进入 S3/0 接口
R2(config-if)#ip add 202.104.2.2 255.255.255.0  //配置接口 IP
R2(config-if)#no shut                         //打开接口
R2(config-if)#clock rate 9600                 //配置接口时钟频率
```

```
R2(config-if)#
```

（5）同样方法对 R3 进行配置。代码如下。

```
Router>en                              //进入特权模式
Router#conf t                          //进入全局配置模式
Router(config)#host R3                 //配置交换机名称
R3(config)#int f0/0                    //进入 F0/0 接口
R3(config-if)#ip add 192.168.3.1 255.255.255.0   //配置接口 IP
R3(config-if)#no shut                  //打开接口
R3(config-if)#exit
R3(config)#int s3/0                    //进入 S3/0 接口
R3(config-if)#ip add 202.104.2.1 255.255.255.0   //配置接口 IP
R3(config-if)#no shut                  //打开接口
R3(config-if)#
```

（6）分别在特权模式下查看 R1、R2、R3 的路由表，此时各路由器的路由表里只有直连路由，如下所示。

R1 的路由表信息如下所示。

```
R1#show ip route             //显示路由器 R1 的路由表信息
Codes: C -connected, S -static, I -IGRP, R -RIP, M -mobile, B -BGP
       D -EIGRP, EX -EIGRP external, O -OSPF, IA -OSPF inter area
       N1 -OSPF NSSA external type 1, N2 -OSPF NSSA external type 2
       E1 -OSPF external type 1, E2 -OSPF external type 2, E -EGP
       i -IS-IS, L1 -IS-IS level-1, L2 -IS-IS level-2, ia -IS-IS inter area
       * -candidate default, U -per-user static route, o -ODR
       P -periodic downloaded static route

Gateway of last resort is not set

C    192.168.1.0/24 is directly connected, FastEthernet0/0
C    202.104.1.0/24 is directly connected, Serial2/0
R1#
```

R2 的路由表信息如下所示。

```
R2#show ip route             //显示路由器 R2 的路由表信息
Codes: C -connected, S -static, I -IGRP, R -RIP, M -mobile, B -BGP
       D -EIGRP, EX -EIGRP external, O -OSPF, IA -OSPF inter area
       N1 -OSPF NSSA external type 1, N2 -OSPF NSSA external type 2
       E1 -OSPF external type 1, E2 -OSPF external type 2, E -EGP
       i -IS-IS, L1 -IS-IS level-1, L2 -IS-IS level-2, ia -IS-IS inter area
       * -candidate default, U -per-user static route, o -ODR
       P -periodic downloaded static route

Gateway of last resort is not set
```

```
C    192.168.2.0/24 is directly connected, FastEthernet0/0
C    202.104.1.0/24 is directly connected, Serial2/0
C    202.104.2.0/24 is directly connected, Serial3/0
R2#
```

R3 的路由表信息如下所示。

```
R3#show ip route                    //显示路由器 R3 的路由表信息
Codes: C —connected, S —static, I —IGRP, R —RIP, M —mobile, B —BGP
       D —EIGRP, EX —EIGRP external, O —OSPF, IA —OSPF inter area
       N1 —OSPF NSSA external type 1, N2 —OSPF NSSA external type 2
       E1 —OSPF external type 1, E2 —OSPF external type 2, E —EGP
       i —IS-IS, L1 —IS-IS level-1, L2 —IS-IS level-2, ia —IS-IS inter area
       * —candidate default, U —per-user static route, o —ODR
       P —periodic downloaded static route

Gateway of last resort is not set

C    192.168.3.0/24 is directly connected, FastEthernet0/0
C    202.104.2.0/24 is directly connected, Serial3/0
R3#
```

(7) 进入路由器 R1 全局配置模式,启用 RIP V2 协议,并宣告自己的直连路由。代码
如下。

```
R1#conf t
Enter configuration commands, one per line. End with CNTL/Z.
R1(config)#router rip                       //启动 RIP 进程
R1(config-router)#version 2                 //配置 RIP 版本为 2
R1(config-router)#network 192.168.1.0       //宣告直连网段
R1(config-router)#network 202.104.1.0       //宣告直连网段
R1(config-router)#^Z                         //退出到特权模式
R1#write                                     //将刚才所进行的配置写入到内存
Building configuration...
[OK]
R1#
```

(8) 同样的方法进入路由器 R2 的全局配置模式,启用 RIP V2 协议,并宣告自己的直
连路由。代码如下。

```
R2#conf t
R2(config)#router rip                       //启动 RIP 进程
R2(config-router)#version 2                 //配置 RIP 版本为 2
R2(config-router)#network 202.104.1.0       //宣告直连网段
R2(config-router)#network 192.168.2.0       //宣告直连网段
R2(config-router)#^Z
R2#write
Building configuration...
```

```
[OKR2(config-router)#network 202.104.2.0        //宣告直连网段
]
R2#
```

（9）用同样的方法进入路由器 R3 全局配置模式，启用 RIP V2 协议，并宣告自己的直连路由。代码如下。

```
R3#conf t
R3(config)#router rip                  //启动 RIP 进程
R3(config-router)#version 2            //配置 RIP 版本为 2
R3(config-router)#network 202.104.2.0  //宣告直连网段
R3(config-router)#network 192.168.3.0  //宣告直连网段
R3(config-router)#^Z
R3#write
Building configuration...
[OK]
R3#
```

（10）再次分别查看 R1、R2、R3 的路由表，发现路由器已通过 RIP 协议学习到非直连网段的路由信息，如下所示。

R1 的路由表信息如下所示。

```
R1#show ip route            //显示路由器 R1 的路由表信息
Codes: C -connected, S -static, I -IGRP, R -RIP, M -mobile, B -BGP
       D -EIGRP, EX -EIGRP external, O -OSPF, IA -OSPF inter area
       N1 -OSPF NSSA external type 1, N2 -OSPF NSSA external type 2
       E1 -OSPF external type 1, E2 -OSPF external type 2, E -EGP
       i -IS-IS, L1 -IS-IS level-1, L2 -IS-IS level-2, ia -IS-IS inter area
       * -candidate default, U -per-user static route, o -ODR
       P -periodic downloaded static route

Gateway of last resort is not set

C    192.168.1.0/24 is directly connected, FastEthernet0/0
R    192.168.2.0/24 [120/1] via 202.104.1.2, 00:00:22, Serial2/0
R    192.168.3.0/24 [120/2] via 202.104.1.2, 00:00:22, Serial2/0
C    202.104.1.0/24 is directly connected, Serial2/0
R    202.104.2.0/24 [120/1] via 202.104.1.2, 00:00:22, Serial2/0
R1#
```

R2 的路由表信息如下所示。

```
R2#show ip route            //显示路由器 R2 的路由表信息
Codes: C -connected, S -static, I -IGRP, R -RIP, M -mobile, B -BGP
       D -EIGRP, EX -EIGRP external, O -OSPF, IA -OSPF inter area
       N1 -OSPF NSSA external type 1, N2 -OSPF NSSA external type 2
       E1 -OSPF external type 1, E2 -OSPF external type 2, E -EGP
```

```
        i —IS—IS, L1 —IS—IS level—1, L2 —IS—IS level—2, ia —IS—IS inter area
        * —candidate default, U —per—user static route, o —ODR
        P —periodic downloaded static route

Gateway of last resort is not set

R    192.168.1.0/24 [120/1] via 202.104.1.1, 00:00:18, Serial2/0
C    192.168.2.0/24 is directly connected, FastEthernet0/0
R    192.168.3.0/24 [120/1] via 202.104.2.1, 00:00:12, Serial3/0
C    202.104.1.0/24 is directly connected, Serial2/0
C    202.104.2.0/24 is directly connected, Serial3/0
R2#
```

R3 的路由表信息如下所示。

```
R3# show ip route              //显示路由器 R3 的路由表信息
Codes: C —connected, S —static, I —IGRP, R —RIP, M —mobile, B —BGP
        D —EIGRP, EX —EIGRP external, O —OSPF, IA —OSPF inter area
        N1 —OSPF NSSA external type 1, N2 —OSPF NSSA external type 2
        E1 —OSPF external type 1, E2 —OSPF external type 2, E —EGP
        i —IS—IS, L1 —IS—IS level—1, L2 —IS—IS level—2, ia —IS—IS inter area
        * —candidate default, U —per—user static route, o —ODR
        P —periodic downloaded static route

Gateway of last resort is not set

R    192.168.1.0/24 [120/2] via 202.104.2.2, 00:00:22, Serial3/0
R    192.168.2.0/24 [120/1] via 202.104.2.2, 00:00:22, Serial3/0
C    192.168.3.0/24 is directly connected, FastEthernet0/0
R    202.104.1.0/24 [120/1] via 202.104.2.2, 00:00:22, Serial3/0
C    202.104.2.0/24 is directly connected, Serial3/0
R3#
```

(11) 使用 PC1 测试与 PC2 和 PC3 的网络连通性,此时全网连通,如图 6-30 所示。

8. 相关知识

动态路由是网络中的路由器之间相互通信,传递路由信息,利用收到的路由信息更新路由器表的过程。它能实时地适应网络结构的变化。如果路由更新信息表明发生了网络变化,路由选择软件会重新计算路由,并发出新的路由更新信息。这些信息通过各个网络引起各路由器重新启动其路由算法,并更新各自的路由表,以动态地反映网络拓扑变化。动态路由适用于网络规模大、网络拓扑复杂的网络。当然,各种动态路由协议会不同程度地占用网络带宽和 CPU 资源。

静态路由和动态路由有各自的特点和适用范围,因此在网络中,动态路由通常作为静态路由的补充。当一个分组在路由器中寻径时,路由器首先查找静态路由,如果查到,则根据相应的静态路由转发分组;否则再查找动态路由。

根据是否在一个自治域内部使用,动态路由协议分为 IGP 和 EGP。这里的自治域指一

图 6-30　使用 PC1 测试与 PC2 和 PC3 的网络连通性

个具有统一管理机构、统一路由策略的网络。自治域内部采用的路由选择协议称为内部网
关协议,常用的有 RIP、OSPF 协议;外部网关协议主要用于多个自治域之间的路由选择,常
用的是 BGP 和 BGP4。

6.7.4　OSPF 动态路由配置

扫一扫

1. 预备知识

OSPF 协议是在企业网络中应用最广泛的链路状态内部网关路由协议。

链路状态协议以良好的分层设计和足以支持大型网络的可扩展性广泛应用于企业网络
中,并博得从多 ISP 的青睐。OSPF 之类的链路状态协议非常适合更庞大的分层网络,因为
在分层网络中,网络的快速收敛能力非常重要。距离矢量协议(如 RIP)通常并不适合用在
复杂的企业网络中。

OSPF 协议是一种链路状态路由协议。OSPF 协议是 Internet IETF 开发的、用于支持
IP 通信的开放式标准路由协议。OSPF 协议是一种无类 IGP。该协议将网络划分为若干不
同的部分,也叫作区域。这种划分可以提高网络的可扩展性。通过各网络划分为多个网络
区域,网络管理员可以有选择性地启用路由,并将出现的路由问题隔离到某个区域中。

链路状态路由协议(如 OSPF)并不会频繁、定期地发送整个路由表的更新信息。相反,
在网络完全收敛之后,链路状态协议将只在拓扑发生更改(例如链路断开)时才发送更新信
息。这可能由本地路由器接口的物理问题、链路另一端接口的问题、数据链路协议和其他问
题引起。

2. 实训目的

(1) 了解 OSPF 路由协议。

(2) 掌握配置 OSPF 路由协议的步骤。

3. 应用环境

OSPF路由协议定义于RFC1247及RFC1583,该协议提供了一个不同的网络通过同一种TCP/IP交换网络信息的途径。作为一种链路状态的路由协议,OSPF具备许多优点:快速收敛,支持变长网络屏蔽码,支持CIDR以及地址summary,具有层次化的网络结构,支持路由信息验证等。所有这些特点保证了OSPF路由协议能够被应用到大型的、复杂的网络环境中。

4. 实训要求

设备设备如下。

(1) 3台Generic路由器、3台PC。

(2) 3条交叉双绞线、两条串口线。

实训拓扑图如图6-31所示。

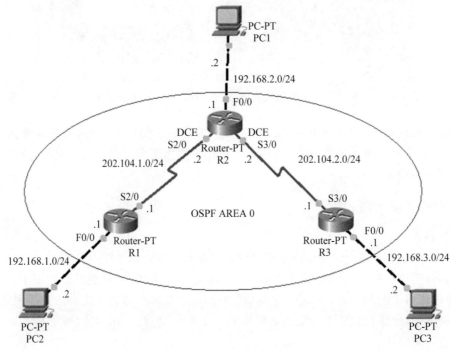

图6-31 实训拓扑图

5. 配置要求

(1) PC配置如表6-10所示。

表6-10 PC配置

设备	IP地址/子网掩码	网关	接口连接
PC1	192.168.2.2/24	192.168.2.1	
PC2	192.168.1.2/24	192.168.1.1	见实训拓扑图6-31
PC3	192.168.3.2/24	192.168.3.1	

(2) 路由器配置如表6-11所示。

表 6-11　路由器配置

设备	F0/0	S2/0	S3/0	接口连接
R1	192.168.1.1/24	202.104.1.1/24		见实训拓扑
R2	192.168.2.1/24	202.104.1.2/24	202.104.2.2/24	图 6-31
R3	192.168.3.1/24		202.104.2.1/24	

6. 实训效果

PC2、PC2 与 PC3 之间能够互通。

7. 实训步骤

（1）按实训拓扑图 6-31 添加 3 台 Generic 路由器和 3 台 PC，并按图连接网络。

（2）按实训配置要求设置 PC1、PC2、PC3 的 IP 地址和网关（略）。

（3）进入路由器 R1 的命令行配置窗口，更改路由器名称和配置 F0/0、S2/0 的接口地址，并打开接口。代码如下。

```
Router>enable                                    //进入特权模式
Router#conf t                                    //进入全局模式
Router(config)#hostname R1                       //将路由器命名为 R1
R1(config)#int f0/0                              //进入接口模式
R1(config-if)#ip add 192.168.1.1 255.255.255.0   //为接口配置 IP 地址和子网掩码
R1(config-if)#no shut                            //开启接口
R1(config-if)#exit                               //退出接口模式
R1(config)#int s2/0                             //进入接口模式
R1(config-if)#ip add 202.104.1.1 255.255.255.0   //为接口配置 IP 地址和子网掩码
R1(config-if)#no shut                            //开启接口
R1(config-if)#
```

（4）同样方法对 R2 进行配置。代码如下。

```
Router>en
Router#conf t
Router(config)#hostname R2
R2(config)#int f0/0
R2(config-if)#ip add 192.168.2.1 255.255.255.0
R2(config-if)#no shut
R2(config-if)#int s2/0
R2(config-if)#ip add 202.104.1.2 255.255.255.0
R2(config-if)#no shut
R2(config-if)#clock rate 9600
R2(config-if)#exit
R2(config)#int s3/0
R2(config-if)#ip add 202.104.2.2 255.255.255.0
R2(config-if)#no shut
R2(config-if)#clock rate 9600
R2(config-if)#
```

(5) 同样方法对 R3 进行配置。代码如下。

```
Router>en
Router#conf t
Router(config)#host R3
R3(config)#int f0/0
R3(config-if)#ip add 192.168.3.1 255.255.255.0
R3(config-if)#no shut
R3(config-if)#exit
R3(config)#int s3/0
R3(config-if)#ip add 202.104.2.1 255.255.255.0
R3(config-if)#no shut
R3(config-if)#
```

(6) 分别在特权模式下查看 R1、R2、R3 的路由表,此时各路由器的路由表里只有直连路由,如下所示。

R1 的路由表信息如下所示。

```
R1#show ip route                    //显示路由器 R1 的路由表信息
Codes: C -connected, S -static, I -IGRP, R -RIP, M -mobile, B -BGP
       D -EIGRP, EX -EIGRP external, O -OSPF, IA -OSPF inter area
       N1 -OSPF NSSA external type 1, N2 -OSPF NSSA external type 2
       E1 -OSPF external type 1, E2 -OSPF external type 2, E -EGP
       i -IS-IS, L1 -IS-IS level-1, L2 -IS-IS level-2, ia -IS-IS inter area
       * -candidate default, U -per-user static route, o -ODR
       P -periodic downloaded static route


Gateway of last resort is not set

C    192.168.1.0/24 is directly connected, FastEthernet0/0
C    202.104.1.0/24 is directly connected, Serial2/0
R1#
```

R2 的路由表信息如下所示。

```
R2#show ip route                    //显示路由器 R2 的路由表信息
Codes: C -connected, S -static, I -IGRP, R -RIP, M -mobile, B -BGP
       D -EIGRP, EX -EIGRP external, O -OSPF, IA -OSPF inter area
       N1 -OSPF NSSA external type 1, N2 -OSPF NSSA external type 2
       E1 -OSPF external type 1, E2 -OSPF external type 2, E -EGP
       i -IS-IS, L1 -IS-IS level-1, L2 -IS-IS level-2, ia -IS-IS inter area
       * -candidate default, U -per-user static route, o -ODR
       P -periodic downloaded static route


Gateway of last resort is not set

C    192.168.2.0/24 is directly connected, FastEthernet0/0
```

```
C    202.104.1.0/24 is directly connected, Serial2/0
C    202.104.2.0/24 is directly connected, Serial3/0
R2#
```

R3 的路由表信息如下所示。

```
R3#show ip route          //显示路由器 R1 的路由表信息
Codes: C —connected, S —static, I —IGRP, R —RIP, M —mobile, B —BGP
       D —EIGRP, EX —EIGRP external, O —OSPF, IA —OSPF inter area
       N1 —OSPF NSSA external type 1, N2 —OSPF NSSA external type 2
       E1 —OSPF external type 1, E2 —OSPF external type 2, E —EGP
       i —IS—IS, L1 —IS—IS level—1, L2 —IS—IS level—2, ia —IS—IS inter area
        * —candidate default, U —per—user static route, o —ODR
       P —periodic downloaded static route

Gateway of last resort is not set

C    192.168.3.0/24 is directly connected, FastEthernet0/0
C    202.104.2.0/24 is directly connected, Serial3/0
R3#
```

（7）进入路由器 R1 全局配置模式，启用 OSPF 协议，并宣告自己的直连路由及区域。代码如下。

```
R1#conf t                                      //进入全局模式
R1(config)#router ospf 100                     //设置路由信息协议
R1(config—router)#network 192.168.1.0 0.0.0.255 area 0  //宣告直连网段
R1(config—router)#network 202.104.1.0 0.0.0.255 area 0  //宣告直连网段
R1(config—router)#^Z                           //退出到特权模式
R1#write                                       //将路由器上的配置存到内存
Building configuration...
[OK]
R1#
```

（8）用同样的方法进入路由器 R2 全局配置模式，启用 OSPF 协议，并宣告自己的直连路由及区域。代码如下。

```
R2#conf t
R2(config)#router ospf 1
R2(config—router)#network 202.104.1.0 0.0.0.255 area 0
R2(config—router)#network 192.168.2.0 0.0.0.255 area 0
R2(config—router)#network 202.104.2.0 0.0.0.255 area 0
R2(config—router)#^Z
R2#write
Building configuration...
[OK]
R2#
```

（9）用同样的方法进入路由器 R3 全局配置模式，启用 OSPF 协议，并宣告自己的直连路由及区域。代码如下。

```
R3#conf t
R3(config)#router ospf 10
R3(config-router)#network 192.168.3.0 0.0.0.255 area 0
R3(config-router)#network 202.104.2.0 0.0.0.255 area 0
R3(config-router)#^Z
R3#write
Building configuration...
[OK]
R3#
```

（10）再次分别查看 R1、R2、R3 的路由表，发现路由器已通过 OSPF 协议学习到非直连网段的路由信息，如下所示。

R1 的路由表信息如下所示。

```
R1#show ip route                      //查看路由器 R1 的路由表信息
Codes: C -connected, S -static, I -IGRP, R -RIP, M -mobile, B -BGP
       D -EIGRP, EX -EIGRP external, O -OSPF, IA -OSPF inter area
       N1 -OSPF NSSA external type 1, N2 -OSPF NSSA external type 2
       E1 -OSPF external type 1, E2 -OSPF external type 2, E -EGP
       i -IS-IS, L1 -IS-IS level-1, L2 -IS-IS level-2, ia -IS-IS inter area
       * -candidate default, U -per-user static route, o -ODR
       P -periodic downloaded static route

Gateway of last resort is not set

C    192.168.1.0/24 is directly connected, FastEthernet0/0
O    192.168.2.0/24 [110/782] via 202.104.1.2, 00:07:32, Serial2/0
O    192.168.3.0/24 [110/1563] via 202.104.1.2, 00:02:56, Serial2/0
C    202.104.1.0/24 is directly connected, Serial2/0
O    202.104.2.0/24 [110/1562] via 202.104.1.2, 00:07:11, Serial2/0
R1#
```

R2 的路由表信息如下所示。

```
#show ip route                      //查看路由器 R2 的路由表信息
Codes: C -connected, S -static, I -IGRP, R -RIP, M -mobile, B -BGP
       D -EIGRP, EX -EIGRP external, O -OSPF, IA -OSPF inter area
       N1 -OSPF NSSA external type 1, N2 -OSPF NSSA external type 2
       E1 -OSPF external type 1, E2 -OSPF external type 2, E -EGP
       i -IS-IS, L1 -IS-IS level-1, L2 -IS-IS level-2, ia -IS-IS inter area
       * -candidate default, U -per-user static route, o -ODR
       P -periodic downloaded static route
```

```
Gateway of last resort is not set

O    192.168.1.0/24 [110/782] via 202.104.1.1, 00:08:32, Serial2/0
C    192.168.2.0/24 is directly connected, FastEthernet0/0
O    192.168.3.0/24 [110/782] via 202.104.2.1, 00:03:49, Serial3/0
C    202.104.1.0/24 is directly connected, Serial2/0
C    202.104.2.0/24 is directly connected, Serial3/0
R2#
```

R3 的路由表信息如下所示。

```
R3# show ip route            //查看路由器 R3 的路由表信息
Codes: C —connected, S —static, I —IGRP, R —RIP, M —mobile, B —BGP
       D —EIGRP, EX —EIGRP external, O —OSPF, IA —OSPF inter area
       N1 —OSPF NSSA external type 1, N2 —OSPF NSSA external type 2
       E1 —OSPF external type 1, E2 —OSPF external type 2, E —EGP
       i —IS—IS, L1 —IS—IS level—1, L2 —IS—IS level—2, ia —IS—IS inter area
       * —candidate default, U —per—user static route, o —ODR
       P —periodic downloaded static route

Gateway of last resort is not set

O    192.168.1.0/24 [110/1563] via 202.104.2.2, 00:04:27, Serial3/0
O    192.168.2.0/24 [110/782] via 202.104.2.2, 00:04:27, Serial3/0
C    192.168.3.0/24 is directly connected, FastEthernet0/0
O    202.104.1.0/24 [110/1562] via 202.104.2.2, 00:04:27, Serial3/0
C    202.104.2.0/24 is directly connected, Serial3/0
R3#
```

（11）使用 PC1 测试与 PC2 和 PC3 的网络连通性，此时全网连通，如图 6-32 所示。

8. 相关知识

OSPF 协议引入"分层路由"的概念，将网络分割成一个"主干"连接的一组相互独立的部分，这些相互独立的部分被称为"区域"（Area），"主干"的部分称为"主干区域"。每个区域就如同一个独立的网络，该区域的 OSPF 路由器只保存该区域的链路状态。每个路由器的链路状态数据库都可以保持合理的大小，路由计算的时间、报文数量都不会过大。

IS-IS 和 OSPF 采用的是链路状态算法。对于小型网络，采用基于距离向量算法的路由协议易于配置和管理，且应用较为广泛，但在面对大型网络时，不但其固有的环路问题变得更难解决，所占用的带宽也迅速增长，以至于网络无法承受。因此，对于大型网络，采用链路状态算法的 IS-IS 和 OSPF 协议较为有效，并且得到了广泛的应用。IS-IS 与 OSPF 在质量和性能上的差别并不大，但 OSPF 更适用于 IP，较 IS-IS 更具有活力。IETF 始终在致力于 OSPF 的改进工作，其修改节奏要比 IS-IS 快得多。这使得 OSPF 正在成为应用广泛的一种路由协议。不论是传统的路由器设计，还是即将成为标准的 MPLS（多协议标记交换），均将 OSPF 视为必不可少的路由协议。

图 6-32　使用 PC1 测试与 PC2 和 PC3 的网络连通性

习题 6

1. 简述什么是路由协议。
2. 路由表的主要作用是什么？
3. 距离矢量路由协议和链路状态路由协议的优缺点是什么？
4. 在什么情况下会优先选用静态路由？

第7章 因特网基础与应用

本章学习目标
- 了解因特网的定义。
- 了解因特网的起源和发展。
- 了解因特网的域名系统。
- 掌握因特网的使用方法。
- 了解搜索引擎技术。

本章介绍因特网的定义、因特网的起源和发展、因特网的域名系统、因特网的使用方法以及搜索引擎技术。

7.1 认识因特网

7.1.1 因特网的含义

因特网(Internet)是广域网的一个典型应用。它以 TCP/IP 为基础,将全世界的用户连接在一起,使所有的入网用户不受地域的限制,在网络覆盖的范围内实现信息传递和资源共享。因此,也可以把因特网看作全球最大的互联网,大量的各种计算机网络正在源源不断地加入因特网,用户通过因特网访问千里之外的计算机就像访问本地计算机一样。

从因特网逻辑结构角度看,它是一个使用路由器将分布在世界各地的数以千万计的规模不一的计算机网络互联起来的大型网际网。

从因特网使用者的角度看,因特网是由大量计算机连接在一个巨大的通信系统平台上而形成的一个全球范围的信息资源网。在该网中的用户可以与任意的计算机进行网络通信,也可以使用和下载网络资源。

因特网的组成如图 7-1 所示。

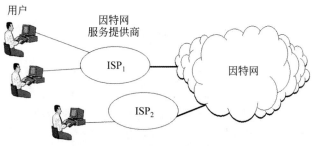

图 7-1　因特网的组成

从图 7-1 可以看出,用户只要获得因特网服务提供商提供的账号,都可以接入因特网。目前因特网的用户已经遍及全球。据 2018 年的最新资料显示,全球共有超过 40 亿人在使用因特网,并且它的用户数还在上升。

7.1.2　因特网的起源和发展

1.因特网的起源

因特网源自美国的 ARPANET。计算机发明后不久,美国政府就把计算机用于军事指挥,并且计算机在军事活动中发挥的作用越来越重要。美国国防部认为,如果仅有一个集中的计算机军事指挥中心,一旦这个中心被核武器摧毁,那么全美国的军事指挥将处于瘫痪状态,其后果将不堪设想。因此,有必要设计一个分散的指挥系统,它由一个个分散的指挥点组成,当部分指挥点被摧毁后,其他指挥点仍能正常工作,而这些分散的指挥点又能通过某种形式的通信网取得联系。1969 年,美国国防部高级研究计划署(advanced research projects agency,ARPA)开始建立一个命名为 ARPANET 的网络,把美国的几个军事及研究用的计算机连接起来。最初,ARPANET 只连接了 4 台计算机,从技术上来说,它还不具备向外推广的条件。1983 年,ARPA 和美国国防部通信局研制成功了用于异构网络的TCP/IP,美国加利福尼亚大学伯克利分校把该协议作为其 BSD UNIX 的一部分,使得该协议在社会上流行起来,从而诞生了真正的因特网。

2.因特网的发展回顾

NSF 在 1985 年开始建立计算机网络 NSFNET。NSF 规划建立了 15 个超级计算机中心及国家教育科研网,用于支持全国性的科研和教育,并以此为基础实现同其他网络的连接。NSFNET 成为因特网上主要用于科研和教育的主干部分,取代了 ARPANET 的骨干地位。1989 年,MILNET(从 ARPANET 分离出来)实现了和 NSFNET 的连接后,就开始采用"因特网"这个名称。自此以后,其他部门的计算机网络相继并入因特网,ARPANET 就宣告解散了。

1991 年,美国的 3 家公司分别建立了 CERFnet、PSInet 及 Alternet Internet,可以在一定程度上向客户提供联网服务。他们组成了商用互联网络协会(CIEA),宣布用户可以把他们的 3 个网络用于任何商业用途。因特网商业化服务提供商的出现,使工商企业终于可以堂堂正正地进入因特网。商业机构一踏入因特网这一陌生的世界,就发现了它在通信、资料检索、客户服务等方面的巨大潜力。于是,世界各地无数的企业及个人纷纷涌入因特网,完成了网络发展史上的一次飞跃。

现在,因特网几乎已经覆盖了所有国家和地区,因特网已经成为名副其实的世界上信息资源最丰富的信息资源库。因特网被认为是未来全球信息高速公路的雏形。

3.因特网的未来

从目前的情况来看,因特网市场仍具有巨大的发展潜力,在未来,其应用将涵盖从办公室共享信息到市场营销、服务等广泛的领域,从有线网络延伸到无线网络,从基础网络延伸到智能网络。另外,因特网带来的电子贸易正改变着现今商业活动的传统模式,其提供的方便而广泛的互联必将对未来社会生活的各个方面带来影响。

此外,随着语义网和人工智能技术的不断发展以及个性化搜索引擎的不断应用,未来的因特网必将是一个无微不至的智能化网络,它能够分担人类的许多工作,并对整个社会产生积极而深远的影响。

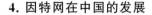

4. 因特网在中国的发展

因特网在我国的发展经历了两个阶段：第一阶段是 1987—1993 年，这一阶段实际上只有少数高等院校、研究机构提供了因特网的电子邮件服务，还谈不上真正的因特网；第二阶段从 1994 年开始，实现了和因特网的 TCP/IP 连接，从而开通了因特网的全功能服务。根据国务院当时的规定，有权直接与因特网连接的网络有 4 个：中国科技网（CSTNET）、中国教育科研网（CERNET）、中国公用计算机互联网（ChinaNet）、中国金桥信息网（ChinaGBN）。

CSTNET 包括中国科学院北京地区已经入网的 30 多个研究所和全国 24 个城市的学术机构，并连接了中国科学院以外的一批科研院所和科技单位，是一个面向科技用户、科技管理部门及与科技有关的政府部门的全国性网络。

CERNET 是一个全国性的教育科研计算机网络，把全国大部分高等学校和中小学连接起来，推动这些学校校园网的建设和信息资源的交流共享，从而极大地改善我国大中小学教育和科研的基础环境，推动我国教育和科研事业的发展。CERNET 网络由 3 级组成：主干网、地区网和校园网。其网控中心设在清华大学，地区网络中心分别设在北京、上海、南京、西安、广州、武汉、沈阳和成都。

ChinaNet 是由原邮电部建设的，主要用于民用和商用，该网络目前已覆盖了全国所有省市。ChinaNet 使用 TCP/IP，通过高速数据专线实现国内各节点互联，拥有国际专线，是因特网的一部分。用户可以通过电话网、综合业务数据网、数字数据网等其他公用网络，以拨号或专线的方式接入 ChinaNet，并使用 ChinaNet 上开放的网络浏览、电子邮件、信息服务等多种业务。

ChinaGBN 由原电子工业部管理，它以卫星综合数字业务网为基础，以光纤、微波、无线移动等方式形成天地一体的网络结构。它是一个把国务院及各部委专用网络与各大省市自治区、大中型企业以及国家重点工程连接起来的国家经济信息网。

中国的网络地理域名为 cn。目前，因特网已经发展成为中国影响最广、增长最快、市场潜力最大的产业之一，正在以超出人们想象的深度和广度迅速发展。截至 2022 年 12 月，我国网民规模达 10.67 亿人，较 2021 年 12 月增长 3549 万人，互联网普及率达到 75.6%。我国网民规模继续保持平稳增长，因特网模式不断创新，线上线下服务融合加速，公共服务线上化步伐加快，成为网民规模增长的推动力。

7.1.3 因特网的主要特点

因特网是由许许多多属于不同国家、部门和机构的网络互联起来的网络，任何运行因特网协议并且愿意接入因特网的网络都可以成为因特网的一部分。加入因特网的用户可以共享因特网的资源，用户自身的资源也可向因特网开放。因特网的主要特点如下。

（1）灵活多样的入网方式。这是因特网获得高速发展的重要因素。TCP/IP 成功解决了不同硬件平台、网络产品、操作系统的兼容性问题，成为计算机通信方面实际上的国际标准。任何计算机，只要采用 TCP/IP 与因特网上的任何一个节点相连，就可成为因特网的一部分。

（2）网络信息服务的灵活性。因特网采用分布式网络中最为流行的客户/服务器模式，用户通过自己计算机上的客户程序发出请求，就可与装有相应服务程序的主机进行通信，大大提高了网络信息服务的灵活性。

(3) 集成了多种信息技术。因特网将网络技术、多媒体技术以及超文本技术融为一体,体现了现代多种信息技术互相融合的发展趋势,为各个领域提供了新的技术手段,真正发挥了网络应有的作用。

(4) 收费合理,入网方便。因特网服务收费较低,低收费策略可以吸引更多的用户使用因特网,从而形成良性循环。另外,接入因特网十分方便。不论在任何地方,只要通过电话线就可将普通计算机接入因特网。

(5) 信息资源丰富。因特网具有极为丰富的免费信息资源,已成为全球通用的信息网络,绝大多数 Gopher 服务器、WAIS 服务器、Archie 服务器和 WWW 服务器都是免费的,向用户提供了大量信息资源。另外,还有许多免费的 FTP 服务器和 Telnet 服务器。

(6) 服务功能完善,简便易用。因特网具有丰富的信息搜索功能和友好的用户界面,操作简便,用户无须掌握更多的计算机专业知识就可方便地使用因特网的各项服务功能。

7.1.4 域名系统

1. 域名系统概述

DNS 是因特网的一项核心服务,它作为可以将域名和 IP 地址相互映射的一个分布式数据库,使用户能够更方便地访问因特网,而不用记住能够被计算机直接读取的 IP 地址。

在网络通信中,如果计算机要相互通信,就必须知道对方的 IP 地址。但是,由于 IP 地址由一系列的数字构成,不太适合人们的输入。为了便于用户记忆,因特网引进了 DNS。当用户输入某个域名时,这个信息首先到达域名服务器,再由它将此域名解析为相应网站的 IP 地址。

例如,搜狐的 IP 地址是 220.181.118.87,其对应的域名是 www.sohu.com。不管用户在浏览器中输入的是 220.181.118.87 还是 www.sohu.com,都可以访问其 Web 网站。

域名解析的过程是:当计算机 a 向其域名服务器 A 发出域名解析请求时,如果 A 可以解析该域名,则将解析结果发送给 a,否则 A 将向其上级域名服务器 B 发出解析请求;如果 B 能解析,则将解析结果发送给 a,否则 B 将请求发给其上级域名服务器 C;以此类推,直至得到解析结果为止。具体的解析过程将在后面介绍。

2. 域名系统的结构

因特网的域名系统是一个树形结构。在域名系统中,域名由若干分量组成,各分量分别代表不同级别的域名,分量之间用点隔开,如图 7-2 所示。

图 7-2　域名结构

顶级域名有如下 3 类。

(1) 国家顶级域名。例如,cn 表示中国,uk 表示英国,fr 表示法国,jp 表示日本,br 表示巴西,ca 表示加拿大。现在使用的国家顶级域名有 200 多个。

（2）国际顶级域名 int。国际性的组织可在 int 下注册。不过为了注册方便，多数的国际组织一般使用普通非营利团体可登记的 org 域名或本部所在地的国家顶级域名。

（3）通用顶级域名。现在共有 13 个，如表 7-1 所示。

表 7-1　通用顶级域名

域名	组织类型	域名	组织类型
com	商业机构	firm	公司企业
edu	教育部门	shop	销售公司与企业
gov	政府部门	web	万维网服务机构
org	非商业组织	arts	文化艺术机构
net	网络服务机构	rec	消遣娱乐机构
mil	美国军队组织	info	提供信息服务的机构
nom	个人		

例如，在域名 www.sina.com.cn 中，sina 为三级域名，即组织机构名，是本系统、单位或机构的软硬件平台的名称；com 为二级域名，代表部门系统或隶属一级区域的下级机构；cn 为顶级域名，代表某个国家、地区或大型机构。

此外，值得注意的是，从 2014 年开始，全球陆续有 1000 多个新域名面世。其中，注册总量位列前三甲的是 top（代表顶级、突破），xyz（代表创意、创新、三维空间、无极限）和 loan（代表贷款）。图 7-3 显示了因特网的域名空间。

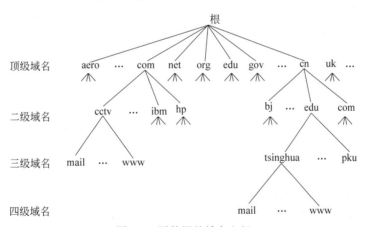

图 7-3　因特网的域名空间

3. 我国的域名管理

中国互联网信息中心（china internet network information center，CNNIC）是我国域名注册管理机构和域名根服务器运行机构，负责运行和管理国家顶级域名 cn、中文域名系统，以专业技术为全球用户提供不间断的域名注册、域名解析和 whois 查询等服务。它将 cn 域名划分为多个二级域名。

4. 域名的申请

每个单位或个人都可以申请属于自己的独一无二的域名。域名遵循先申请先注册原则。为了保证网络安全有序,建立网站后,要为其绑定一个全球独一无二的域名或访问地址,并且必须向全球统一的域名管理机构或组织提出申请,在注册或者备案后方可使用。

由于域名是网站必不可少的标识,并且域名可用于网站访问、电子邮箱、品牌保护等用途,所以有很多企业或个人申请域名。申请域名时,一般包含以下几步。

(1) 准备好公司或个人的相关资料。

(2) 寻找域名注册网站。

(3) 在域名注册网站注册用户账号,并查询要申请的域名。

(4) 正式注册域名并缴纳年费。

图 7-4 显示了域名的公共查询工具。

5. 域名系统的解析过程

域名系统所提供的服务是将主机名和域名转换为 IP 地址,它的基本工作原理可用图 7-5 来表示。

图 7-4　域名的公共查询工具

图 7-5　域名系统工作原理

例如,当计算机 A 需要与计算机 B 通信时,A 需要知道 B 的 IP 地址。为了得到 IP 地址,就必须使用因特网的域名服务器。具体的解析过程如下。

(1) A 提出域名解析请求,查找本地 HOST 文件后,将该请求发送给本地的域名服务器。

(2) 当本地的域名服务器收到请求后,就先查询本地 DNS 缓存。如果有该记录项,则本地的域名服务器就直接把查询的结果返回给 A。

(3) 如果本地 DNS 缓存中没有该记录,则本地域名服务器就直接把请求发送给根域名服务器,根域名服务器再返回给本地域名服务器一个负责该查询域(为根的子域)的主域名服务器的地址。

(4) 本地服务器再向返回的域名服务器发送请求。收到请求的域名服务器查询自己的 DNS 缓存,如果没有该记录,则返回相关的下级域名服务器的地址。

(5) 重复第(4)步,直到获得解析结果。

(6) 本地域名服务器把返回的解析结果保存到 DNS 缓存中,以备下一次使用,同时将解析结果返回给 A。

为了提高域名查询效率,并减轻服务器的负荷和减少因特网上的域名查询报文数量,在域名服务器中广泛使用了 DNS 缓存,用来存放最近查询过的域名以及从何处获得域名映射信息的记录。

7.2　使用因特网

因特网是一个涵盖极广的信息库,它存储的信息以商业、科技、时政和娱乐信息为主。除此之外,因特网还是一个覆盖全球的信息中心,用户通过它可以了解来自世界各地的信息,进行移动办公,收发电子邮件,和朋友聊天,网上购物,观看影片,阅读网上杂志,网上炒股,网上发帖子,还可以聆听音乐会以及观看精彩的体育比赛。

7.2.1　WWW 服务

因特网最热门的服务之一就是万维网(World Wide Web)服务,WWW 也被称为 Web,已经成为很多人在网上查找、浏览信息的主要手段。WWW 是一种交互式图形界面的因特网服务,具有强大的信息连接功能。它使得成千上万的用户通过简单的图形界面就可以访问各个大学、组织、公司等的最新信息和各种服务。

1. WWW 概述

WWW 拥有图形用户界面,使用超文本结构链接。WWW 是目前因特网上最方便、最受用户欢迎的信息服务类型,影响力已远远超出计算机领域,进入广告、新闻、销售、电子商务与信息服务等各个行业。因特网的很多其他功能,如 E-mail、FTP、USENET、BBS、WAIS 等,都可通过 WWW 方便地实现。WWW 的出现使因特网从仅供少数计算机专家使用变为普通大众也能利用的信息资源,它是因特网发展中一个非常重要的里程碑。

超文本文件由超文本标记语言(hypertext markup language,HTML)写成,该语言是欧洲粒子物理实验室(european organization for nuclear research,CERN)提出的 WWW 描述语言。WWW 文本不仅含有文本和图像,还含有作为超链接的词、词组、句子、图像和图标等。这些超链接通过颜色和字体的改变与普通文本区别开来,含有指向其他因特网信息的URL。将鼠标指针移到超链接上单击,Web 就根据超链接所指向的 URL 跳到不同站点、不同文件。链接同样可以指向声音、影像等多媒体,超文本与多媒体一起构成了超媒体(hypermedia),因而 WWW 是一个分布式的超媒体系统。目前最新的 HTML 语言是HTML5,它功能强大,特别适合移动网站的开发。

2. WWW 的组成

WWW 由 3 部分组成:浏览器、Web 服务器和超文本传送协议。浏览器向 Web 服务器发出请求,Web 服务器向浏览器返回其所需的 WWW 文档,然后浏览器解释该文档并按照一定的格式将其显示在屏幕上。浏览器与 Web 服务器使用 HTTP 互相通信。为了获得用户所要求的万维网文档,浏览器发出的请求采用 URL 形式描述。

1) 浏览器

浏览器是用户最常用的客户端程序,它可以显示网页服务器或者文件系统的 HTML文件内容,并让用户与这些文件交互的一种软件。用户可以使用浏览器来观看存储在因特网或局域网内的文字、图像及其他信息。

目前常见的浏览器有 QQ 浏览器、Internet Explorer、Firefox、Safari、Opera、谷歌浏览

器、百度浏览器、搜狗浏览器、猎豹浏览器、360 浏览器等。图 7-6 显示了浏览器界面。

图 7-6   浏览器界面

2）Web 服务器

Web 服务器是指计算机和运行在它上面的服务器软件的总和。Web 服务器不仅能够存储信息，还能够在用户通过由浏览器提供的信息的基础上运行脚本和程序。它还可以驻留于各种类型的计算机中，包括常见的 PC、巨型的 UNIX 网络以及其他各种类型的计算机。

通过 Web 服务器，用户就可以实现对在万维网中存储的资源的访问。

图 7-7 显示了 Web 服务器的工作方式。

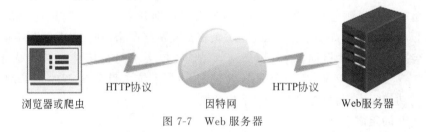

图 7-7   Web 服务器

3）URL 与 HTTP

HTML 的超链接使用统一资源定位器(uniform resource locators，URL)来定位信息资源所在位置。URL 描述了浏览器检索资源所用的协议、资源所在计算机的主机名以及资源的路径与文件名。Web 中的每一页以及每一页中的每个元素(图形、文字或帧)也都有自己唯一的地址。在 URL 的实现中，采用绝对 URL 和相对 URL 的方式来定位文档的路径。

标准的 URL 结构如下。

协议://用户名:密码@ 子域名.域名.顶级域名:端口号/目录/文件名

例如：

```
http://sports.sina.com.cn/index1.shtml
```

其中，http 表示使用 HTTP 访问该资源。这个例子表示用户要连接到名为 www.sina.com.cn 的主机上，并采用 HTTP 方式读取名为 index1.shtml 的超文本文件。表 7-2 显示了 URL 的常见协议。

表 7-2　URL 的常见协议

协 议 名	说 明
http	超文本传输协议
https	用安全套接字层传送的超文本传输协议
ftp	文件传输协议
mailto	电子邮件地址
ldap	轻型目录访问协议搜索
file	本地主机或网上分享的文件
news	Usenet 新闻组
gopher	Gopher 协议
telnet	Telnet 协议

综上所述，URL 是在一个计算机网络中用来标识、定位某个主页地址的文本。简单地说，URL 提供主页的定位信息，用户可以在浏览器中输入相应的 URL 来打开对应的网页。

值得注意的是，因特网采用超文本和超媒体的信息组织方式，将信息的链接扩展到整个因特网上。目前，用户利用 WWW 不仅能访问 Web 服务器的信息，而且可以访问 Gopher、WAIS、FTP、E-mail 等网络服务。因此，它已经成为因特网上应用最广和最有前途的访问工具，并在商业领域发挥着越来越重要的作用。

HTTP 是 Web 客户机与 Web 服务器之间的应用层传输协议。HTTP 是用于分布式协作超文本信息系统的、通用的、面向对象的协议，它可以用于域名服务或分布式面向对象系统。HTTP 是基于 TCP/IP 的协议。HTTP 会话过程包括 4 个步骤：连接（connection）、请求（request）、应答（response）、关闭（close）。当用户通过 URL 请求一个 Web 页面时，在域名服务器的帮助下获得要访问主机的 IP 地址，浏览器与 Web 服务器建立 TCP 连接，使用默认端口 80。浏览器通过 TCP 连接发出一个 HTTP 请求消息给 Web 服务器，该 HTTP 请求消息包含了用户所要的页面信息。Web 服务器收到请求后，将请求的页面包含在一个 HTTP 响应消息中，并向浏览器返回该响应消息。浏览器收到该响应消息后释放 TCP 连接，解析该超文本文件，并将其显示在指定窗口中。

7.2.2　FTP 服务

1. FTP 的概念

因特网中有丰富的资源可供浏览者下载使用。文件传输协议（file transfer protocol，FTP），可用于管理计算机之间的文件传送。FTP 服务基于 TCP 的连接，端口号为 21。若想获取 FTP 服务器的资源，需要拥有该主机的 IP 地址（主机域名）、账号、密码。但许多

FTP 服务器允许用户匿名登录,口令任意,一般为电子邮件地址。

FTP 可以实现文件传输的以下两种功能:

(1) 下载(download)。从远程主机向本地主机复制文件。

(2) 上传(upload)。从本地主机向远程主机复制文件。

一般来说,用户联网的首要目的就是实现信息共享,文件传输是信息共享非常重要的内容之一。因特网发展的早期,实现文件传输并不是一件容易的事。众所周知,因特网是一个非常复杂的计算机环境,有 PC、工作站、大型机等,据统计,连接在因特网上的计算机已有上亿台,而这些计算机可能运行不同的操作系统,有运行 UNIX 的服务器,也有运行 Windows 的 PC 和运行 macOS 的苹果机等,而各种操作系统的文件结构各不相同。要解决这种异种机和异种操作系统之间的文件交流问题,需要建立一个统一的文件传输协议,这就是 FTP。基于不同的操作系统,有不同的 FTP 应用程序,而所有这些应用程序都遵守同一种协议,这样用户就可以把自己的文件传送给别人,或者从其他用户那里获得文件。

因特网由于采用了 TCP/IP 作为基本协议,所以在因特网中无论两台计算机在地理位置上相距多远,只要它们都支持 FTP,它们之间就可以随时相互传送文件。这样不仅可以节省实时联机的通信费用,而且可以方便地阅读与处理传输来的文件。更加重要的是,因特网上许多公司、大学的主机中含有数量众多的公开发行的各种程序与文件,这是因特网上巨大而宝贵的信息资源。利用 FTP 服务,用户就可以方便地访问这些信息资源。图 7-8 描述了 FTP 模型。

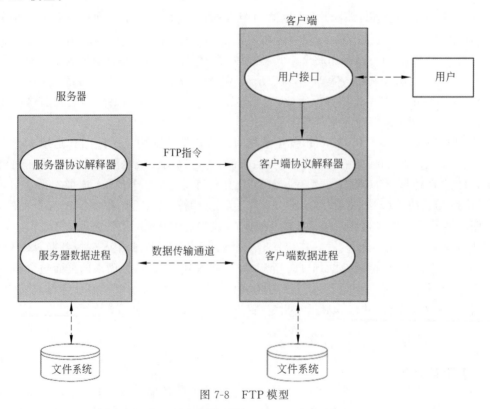

图 7-8   FTP 模型

2. FTP 文件的传输方式

文件传送服务是一种实时的联机服务。在进行文件传送服务时,首先要登录到对方的计算机上,登录后只可以进行与文件查询、文件传输相关的操作。

使用 FTP 可以传送多种类型的文件,如文本文件、二进制可执行程序、声音文件、图像文件与数据压缩文件等。

尽管计算机厂商采用了多种形式存储文件,但文件传输只有两种模式:文本模式和二进制模式。文本传输使用 ASCII 字符,并由回车键和换行符分开,而二进制不用转换或格式化就可传输字符。二进制模式比文本模式传输得更快,并且可以传输所有 ASCII 值,所以系统管理员一般将 FTP 设置成二进制模式。应注意在用 FTP 传输文件前,必须确保使用正确的传输模式,按文本模式传输二进制文件必将导致错误。

为了减少存储与传输的代价,通常大型文件(如大型数据库文件、讨论组文档、BSD UNIX 的全部源代码等)都是按压缩格式保存的。由于压缩文件也是按二进制模式来传送的,所以接收方需要根据文件的后缀来判断它是用哪一种压缩程序进行压缩的,在解压缩文件时就应选择相应的解压缩程序进行解压缩。

3. FTP 的应用

使用 FTP 的条件是用户计算机和向用户提供因特网服务的计算机能够支持 FTP 命令。UNIX 系统与其他的支持 TCP/IP 的软件都包含 FTP 实用程序。FTP 服务的使用方法很简单:启动 FTP 客户端程序,与远程主机建立连接,然后向远程主机发出传输命令;远程主机在接收命令后,就会立即返回响应,并完成文件的传输。

FTP 提供的命令十分丰富,涉及文件传输、文件管理、目录管理与连接管理等方面。根据用户所使用的账户不同,可将 FTP 服务分为以下两类:

(1) 普通 FTP 服务。

(2) 匿名 FTP 服务。

用户使用普通 FTP 服务时,必须建立与远程计算机之间的连接。为了实现 FTP 连接,首先要给出目的计算机的名称或地址。当连接到宿主机后,一般要进行登录,在检验用户 ID 和口令后,连接才得以建立,因此用户要在远程主机上建立一个账户。对于同一目录或文件,不同的用户拥有不同的权限,所以在使用 FTP 的过程中,如果发现不能下载或上传某些文件,一般是因为用户权限不够。但许多 FTP 服务器允许用户以 anonymous 用户名匿名登录,口令任意,一般为电子邮件地址。用自己的 E-mail 地址作为用户密码,匿名 FTP 服务器便可以允许这些用户登录到这台服务器,提供文件传输服务。如果是通过浏览器访问 FTP 服务器,则不用登录,就可访问提供给匿名用户的目录和文件。

图 7-9 描述了 FTP 服务器登录界面。

目前世界上有很多文件服务系统为用户提供公用软件、技术通报、项目研究报告等,这就使因特网成为目前世界上最大的软件与信息流通渠道。因特网是一个资源宝库,保存了很多共享软件、免费程序、学术文献、影像资料、图片、文字与动画,它们都允许用户使用 FTP 下载。然而,如果仅使用 FTP 服务,用户在文件下载到本地之前就无法了解文件的内容。为了克服这个缺点,人们越来越倾向于直接使用 WWW 浏览器搜索所需的文件,然后利用 WWW 浏览器支持的 FTP 功能下载文件。

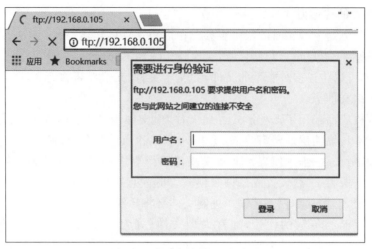

图 7-9　FTP 服务器登录界面

7.2.3　Telnet 服务

1. Telnet 的概念

Telnet(远程登录)是因特网远程登录服务的标准协议和主要方式,它是基于 TCP/IP 的典型应用。Telnet 允许用户从本地计算机登录到远程服务器,同时也是常用的远程控制 Web 服务器的方法。

一旦 Telnet 连接成功,用户就可以远程操作服务器,如写入数据或运行软件,就好像使用本地的计算机一样。

连接 Telnet 一般需要用户的账号和密码,此外,本地计算机上还必须装有包含 Telnet 协议的客户程序,必须知道远程主机的 IP 地址或域名。图 7-10 描述了 Telnet 的登录界面。

图 7-10　Telnet 的登录界面

一般来说,Telnet 登录时有以下几个主要步骤。

(1) 本地计算机与远程主机建立连接。

（2）将本地计算机中输入的用户名和口令及以后输入的任何命令或字符以网络虚拟终端（net virtual terminal，NVT）格式传送到远程主机。

（3）将远程主机输出的 NVT 格式的数据转换为本地所接受的格式送回本地计算机。

（4）使用完成后，断开本次连接。

2. Telnet 的应用

Telnet 的主要应用是使本地计算机连接到远程的服务器上，因此在远程服务器上必须启动 Telnet 服务器，否则无法执行 Telnet 命令。此外，在本地计算机上可使用 Telnet 命令查看是否开启了 Telnet 服务，步骤如下。

（1）在 Windows 7 中选择"控制面板"→"程序和功能"命令，如图 7-11 所示。

图 7-11　选择"程序和功能"

（2）选择"打开或关闭 Windows 功能"，如图 7-12 所示。

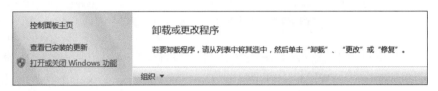

图 7-12　选择"打开或关闭 Windows 功能"

（3）在打开的面板中选中"Telnet 客户端"，如图 7-13 所示。

图 7-13　选中"Telnet 客户端"

（4）在 Windows 7 中打开 cmd 命令控制台，并输入命令 telnet，即可查看 Telnet 服务是否已开启，如图 7-14 所示。

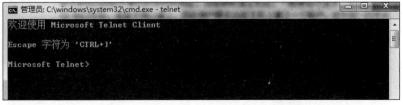

图 7-14　Telnet 服务器开启后的 cmd 界面

7.2.4 E-mail 服务

1. 电子邮件概述

电子邮件(electronic mail)简称为 E-mail,它是一种通过因特网与其他用户进行联系的快速、简便、价廉的现代化通信手段,也是互联网中最广泛的应用之一。电子邮件最早出现在 ARPANET 中,是传统邮件的电子化。它建立在 TCP/IP 的基础上,将数据在因特网上从一台计算机传送到另一台计算机。电子邮件可以将文字、图像、语音等多种类型的信息集成在一个邮件中传送,因此它已经成为多媒体信息传送的重要手段。

一个电子邮件系统主要由 3 部分组成:用户代理(user agent)、邮件服务器和电子邮件使用的协议,如图 7-15 所示。

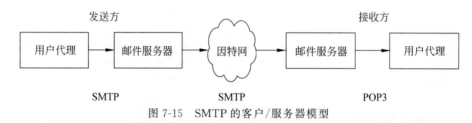

图 7-15 SMTP 的客户/服务器模型

用户代理是用户和电子邮件系统的接口,也叫邮件客户端软件,如 UNIX 平台上的 mail、Netscape Navigator,Windows 平台上的 Outlook Express、Foxmail 等,它让用户通过一个友好的接口来发送和接收邮件。用户代理应具有编辑、发送、接收、阅读、打印、删除邮件的功能。

邮件服务器是电子邮件系统的核心构件,其功能是发送和接收邮件,还要向发送方报告邮件传送的情况。邮件服务器常用的协议有以下 3 个:SMTP、POP3 和 IMAP。其中,SMTP 用于发送邮件,它采用客户/服务器结构,通过建立 SMTP 客户端与远程主机上的 SMTP 服务器间的连接来传送电子邮件;邮局协议 POP3 用于接收电子邮件,可以保证不同类型的计算机之间电子邮件的传送;IMAP 协议是 POP3 的一种替代协议,提供了邮件检索和邮件处理的新功能。POP3 主要用于 PC 从邮件服务器中取回等待的电子邮件。当报文在因特网中传输时,各个主机使用了标准 TCP/IP;但当报文从邮件服务器发往用户的 PC 时,使用的是 POP3。基于 POP3 的用户代理具有以下优点:首先,邮件被直接发送到用户的计算机上,可以少占服务器的磁盘空间;其次,用户可以完全控制自己的电子邮件,可以把邮件作为一般文件进行存储;最后,可以利用用户计算机的特点,使用图形界面收发邮件软件,操作方便。

由于电子邮件采用存储转发的方式,因此用户可以不受时间、地点的限制来收发邮件。传统的电子邮件只能传送文字,目前开发的多用途因特网电子邮件系统已经将语音、图像结合到电子邮件中,使之成为多媒体信息传输的重要手段。

2. 电子邮件的格式与应用

1) 电子邮件的格式

电子邮件地址的格式为 USER@域名。第一部分 USER 代表用户信箱的账号,对于同一个邮件接收服务器来说,这个账号必须是唯一的;第二部分@是分隔符;第三部分"域名"

表示的是用户信箱的邮件接收服务器域名,用以标志其所在的位置。例如邮件地址为 hyzhy@sina.com.cn,则 hyzhy 代表用户账号,sina.com.cn 代表该域名服务器的名称。

2) 电子邮件的应用

当用户在网站中申请了一个用户邮箱账号后,就可以在任何时间和地点使用该账号来发送和接收电子邮件。图 7-16 显示了在新浪邮箱中书写邮件。图 7-17 显示了发送邮件。

图 7-16　书写邮件

图 7-17　发送邮件

7.2.5　BBS

1. BBS 的概念

BBS 即 bulletin board system,中文是“电子公告板”。它是一种交互性强、内容丰富而及时的因特网电子信息服务系统。

BBS 最初是为了给计算机爱好者提供一个互相交流的地方。20 世纪 70 年代后期,计算机用户数目很少,而且用户之间相距很远。因此,BBS(当时全世界一共不到 100 个站点)提供了一个简单、方便的交流方式,用户通过 BBS 可以交换软件和信息。如今,BBS 的用户已经扩展到各行各业,除原先的计算机爱好者外,商用 BBS 操作者、环境组织、宗教组织及其他利益团体也加入了这个行列。只要浏览一下世界各地的 BBS,就会发现它几乎就像地方电视台一样,花样非常多。目前国内的 BBS 已经十分普遍,大致可以分为以下 5 类。

(1) 校园 BBS。自 CERNET 建立以来,校园 BBS 得到了快速发展,目前很多大学都有了 BBS。清华大学、北京大学、南开大学、浙江大学等都建立了自己的 BBS,其中清华大学的"水木清华"站点很受学生和网民的喜爱。在校园 BBS 中,大多数 BBS 是由各校的网络中心建立的,也有私人性质的 BBS。

(2) 商业和综合 BBS。商业 BBS 主要进行商业宣传、产品推荐等,目前手机的商业站、计算机的商业站、房地产的商业站比比皆是。国内较出名的综合 BBS 有西祠胡同、天涯论坛、网易社区、新浪主题社区、搜狐社区、强国论坛等。

(3) 专业 BBS。指国家部委和公司的 BBS,主要用于建立地域性的文件传输和信息发布系统。

(4) 情感 BBS。主要用于交流情感,是许多娱乐网站的首选。

(5) 个人 BBS。有些个人在自己的个人主页上建立了 BBS,用于发布观点,接收别人的观众,有利于与好友进行沟通。

2. BBS 的应用

任何浏览者都可以访问网上的 BBS,但是有不同的权限。注册用户可以访问任意页面,并且可以发表留言;而未注册的游客只能浏览,不能发表言论。

图 7-18 显示了以游客身份访问北大未名 BBS 的界面。该论坛的网址为 https://bbs.pku.edu.cn/v2/home.php。

图 7-18 访问北大未名 BBS 论坛

7.2.6　博客与微博

1. 博客

博客是一个外来词汇,英文为 Blogger,中文叫作网络日记。博客是一种新的网络交流方式,它是指用户在网络上的特定空间发表个人文章或个人图片。博客是网络时代的"个人日记",它代表人们的一种新的生活方式和工作方式,是人们在网络中展示自我的平台。目前博客一般分为以下两类。

(1)个人博客。以发布个人观点和评论文章为主,一般传播圈子较小,局限于亲朋好友或同学、同事间,被大众广泛关注的明星博客除外。

(2)企业博客。以公关和营销传播为核心,常见有企业高管博客和企业产品推广博客等。企业博客一般访问量较大。

2. 微博

微博是微型博客的简称,它是博客发展的新阶段,也是一种通过关注机制分享简短、实时信息的广播式社交网络平台。借助这个平台,可以让信息更快地在互联网中传输。

与博客不同的是,微博更注重时效性和随意性,也更能表达每时每刻的思想和最新动态。微博有 140 个字的长度限制,因此在微博上发布的文章内容更简洁,发表频率更快,原创性文章也更多。例如,博客一周发表两篇文章,而微博则可以每天发表一篇或多篇。与博客相比,目前微博的使用者更多。

3. 博客与微博的应用

目前,互联网中微博比博客应用得更加广泛,主要是得益于微博网站的即时通信功能。常见的博客网站有搜狐博客、网易博客、新浪博客、天涯博客等,常见的微博网站有新浪微博、搜狐微博、网易微博等。图 7-19 为新浪博客,网址为 http://blog.sina.com.cn/。图 7-20 为新浪微博,网址为 https://weibo.com。

图 7-19　新浪博客

图 7-20　新浪微博

7.3　因特网与搜索引擎

7.3.1　搜索引擎概述

1. 搜索引擎的概念

搜索引擎出现在因特网发展的初期。当时受到各种因素的限制,因特网技术还不成熟,网站较少,查找新闻比较容易。然而,随着因特网技术的飞速发展,特别是因特网应用的迅速普及,网站越来越多,并且每天全球因特网网页数目以千万级的数量增加。要在浩瀚的网络新闻中寻找需要的资料,无异于大海捞针。这时,能够满足人们新闻检索需求的搜索网站应运而生。

现在人们一般认为,可以获得网站、网页资料,能够建立数据库并提供查询的系统,都可以把它叫作搜索引擎。从本质上看,搜索引擎并不真正搜索互联网,它搜索的实际上是预先整理好的网页索引数据库。真正意义上的搜索引擎,通常指的是收集了因特网上几千万到几十亿个网页,并对网页中的每一个词(即关键词)进行索引,建立索引数据库的全文搜索引擎。当用户查找某个关键词的时候,所有在页面内容中包含了该关键词的网页都将作为搜索结果被搜出来,利用复杂的算法进行排序后,这些结果将按照与搜索关键词的相关度高低依次排列。

搜索引擎包括全文索引、目录索引、元搜索引擎、垂直搜索引擎、集合式搜索引擎、门户搜索引擎与免费链接列表等。

图 7-21 和图 7-22 为百度搜索引擎和谷歌搜索引擎的网站首页。

图 7-21　百度搜索引擎的网站首页

图 7-22　谷歌搜索引擎的网站首页

百度公司于 1999 年底成立于美国硅谷,百度的起名来自"众里寻他千百度"。百度是目前全球最优秀的中文信息检索与传递技术供应商,中国所有提供搜索引擎的门户网站中,80%以上由百度提供搜索引擎技术支持,现有客户包括新浪、Chinaren、腾讯、263、21cn 等。

Google 被公认为全球最大的搜索引擎,而且它在全球各种语言市场几乎都是第一。Google 的成功是一个奇迹,就像当年微软公司和戴尔公司的崛起一样。由于其搜索结果多而全,而且匹配度极高,Google 成立数年后,其搜索结果就被美国在线、雅虎和网景等著名门户网站采用。在随后的很长一段时间,雅虎搜索引擎排名结果都是来自 Google,直到 2003 年。现在的新浪搜索引擎排名结果也是出自 Google 中文搜索。

2. 搜索引擎的发展趋势

一个好的搜索引擎,不仅数据库容量要大,更新频率、检索速度要快,支持对多语言的搜索,而且随着数据库容量的不断膨胀,还要能从庞大的数据库中精确地找到正确的资料。从目前看来,搜索引擎存在如下的发展趋势。

(1) 智能搜索引擎的发展。为了提高搜索引擎对用户检索提问的理解水平,以及更好地检索出用户需要的结果,就必须有一个好的检索系统。为了克服关键词检索和目录查询的缺点,现在已经出现了自然语言智能答询。用户可以输入简单的疑问句,例如"如何选购儿童玩具",搜索引擎在对提问进行结构和内容的分析之后,或者直接给出答案,或者引导用户从几个可选择的问题中进行再选择。自然语言的优势在于,一是使网络交流更加人性化,二是使查询变得更加方便、直接、有效。就以上面的例子来讲,如果用关键词查询,多半人会用"儿童玩具"这个词来检索,结果中必然包括各类儿童玩具的介绍、儿童玩具的生产商等许多信息,而用"如何正确选购儿童玩具"检索,搜索引擎会将怎样选择儿童玩具的信息提供给用户,提高了检索效率。

(2) 垂直主题搜索引擎有着极大的发展空间。网上的信息浩如烟海,网络资源以惊人的速度增长,一个搜索引擎很难收集到所有主题的网络信息。即使信息主题收集得比较全面,由于主题范围太宽,很难将各主题都做得精确而又专业,使得检索结果垃圾太多。这样,垂直主题的搜索引擎以其高度的目标化和专业化在各类搜索引擎中占据了一席之地。目前,一些主要的搜索引擎都提供了新闻、MP3、图片、Flash 等内容的搜索,加强了检索的针对性。

(3) 元搜索引擎快速发展。现在的搜索引擎,其收集信息的范围、索引方法、排名规则等都各不相同,每个搜索引擎平均只能涉及整个 Web 资源的 30%~50%,这就导致同一个搜索请求在不同搜索引擎中获得的查询结果的重复率不足 34%,而每一个搜索引擎的查准率不到 45%。元搜索引擎(meta search engine)是将用户提交的检索请求发送到多个独立的搜索引擎进行搜索,并将检索结果集中统一处理,以统一的格式提供给用户,因此有搜索引擎之上的搜索引擎之称。它的主要精力放在提高搜索速度、智能化处理搜索结果、个性化搜索功能的设置和用户检索界面的友好性上,查全率和查准率都比较高。

3. 搜索引擎分类

搜索引擎可以分为以下 3 类。

(1) 全文搜索引擎。这是名副其实的搜索引擎,是目前广泛应用的主流搜索引擎。国外具有代表性的全文搜索引擎有 Google、Yahoo!,国内比较著名的全文搜索引擎有百度等。它们都是通过从互联网上提取各种完整的信息建立数据库,再从这个数据库中检索与用户查询条件相匹配的相关记录,最后按照一定的排列顺序返回给用户。这个过程类似于通过字典中的检字表查字的过程。全文搜索引擎的主要优点是信息量大,更新及时,面向具体网页内容,适合模糊搜索。

(2) 目录搜索引擎。这种搜索引擎虽然有搜索功能,但在严格意义上算不上是真正的搜索引擎,仅仅是按目录分类的网站链接列表而已。用户完全可以不用进行关键词查询,仅靠分类目录也可找到需要的信息。目录搜索引擎以人工方式或半自动方式搜集信息,由编辑员查看信息之后,人工形成信息摘要,并将信息置于事先确定的分类框架中。信息大多面向网站,提供目录浏览服务和直接检索服务。

(3) 元搜索引擎。这种搜索引擎在接受用户查询请求的时候,会同时在其他多个搜索引擎上进行搜索,并将结果返回给用户。著名的元搜索引擎有 Dogpile、Vivisimo 等。在搜索结果排列方面,有的直接按照来源排列搜索结果,例如 Dogpile;有的则按照自定的规则将结果重新排列组合后给用户,例如 Vivisimo。

7.3.2　搜索引擎的基本原理

搜索引擎的工作主要包括以下 3 个过程:首先在互联网中发现、搜集网页信息;其次对信息进行提取和组织,建立索引库;最后由检索器根据用户输入的查询关键词在索引库中快速检出文档,进行文档与查询的相关度评价,并对将要输出的结果进行排序,将查询结果返回给用户。归纳起来,搜索引擎的工作由以下 3 步组成。

(1) 收集网页数据。

(2) 建立索引数据库。

(3) 查询并输出结果。

搜索引擎主要由搜索器、索引器、检索器、用户接口等几个部分组成。

搜索引擎的各组成部分功能如下:

(1) 搜索器:用于在互联网中发现和搜集各种信息。

(2) 索引器:对搜索器中的信息进行理解,进而生成与文档对应的索引表。

(3) 检索器:根据浏览者的查询输出排序结果。

(4) 用户接口:与用户的交流界面。

由于引擎优化的主要任务是提高网站的搜索引擎友好性,因此,搜索引擎优化的每一个环节都会与搜索引擎工作流程存在必然的联系。研究搜索引擎优化实际上就是对搜索引擎工作过程进行逆向推理。要学习搜索引擎优化应该从了解搜索引擎的工作原理开始。图 7-23 显示了搜索引擎的工作原理。

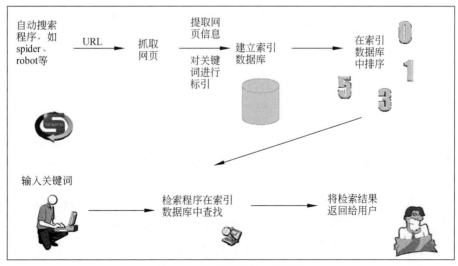

图 7-23　搜索引擎的工作原理

从图 7-23 可以看出,搜索引擎的工作过程主要有 Web 页面抓取与维护、页面分析、页面排序及关键字查询等。

(1) Web 页面抓取与维护。当浏览者在网页中输入想要查询的内容时,很快就能在搜索引擎中看到结果,这是因为搜索引擎提前就把这些东西抓到数据库中存储好了。在搜索引擎工作时主要是依靠网络爬虫来读取网页的内容。爬虫从初始页面开始,遵循一定的爬行策略在网络中访问相关页面,直到找到网页中的相关链接地址,然后通过这些链接地址寻找下一个网页,这样一直进行下去,直到把这个网站所有的网页都抓取完为止。如果把整个互联网当成一个网站,那么网络爬虫就可以用这个原理把互联网上所有的网页都抓取下来,被抓取的网页被称为网页快照。

(2) 页面分析。搜索引擎抓取网页后,首先对存储的原始页面中建立索引,过滤原始页面的标签信息,并提取网页中的正文信息。然后对正文信息进行切词,建立关键词索引,得到页面与关键词的对应关系。最后对所有关键词进行重组,建立关键词与页面的对应关系。

(3) 页面排序。用户向搜索引擎提交关键词查询信息以后,搜索引擎就在搜索结果页面返回与该关键词相关的页面列表,这些页面按照与关键词的相关程度由高至低的顺序排列。

(4) 关键字查询。在计算完所有页面的权重值后,搜索引擎就可以向用户提供信息查询服务。搜索引擎查询功能的实现非常复杂,用户返回结果的时间要求也非常高(通常是秒级),要在这么短的时间内完成这么复杂的计算是不现实的。所以,搜索引擎需要通过一套高效的机制处理来自用户的查询。这主要包括:在用户发出查询请求前就完成被查询关键词的反向索引、相关页面权重计算等工作;为那些查询最频繁的关键词对应的页面排序列表建立缓存机制。

7.3.3 搜索引擎的使用

搜索引擎可以帮助浏览者快速地在因特网中找到所需的资料,但是如果搜索不当,也会返回无关信息。因此在搜索信息时,可以使用一些技巧来快速地查找所需资料。

(1) 输入具体的关键词查找。关键词是用户在使用搜索引擎时输入的能够最确切地概括用户所要查找的信息内容的词。例如,浏览者在百度中输入"手机"即可查询到相关的页面,"手机"就是关键词。此外,关键词也可以是一句话,如搜索"重庆 8 月份平均温度"等。

(2) 使用多个关键词进行查找。如果要使搜索范围更加精确,可以使用多个关键词。例如,要搜索 2022 年卡塔尔世界杯的信息,可以输入两个关键词"卡塔尔"和"世界杯"。如果只输入其中一个关键词,那么搜索引擎有可能会返回一些无关信息。因此,浏览者提供的关键词越清晰,得到的查询结果也会越精确。

(3) 使用布尔运算符查找。搜索引擎允许浏览者使用布尔运算符 and 和 or。例如,如果想搜索所有至少包含"卡塔尔"和"世界杯"两个词之一的信息,可以在搜索引擎中输入以下关键词:"卡塔尔 or 世界杯",搜索结果如图 7-24 所示。

图 7-24 布尔组合搜索

7.4 本章小结

因特网是广域网的一个典型应用。它以 TCP/IP 协议为基础,将全世界的用户连接在一起。

因特网源自美国的 ARPANET。TCP/IP 广泛应用以后,因特网得到了快速发展。

因特网在我国的发展经历了两个阶段:第一阶段是 1987—1993 年;第二阶段从 1994 年开始,实现了和因特网的 TCP/IP 连接,从而开通了因特网的全功能服务。

域名系统是因特网的一项核心服务,它作为可以将域名和 IP 地址相互映射的一个分布式数据库,使人能够更方便地访问因特网,而不用记住能够被计算机直接读取的 IP 地址。

因特网中的服务主要包括 WWW、FTP、Telnet、电子邮件、BBS、博客与微博、搜索引擎等。

搜索引擎出现在因特网发展的初期。当时受到各种因素的限制,因特网技术还不成熟,网站较少,查找新闻比较容易。然而,随着因特网技术的飞速发展,特别是因特网应用的迅速普及,网站越来越多,搜索引擎技术也得到了飞速的发展。

7.5 实训

1. 实训目的

了解因特网的服务,掌握因特网的使用。

2. 实训内容

1)发送电子邮件

(1)登录新浪网站,申请免费的电子邮箱,如图 7-25 所示。

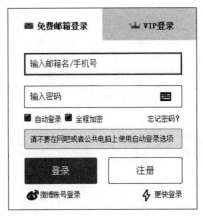

图 7-25 申请免费邮箱

(2)进入邮箱,书写并发送邮件,在附件中添加文件,如图 7-26 所示。

图 7-26 在邮箱中书写并发送邮件

2)访问 BBS

(1)登录水木社区 BBS,网址为 http://www.newsmth.net/,如图 7-27 所示。

图 7-27　水木社区 BBS 界面

（2）注册一个账号，或者使用游客身份在 BBS 中浏览或者留言，图 7-28 显示了游客进入水木社区 BBS。

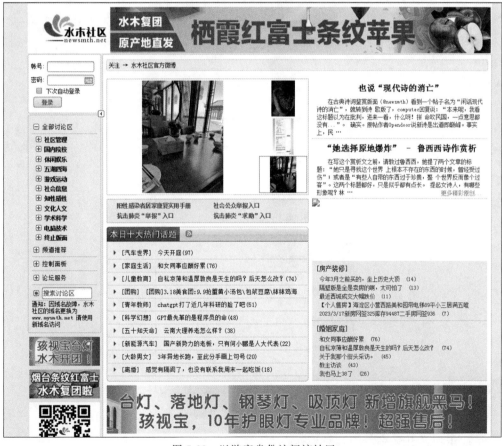

图 7-28　以游客身份访问该社区

3) 使用微博

(1) 登录新浪网站申请微博,网址为 https://weibo.com/,如图 7-29 所示。

图 7-29　申请微博

(2) 在微博中发博文,加好友,加关注,如图 7-30 和图 7-31 所示。

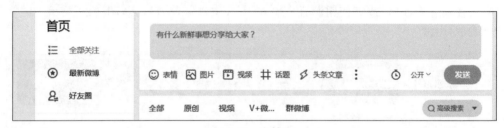

图 7-30　发博文

图 7-31　添加关注

4) 使用搜索引擎

用 3 个中文搜索引擎、2 个英文搜索引擎对关键词"外滩"进行检索,查看检索结果,并根据检索结果比较和分析这几个搜索引擎的共性与区别,如图 7-32 所示。

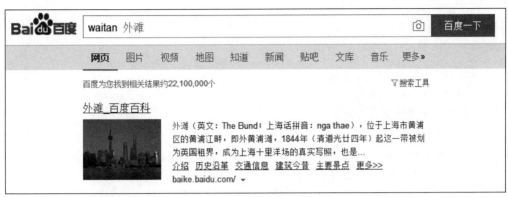

图 7-32　使用搜索引擎

5）掌握百度搜索引擎高级应用

　　进入百度，搜索到至少两个专利介绍网站，并搜索到一条关于手机防盗产品的专利技术，写出搜索步骤并截图，如图 7-33 所示。

图 7-33　搜索引擎的高级应用

习题 7

1. 因特网的定义是什么？
2. 简述因特网的发展史。
3. 简述因特网的主要特点。
4. 简述域名的特点。
5. 简述因特网的主要应用。
6. 什么是搜索引擎？它有什么特点？

第8章 计算机网络安全与应用

本章学习目标

- 了解计算机网络安全的定义。
- 了解计算机网络安全面临的威胁。
- 了解计算机病毒及分类。
- 掌握防火墙技术。
- 了解计算机杀毒软件。

本章先介绍计算机网络的安全隐患,再介绍计算机网络安全的定义及计算机病毒的分类和防范,接着介绍杀毒软件、防火墙技术,最后介绍加密技术。

8.1 计算机网络安全概述

8.1.1 计算机网络的安全隐患

随着计算机网络技术的不断发展,全球信息化对社会产生了巨大而深远的影响。但同时,由于计算机网络具有多样性、异构性、开放性、互联性等特征,致使计算机网络容易受到病毒、黑客、恶意软件等的攻击,使得网络安全和保密成为一个至关重要的问题。

网络面临的主要安全问题有以下几类。

(1) 系统漏洞。是指计算机系统在硬件、软件、协议的具体实现或系统安全策略上存在的缺陷和不足,又称为脆弱性。目前来看,几乎所有的操作系统都有系统漏洞。从应用目的来看,系统漏洞又大致可以分为网络安全漏洞和系统安全漏洞两种,其实,从计算机编程完成那一刻起,系统漏洞就产生了。

(2) 网络协议的缺陷。因特网的基础是 TCP/IP 协议簇,该协议簇在实际中力求效率,没有太多地考虑安全问题,因为那样无疑会增加代码量,降低 TCP/IP 的运行效率。所以,TCP/IP 本身在设计上就存在缺陷。

(3) 黑客攻击。是指利用系统漏洞或者通过其他手段进行的网络侵入、网络破坏或者网络窃听等行为,可以说,随着黑客手段的变化,其破坏性已经日益严重,甚至已经超过病毒的危害。

(4) 计算机病毒。它是专门用来破坏计算机正常工作的程序。它并不独立存在,而是寄生在其他程序之中,它具有隐蔽性、潜伏性、传染性和极大的破坏性。随着网络技术的不断发展、网络空间的广泛运用,病毒的种类急剧增加。其传播途径不仅包括硬盘和 U 盘等,还可以通过网络的电子邮件和下载软件传播。只要感染了病毒的计算机在运行过程中满足病毒设计者所预定的条件,计算机病毒便会发作,轻则造成速度减慢、显示异常、丢失文件,重则损坏硬件,造成系统瘫痪。

(5) 人员安全防护意识弱化。操作人员素质不高,工作责任心不强,缺乏安全防护意识,例如网络管理人员设置不当,造成人为泄密,或由网络应用升级不及时造成漏洞,随意使用安全性能不高的软件,随意将自己的账号转让他人使用,这些都为网络入侵制造了可乘之机,这些人为因素是无论多么精妙的安全策略和网络安全体系均无法防范和解决的。

（6）其他威胁。例如网络钓鱼、逻辑炸弹、内部/外部泄密、垃圾邮件攻击等。网络的开放性和防火墙技术的局限性都会给网络安全带来危害。随着计算机技术和网络技术的发展,网络信息面临越来越多的威胁,这些威胁概括起来主要有截获、中断、篡改、伪造等。

8.1.2 计算机网络安全的含义

1. 网络安全的定义

网络安全是指对网络系统的硬件、软件及其中的数据实施保护,使网络信息不因偶然或恶意攻击而遭到破坏、更改或泄露,并且保证网络系统连续、可靠、正常地运行,保证网络服务不中断。

网络安全的主要目标是保护网络上的数据和通信的安全。数据安全是指利用程序和工具阻止对数据进行非授权的泄露、转移、修改和破坏。通信安全是在通信过程中采用保密安全性及传输安全性措施,并按照要求对具备通信安全性的信息采取物理安全性措施。

2. 网络安全的基本特征

网络安全有以下 5 个基本特征。

（1）信息保密性。指信息不会泄露给未授权用户或被其非法访问或供其利用的特性,也就是保证只有授权用户可以访问数据,而限制未授权用户对数据的访问。信息保密性分为网络传输保密性和数据存储保密性。

（2）数据完整性。指数据未经授权不能被改变的特性,即数据在存储或传输过程中保持不被修改、损坏和丢失的特性。数据完整性的丧失直接影响到数据的可用性,这是网络安全的一个重要特征。

（3）可用性。指授权用户可以访问并按需求使用信息的特性,即授权用户在需要时能够正常使用其所需的信息。

（4）可控性。指数据拥有者对数据的传播及内容具有控制能力。

（5）可审查性。指出现了安全问题时能提供审查依据与手段。

8.1.3 计算机网络安全防护措施

计算机网络安全防护措施从技术上来说,主要由病毒防护、防火墙、入侵检测等多个安全组件组成,一个单独的安全组件无法确保网络信息的安全性。早期的网络防护的思路是：首先划分出网络边界,然后在网络边界对外网流入的信息利用各种控制方法进行检测,从而达到阻止攻击、入侵的目的。目前广泛应用的网络安全技术主要有防火墙技术、病毒防护技术、数据加密技术以及入侵检测技术等。下面对这些网络安全防护措施加以介绍。

1. 防火墙技术

防火墙是内部网络与外部网络之间的接口,其内部嵌入了保护内部网络计算机的安全策略。在实施安全策略之后,防火墙能够限制被保护的内网与外网之间的信息存取和交换操作,根据安全策略来控制出入网络的信息流,以决定网络之间的通信是否被允许,防止外部网络用户通过非法手段进入内部网络，以提高内部网络的安全性。防火墙是一种有效的防御工具，它使得本地系统和网络免受网络安全方面的威胁，同时也提供了通过广域网和互联网对外界进行访问的有效方式。

2. 病毒防护技术

病毒防护技术主要包括计算机病毒的预防、检测与清除。最理想的防御病毒攻击的方法就是预防，在第一时间阻止病毒进入系统。而有效地预防计算机病毒的措施实际上来自用户的行为，其方法有：在操作系统上安装防病毒软件，并定期对病毒库进行升级，及时为计算机安装最新的安全补丁，从网络上下载数据前先进行安全扫描，不要随意打开未知的邮件，定期备份数据等。一旦系统被病毒感染，就要立即对病毒进行检测和定位，然后确定病毒的类型。在确定了病毒的类型后，从受感染的程序或文件中清除所有的病毒并恢复到感染前的状态。如果成功检测到病毒但无法识别并清除该病毒，则必须删除受感染的文件，并导入未被感染文件的备份。

3. 数据加密技术

数据加密技术是指通过算法，使用可逆的转换将数据转换为不可识别的格式的过程。数据加密技术提高了网络中数据的安全性和保密性，是保障信息安全的主要技术措施之一。按作用不同，数据加密技术可以分为数据传输加密技术、数据存储加密技术、数据完整性鉴别技术以及密钥管理技术 4 种。

数据传输加密技术是对传输中的数据流加密，常用的方法有线路加密和端到端加密两种。数据存储加密技术是防止存储环节的数据泄密，分为密文存储和存取控制两种。数据完整性鉴别技术是对信息的传输、存取、处理用户的身份及相关内容进行验证，从而实现数据的安全保护，一般包括用户身份、密码、密钥等项的鉴别。密钥管理技术是在使用密钥对数据进行加密时各个环节所采取的保密措施，具体内容包括密钥的生成、存储、分配、更新及撤销等。

4. 入侵防御技术

入侵防御系统（intrusion prevention system，IPS）对网络及网络设备的传输行为进行实时监视，在检测到恶意行为时及时进行阻止。虽然入侵检测系统（intrusion detection system，IDS）可以监视网络传输并发出警报，但只能被动地检测网络遭到的攻击，而阻断攻击能力非常有限，不能及时地拦截攻击；而 IPS 则能够对所有的数据包进行检查，立即确定是允许还是禁止其访问。它是一种主动的、积极的入侵防范、阻止系统，当它检测到攻击企图时，会自动地将攻击包丢掉或采取措施将攻击源阻断。

IPS 能够识别事件的入侵、关联、冲击、方向并进行适当的分析，然后将合适的信息和命令传送给防火墙、交换机和其他网络设备，以降低该事件的风险。除了防御功能，IPS 还可以消除网络中格式不正确的数据包和非关键的任务应用，使网络的带宽得到保护。

8.2　计算机病毒及防范

8.2.1　计算机病毒概述

随着计算机网络的发展，计算机病毒对信息安全的威胁日益严重，各种计算机病毒的产生和全球性蔓延已经给计算机系统的安全造成了巨大的威胁和损害。

因此,一直以来人们都在进行反计算机病毒的研究。一方面要掌握对当前计算机病毒的防范措施;另一方面要加强对病毒未来发展趋势的研究,真正做到防患于未然。图8-1显示了计算机感染病毒的症状。

图 8-1 计算机感染病毒的症状

1. 计算机病毒的定义

计算机病毒与医学上的病毒不同,它不是天然存在的,而是某些人利用计算机软硬件固有的脆弱性编制的具有特殊功能的程序。由于它与医学上的病毒同样具有传染和破坏的特性,例如具有自我复制能力、很强的感染力、一定的潜伏性、特定的触发性和很大的破坏性等,因此由医学上的病毒概念引申出"计算机病毒"这一名词。

从广义上来说,凡是能够引起计算机故障,破坏计算机数据的程序都可称为计算机病毒。依据此定义,诸如逻辑炸弹、蠕虫等都可称为计算机病毒。1994年2月18日,我国正式颁布《计算机信息系统安全保护条例》,在条例第二十八条明确指出:"计算机病毒,是指编制或者在计算机程序中插入的破坏计算机功能或者毁坏数据,影响计算机使用,并能自我复制的一组计算机指令或者程序代码。"

2. 计算机病毒的特征

计算机病毒主要有以下几种特征。

(1)传染性。计算机病毒不但本身具有破坏性,更有害的是具有传染性。一旦病毒被复制或产生变种,其传染速度之快令人难以预防。

(2)寄生性。计算机病毒寄生在其他程序中。当执行这个程序时,病毒就起破坏作用;而在未启动这个程序之前,它是不易被人发觉的。

(3)潜伏性。有些病毒像定时炸弹一样,它的发作时间是预先设计好的。例如,"黑色星期五"病毒不到预定时间一点都觉察不出来,等到条件具备的时候立刻发作,对系统进行破坏。

(4)隐蔽性。计算机病毒具有很强的隐蔽性,有的可以通过病毒软件检查出来,有的根本就查不出来,有的时隐时现、变化无常,这类病毒处理起来通常很困难。

除了上述特点,计算机病毒还具有不可预见性、衍生性、针对性、欺骗性、持久性等特点。正是由于计算机病毒具有这些特点,所以计算机病毒的预防、检测与清除工作有很大的难度。

此外,随着计算机技术与黑客技术的不断发展,计算机病毒又出现一些新的特性。例如,利用微软公司的软件漏洞主动传播、在局域网内快速传播、以多种方式传播、大量消耗系统与网络资源、双程序结构、用即时工具传播、病毒与黑客技术融合、远程启动等,值得人们防范和研究。

8.2.2　计算机病毒的分类

计算机病毒可以按照不同的方式来划分。

1. 按破坏性分类

计算机病毒按破坏性可分为良性病毒和恶件病毒。

(1) 良性病毒。它并不破坏系统中的数据,而是干扰用户的正常工作,导致整个系统运行效率降低,系统可用内存总数减少,使某些应用程序不能运行。

(2) 恶性病毒。它发作时以各种形式破坏系统中的数据,如删除文件、修改数据、格式化硬盘或破坏计算机硬件。

2. 按传染方式分类

计算机病毒按传染方式可分为引导型病毒、文件型病毒和混合型病毒。

(1) 引导型病毒。将其自身或自身的一部分隐藏于系统的引导区中,系统启动时,病毒程序首先被运行,然后才执行系统的引导记录。

(2) 文件型病毒。一般传染磁盘上以 com、exe 或 sys 为扩展名的文件。在用户执行感染病毒的文件时,病毒首先被运行,然后病毒驻留内存,伺机传染其他文件或者直接传染其他文件。

(3) 混合型病毒。兼有以上两种病毒的特点,既传染引导区又传染文件。这样的病毒通常都具有复杂的算法,为了逃避跟踪,同时使用了加密和变形算法。

3. 按连接方式分类

计算机病毒按连接方式可以分为源码型病毒、入侵型病毒、操作系统型病毒、外壳型病毒。

(1) 源码型病毒。它攻击的对象是高级语言编写的源程序,在源程序编译之前将自身插入其中,并随源程序一起编译、连接成可执行文件。

(2) 入侵型病毒。它将自身连接到正常程序之中。这类病毒难以被发现,清除起来也较困难。

(3) 操作系统型病毒。它可以用其自身部分加入或替代操作系统的部分功能,使系统不能正常运行。

(4) 外壳型病毒。它将自身连接在正常程序的开头或结尾。

8.2.3　计算机病毒的防范

1. 防毒技术概述

从反病毒产品对计算机病毒的作用角度可以将防毒技术分为病毒预防技术、病毒检测技术及病毒清除技术。

1) 病毒预防技术

病毒预防技术就是通过一定的技术手段防止计算机病毒对系统的传染和破坏。实际上这是一种动态判定技术,即一种行为规则判定技术。也就是说,计算机病毒预防的基本思路是:首先对病毒的规则进行分类处理,而后在程序运行中,凡有类似的规则出现,则认定是计算机病毒。具体来说,计算机病毒的预防是通过阻止计算机病毒进入系统内存或阻止计算机病毒对磁盘的操作,尤其是写操作来实现的。病毒预防技术包括磁盘引导区保护、加密可执行程序、读写控制技术、系统监控技术等。例如,大家所熟悉的防病毒卡,其主要功能是对磁盘提供写保护,监视在计算机和驱动器之间产生的信号以及可能造成危害的写命令,并且判断磁盘当前所处的状态:哪一个磁盘将要进行写操作,是否正在进行写操作,磁盘是否处于写保护,等等,以确定病毒是否将要发作。计算机病毒预防包括对已知病毒的预防和对未知病毒的预防两个部分。目前,对已知病毒的预防可以采用特征判定技术或静态判定技术;而对未知病毒的预防则是一种行为规则的判定技术,即动态判定技术。

2)病毒检测技术

病毒检测技术是指通过一定的技术手段判定特定计算机病毒的一种技术。它有两种:一种是根据计算机病毒的关键字、特征程序段内容、病毒特征及传染方式、文件长度的变化等特征对病毒进行分类,在此基础上检测病毒;另一种是不针对具体病毒程序的自身校验技术,即,对某个文件或数据段进行检验和计算并保存其结果,以后定期或不定期地以保存的结果对该文件或数据段进行检验,若出现差异,即表示该文件或数据段完整性已遭到破坏,感染了病毒,从而检测到病毒的存在。

3)病毒清除技术

病毒清除技术是病毒检测技术发展的必然结果,是计算机病毒传染程序的一种逆过程。目前,病毒清除技术大都是在某种病毒出现后,通过对其进行分析研究而研制出来的具有相应解毒功能的软件。这类软件技术发展往往是被动的,带有滞后性。而且由于计算机软件所要求的精确性,解毒软件有其局限性,对有些变种病毒的清除无能为力。

目前市场上流行的英特尔公司的 PC_Cillin 等产品应用了上述 3 种防病毒技术。

2. 计算机网络病毒的防治

计算机网络病毒的防治主要涉及计算机网络中的软硬件实体,也就是工作站和服务器,所以防治计算机网络病毒应该首先考虑这两个部分。另外,加强综合治理也很重要。

1)基于工作站的防治技术

工作站就像是计算机网络的大门,只有把好这道大门,才能有效防止病毒的入侵。工作站防治病毒的方法有 3 种:一是软件防治,即定期或不定期地用反病毒软件检测工作站的病毒感染情况;二是在工作站上安装防病毒卡;三是在网络接口卡上安装防病毒芯片。

2)基于服务器的防治技术

服务器是计算机网络的中心,是网络的支柱。网络瘫痪的一个重要标志就是服务器瘫痪。服务器一旦被击垮,造成的损失是灾难性的、难以挽回的和无法估量的。目前基于服务器的防治病毒的方法大都采用防病毒可装载模块,以提供实时扫描病毒的能力。有时也结合安装在服务器上的防病毒卡等技术,目的在于保护服务器不受病毒的攻击,从而切断病毒进一步传播的途径。

3. 局域网病毒的防治

局域网中的计算机数量较多,使用者的防毒水平参差不齐,病毒防范成为局域网日常管理中的一项非常重要的内容。在局域网中防范计算机病毒要做好以下几方面的工作:

(1)选择适用的防病毒软件,及时更新病毒库。

(2)及时安装各种补丁程序。

(3)规范电子信箱的使用。

（4）做好各种应急准备工作和数据文件备份。对于计算机而言，最重要的应该是备份硬盘中存储的数据。

（5）隔离被感染的计算机。

4. 个人用户病毒的防范

对于个人用户而言，病毒防范主要包含以下措施。

（1）留心邮件的附件。对于邮件附件尽可能小心，安装一套杀毒软件，在打开邮件之前对附件进行预扫描。

（2）注意文件扩展名。因为 Windows 允许用户在为文件命名时使用多个扩展名，而许多电子邮件程序只显示第一个扩展名，有时会造成假象。

（3）不要轻易运行程序。对于来源不明的文件，尽量不要直接打开或运行，以免感染病毒。

（4）不要随意转发信件，收到自认为有趣的邮件时，不要随意转发。

（5）堵住系统漏洞。现在很多网络病毒利用了微软公司的 IE 和 Outlook 的漏洞进行传播。

（6）禁止 Windows Script Host（Windows 脚本宿主），对于利用脚本进行攻击的病毒，可以采用在浏览器中禁止 Java 或 ActiveX 运行的方法来阻止病毒的发作。

（7）不要随便接收文件。尽量不要从在线聊天系统的陌生人那里接收文件，例如 ICQ 或 QQ 中传来的东西。

（8）多做自动病毒检查，确保计算机对插入的 U 盘、光盘和其他可插拔存储介质进行病毒检查，并且对电子邮件和互联网文件也要做自动病毒检查。

5. 计算机病毒的清除

对于已经中毒的计算机，可以使用以下步骤来清除：

（1）升级杀毒软件病毒库至最新版本，进入安全模式，对系统进行全面检查。

（2）删除注册表中有关自动启动可疑程序的键值。可以重命名键值，以防误删。若删除或重命名后按 F5 键刷新时发现无法删除或重命名，则可以肯定其是病毒启动键值。

（3）若系统配置文件被更改，需先删除注册表中的键值，再更改系统配置文件。

（4）断开网络连接，重启系统，进入安全模式，全面杀毒。

（5）若 Windows ME/XP 系统查杀的病毒在系统还原区，先关闭系统还原功能再查杀病毒。

（6）若查杀的病毒在临时文件夹中，先清空临时文件夹再查杀病毒。

（7）若系统安全模式查杀无效，建议到 DOS 下查杀病毒。

8.3　杀毒软件

8.3.1　杀毒软件概述

杀毒软件也称反病毒软件或防毒软件，是用于消除计算机病毒、特洛伊木马和恶意软件等计算机威胁的一类软件。

杀毒软件是一种可以对病毒、木马等一切已知的对计算机有危害的程序代码进行清除的程序工具。"杀毒软件"是国内早期反病毒软件厂商起的名字,后来由于和世界反病毒业接轨,统称为"反病毒软件""安全防护软件"或"安全软件"。集成在防火墙中的互联网安全套装、全功能安全套装等软件都属于杀毒软件。杀毒软件通常集成了监控识别、病毒扫描和清除、自动升级等功能,有的杀毒软件还带有数据恢复、防范黑客入侵、网络流量控制等功能。

8.3.2 主要的杀毒软件简介

本节简要介绍几种主要的杀毒软件。

1. 卡巴斯基

卡巴斯基是一款来自俄罗斯的杀毒软件。该软件能够保护家庭用户、工作站、邮件系统和文件服务器。除此之外,它还提供集中管理工具、个人防火墙和移动设备的保护,包括笔记本计算机和智能手机。图8-2为卡巴斯基的标识。

kaspersky

图8-2 卡巴斯基的标识

2. 金山毒霸

金山毒霸是中国著名的杀毒软件,1999年发布了第一个版本。2010年,该软件由金山软件公司开发并发行。2010年11月,金山软件公司旗下的安全部门与可牛公司合并后,由新公司——金山网络公司全权管理。金山毒霸融合了启发式搜索、代码分析、虚拟机查毒等成熟的反病毒技术,使其在查杀病毒种类、未知病毒防治等多方面达到世界先进水平。金山毒霸还具有病毒防火墙实时监控、压缩文件查毒、查杀电子邮件病毒等多项先进的功能。该软件紧随世界病毒技术的发展,为个人用户和企业单位提供完善的反病毒解决方案。图8-3为金山毒霸的主界面。

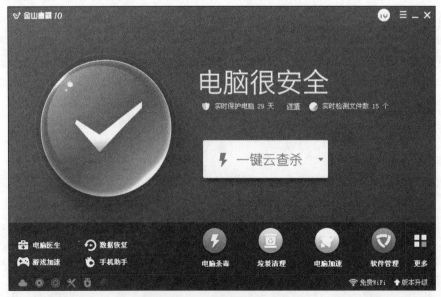

图8-3 金山毒霸的主界面

3. 瑞星杀毒软件

瑞星杀毒软件采用了获得欧盟及中国专利的 6 项核心技术,形成全新软件内核代码。它具有八大绝技和多种应用特性,是目前国内外同类产品中具有较高实用价值和安全保障水平的杀毒软件。图 8-4 为瑞星杀毒软件的主界面。

图 8-4　瑞星杀毒软件的主界面

4. 360 安全卫士

360 安全卫士是一款由奇虎公司推出的功能强、效果好、受用户欢迎的上网安全软件。360 安全卫士拥有查杀木马、清理插件、修复漏洞、电脑体检、保护隐私等多种功能,并独创了"木马防火墙"功能,依靠抢先侦测和云端鉴别,可全面、智能地拦截各类木马,保护用户的账号、隐私等重要信息。图 8-5 为 360 安全卫士界面。

图 8-5　360 安全卫士界面

8.4 防火墙技术

8.4.1 防火墙概述

防火墙是随着电子计算机的发展和因特网的兴起,为了保障用户使用因特网时本地文件系统的安全而出现的一种安全网关,它是由计算机的硬件和相关安全软件组合而成的。防火墙是这种组合体的一种形象的说法,因为它可以防止本地系统遭受威胁。

防火墙的行为是将局域网与因特网隔开,形成一道屏障,过滤危险数据,保护本地网络设备的数据安全。防火墙从具体的实现形式可以分为硬件和软件两类。硬件防火墙是通过硬件和软件相结合的方式,使内网(局域网)和外网(因特网)隔离,效果很好,但是价格较高,个人用户和中小企业一般不会采用硬件防火墙。软件防火墙是在仅使用软件的情况下通过过滤危险数据、放行安全数据达到保护本地数据不被侵害的目的。软件防火墙相对于硬件防火墙在价格上更便宜一些,但是仅能在一定的规则基础上过滤危险信息,这些过滤规则即人们常说的病毒库。

在计算机网络领域,通过防火墙的过滤功能,安全的信息在得到授权的情况下能顺利通过,没有授权的危险信息则会被截留,因此,通过防火墙能更好地屏蔽有害信息,有效地保护用户信息不被窃取及篡改,保证用户局域网的安全。图8-6显示了防火墙的作用。

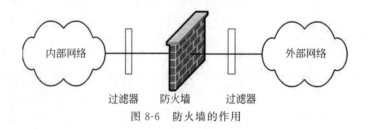

图 8-6 防火墙的作用

8.4.2 防火墙的功能

防火墙的功能很多,其基本功能有如下几个方面。

(1)隔离。防火墙在内部网络和外部网络之间建立起一道屏障。外部的访问要进入内部必须先经过防火墙。防火墙通过选择安全的应用协议,能够阻止未被认定为安全的协议访问本地数据,这就能屏蔽大部分的外部信息。很多网络攻击也是一些不安全的协议,在这方面防火墙能预先将其隔离,有效地保护本地系统。有了防火墙的隔离,就可以通过选择隔离的程度在实用和安全之间找到一个合适的平衡点,在不影响实用的前提下有效地保护内部网络的安全。

(2)强化。防火墙能加入一些保密措施,采取一些加密算法,进而强化信息安全。将身份认证、账户密码等信息加载在防火墙上,在外部网络访问本地网络计算机之前,防火墙先对外部请求做一些认证,确认为安全的外部请求才予以通过,确认为不安全的外部请求则通知系统管理员进行处理,这能够有效地加强内部网络对外部危险信息的预警和防备。

(3)限制。防火墙的另一功能就是限制外部访问。通过预先在防火墙上设置一些访问限制,对已知的危险信息在防火墙层面作标记,直接限制一些危险的外部访问。防火墙的限制是对所有外部请求划分出几个区域,分别标记为不同的安全程度,由用户对每个区域的限制程度做预先规定,这样就能省去很多处理过程,提高防火墙设置限制功能的效率。

(4) 监控。使用网络计算机的时候开启防火墙功能,则所有外部访问在到达内部网络之前会先经过防火墙。开启防火墙的监控功能,就能对所有的访问作记录,并且通过外部访问的行为识别访问的安全程度。搜集外部访问的情况记录是很有用的,能有效地优化防火墙处理同类事件的速度,增强系统的安全性。

8.4.3　防火墙的分类

防火墙技术可根据防范的方式和侧重点的不同分为很多类型,总体来讲,可分为包过滤型防火墙、应用级网关型防火墙和代理服务型防火墙等几大类型。

1. 包过滤型防火墙

包过滤型防火墙是第一代防火墙和最基本形式的防火墙。它检查每一个通过的网络包,或者丢弃,或者放行,取决于它所建立的一套规则。

包过滤防火墙检查每一个传入的包,查看包中可用的基本信息(源地址和目的地址、端口号、传输协议类型,如 TCP、UDP、ICMP 等)。然后,将这些信息与设立的规则相比较。如果已经设立了阻断 Telnet 连接的规则,而包的目的端口是 23,那么该包就会被丢弃。如果允许传入 Web 连接,而目的端口为 80,则包就会被放行。如果没有一条规则能符合,防火墙就会使用默认规则,一般情况下,默认规则就是防火墙丢弃该数据包。

多个复杂规则的组合也是可行的。例如,允许 Web 或 Telnet、FTP 连接,但只针对特定的服务器,目的端口和目的地址二者必须与规则相匹配,才可以让该包通过。

包过滤型防火墙的优点是简单实用,实现成本低,在应用环境比较简单的情况下,能够以较小的代价在一定程度上保证系统的安全。

包过滤型防火墙的缺点为:包过滤技术是一种基于网络层的安全技术,无法识别基于应用层的攻击、入侵。

2. 应用级网关型防火墙

应用级网关(application level gateway)是在网络应用层上建立协议过滤和转发功能。它针对特定的网络应用服务协议使用指定的数据过滤逻辑,并在过滤的同时,对数据包进行必要的分析、登记和统计,形成报告。实际中的应用级网关型防火墙通常安装在专用工作站系统上。

应用级网关型防火墙的优点是设定访问控制条件简单,可以彻底检查所有连接信息,安全性好。

应用级网关型防火墙的缺点是数据流量大,可能成为网络的瓶颈。

3. 代理服务型防火墙

代理服务(proxy service)也称链路级网关(circuit level gateways)或 TCP 通道(TCP tunnels),也有人将它归入应用级网关一类。它是针对数据包过滤和应用级网关技术存在的缺点而引入的防火墙技术,其特点是将所有跨越防火墙的网络通信链路分为两段。防火墙内外计算机系统间应用层的链接由两个终止代理服务器上的链接来实现,外部计算机的网络链路只能到达代理服务器,从而起到了隔离防火墙内外计算机系统的作用。

代理服务也对过往的数据包进行分析、注册登记,形成报告,当发现被攻击迹象时会向网络管理员发出警报,并保留攻击痕迹。

应用代理型防火墙是内部网络与外部网络的隔离点,起着监视和隔绝应用层通信流的作用。同时它也常结合过滤器的功能。它工作在 OSI 参考模型的最高层,掌握着应用系统中可用作安全决策的全部信息。

代理服务型防火墙的优点是安全性高,可以针对应用层进行侦测和扫描,对基于应用层的入侵和病毒的防御都十分有效。

代理服务型防火墙的缺点是对系统的整体性能有较大的影响,而且代理服务器必须针对客户机可能产生的所有应用类型逐一进行设置,加大了系统管理的复杂性。

8.4.4 防火墙的系统结构

防火墙的系统结构主要有屏蔽路由器、双重宿主主机体系结构、屏蔽主机体系结构、屏蔽子网体系结构组成。

1. 屏蔽路由器

屏蔽路由器是防火墙最基本的结构,屏蔽路由器作为内外连接的唯一通道,要求所有的报文都必须在此通过检查。路由器上可以装基于 IP 层的报文过滤软件,实现报文过滤功能。许多路由器本身带有报文过滤配置选项,但一般比较简单。

单纯由屏蔽路由器构成的防火墙的危险带包括路由器本身及路由器允许访问的主机。它的缺点是一旦被攻陷后很难发现,而且不能识别不同的用户。

2. 双重宿主主机体系结构

双重宿主主机至少有两个网络接口,它位于内部网络和外部网络之间,这样的主机可以充当与这些接口相连的网络之间的路由器,它能从一个网络接收 IP 数据包并将之发往另一个网络。然而实现双重宿主主机的防火墙体系结构禁止这种发送功能,完全阻断了内外网络之间的 IP 通信。

两个网络之间的通信可通过用户直接登录和应用层代理服务的方法实现。用户直接登录需要用户先登录到双重宿主主机,再以此为起点访问外部服务,因用户账号易被攻破,所以不推荐使用。一般情况下采用代理服务的方法。双重宿主主机的体系结构如图 8-7 所示。

在双重宿主主机中,用户口令是安全的关键,设备的性能非常重要。

双重宿主主机是隔开内外网络的唯一屏障,一旦被入侵,内部网络便向外部网络敞开了大门。

双重缩主主机体系结构可以分为屏蔽主机体系结构和屏蔽子网体系结构。

3. 屏蔽主机体系结构

屏蔽主机体系结构由防火墙和内部网络的堡垒主机承担安全防护任务,其典型构成为包过滤路由器+堡垒主机。

包过滤路由器配置在内部网络和外部网络之间,保证外部系统对内部网络的操作只能经过堡垒主机,堡垒主机配置在内部网络上,是外部网络主机连接到内部网络主机的桥梁,它需要拥有高等级的安全配置。图 8-8 描述了屏蔽主机体系结构。

屏蔽主机体系结构的优点是安全性高,双重保护,实现了网络层安全和应用层安全。

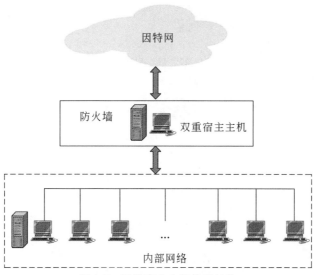

图 8-7　双重宿主主机体系结构

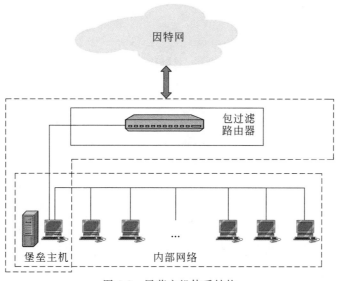

图 8-8　屏蔽主机体系结构

在屏蔽主机体系结构中,过滤路由器能否正确配置是安全的关键。

4. 屏蔽子网体系结构

屏蔽子网体系结构本质上与屏蔽主机体系结构一样,但添加了额外的一层保护体系——周边网络。堡垒主机位于周边网络中,周边网络和内部网络被内部路由器分开。堡垒主机是用户网络上最容易受到攻击的计算机。通过在周边网络中设置堡垒主机,能减少堡垒主机受到攻击时对内部网络的影响。图 8-9 描述了屏蔽子网体系结构。

屏蔽子网体系结构的优点是比其他 3 种防火墙安全,提供了额外的一层保护。

屏蔽子网体系结构的缺点是不能防御内部网络的攻击,不能防御绕过防火墙的攻击。

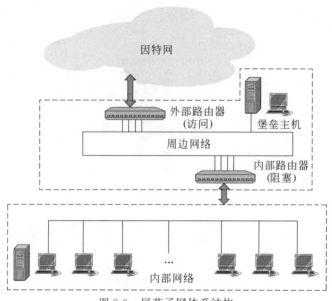

图 8-9　屏蔽子网体系结构

8.5　加密技术

8.5.1　加密技术概述

　　加密技术是网络通信和电子商务中采取的主要安全保密措施,是最常用的安全保密手段,利用技术手段把重要的数据变为乱码(加密)传送,到达目的地后再用相同或不同的手段还原(解密)。加密技术包括两个元素:算法和密钥。算法是将普通的文本(或者可以理解的信息)与一串数字(密钥)结合,产生不可理解的密文的步骤,密钥是用来对数据进行编码和解码的一种算法。在安全保密中,可通过适当的密钥加密技术和管理机制来保证网络的信息通信安全。密钥加密技术的密码体制分为对称密钥体制和非对称密钥体制两种。相应地,对数据加密的技术分为两类,即对称加密(私有密钥加密)和非对称加密(公开密钥加密)。对称加密以数据加密标准(data encryption standard,DES)算法为典型代表,非对称加密通常以 RSA 算法(Rivest、Shamir 和 Adleman 3 人提出的一种非对称加密算法)为代表。对称加密的加密密钥和解密密钥相同;而非对称加密的加密密钥和解密密钥不同,加密密钥可以公开,而解密密钥需要保密。

　　计算机加密技术可分为对称加密技术、非对称加密技术和混合加密技术。整个数据加密流程如图 8-10 所示。

8.5.2　加密技术介绍

1. 对称加密技术

　　对称加密技术也称为传统加密技术,其核心是对称算法(symmetric algorithm),也称为单密钥算法,即信息的发送方和接收方通过同一密钥完成对信息的加密和解密过程。对称

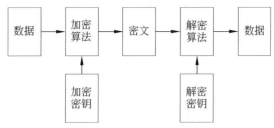

图 8-10   数据加密流程

算法的安全性主要取决于密钥本身的时间复杂度和空间复杂度。与此同时,一旦密钥泄露,任何人都可以通过密钥对密文进行解密,密文就毫无秘密可言,因此密钥的机密性是对称加密技术的首要任务和关键问题。

对称算法包括序列算法和分组算法两类。其中,序列算法的加密和解密运算是以信息中的位或字节为单位,分组算法的加密和解密运算是以信息中固定长度的组为单位。在实际应用中一般使用 64 位的分组算法,既增加了密文破译的难度,同时又方便计算,其中最常用的是 DES 和 IDEA 算法。

对称算法时间复杂度和空间复杂度较小,运行效率较高,执行速度较快,主要应用于数据量较大的加密、解密。但是,信息的发送方和接收方使用同一密钥,若系统中有 N 个用户,则每个用户需要保存和记忆 $N(N-1)/2$ 个密钥,当系统中用户数量较多时,密钥的管理将是一个不可解决的难题。

对称加密、解密示意图如图 8-11 所示。

2. 非对称加密技术

为了解决对称密钥中密钥预先分配和管理的难题,在 1976 年提出了非对称密钥机制,也引发了计算机密码技术的一场革命。非对称加密技术也称为公开密钥加密技术,其核心是公开密钥算法。在这种机制下,使用一对密钥来完成信息的加密和解密。其中,在发送方使用公开密钥(简称公钥)进行加密,然后发送;在接收方使用私有密钥(简称私钥)进行解密,从而恢复出信息原文。公钥与私钥之间存在这样的关系:公钥完全公开,但只能用于信息的加密;私钥由用户秘密保存,只能用于解密,两者不可互换。必须使用私钥进行数字签名,再公钥验证后,才能用私钥进行解密。

公开密钥算法的安全性取决于单向陷门函数,即从已知求解未知很容易,然而从未知到已知却很难,其中最典型的是 RSA 算法。在公开密钥加密机制中,加密过程与解密过程是完全分开的,信息发送方与接收方无须事先建立联系。对于 N 个用户的系统,要实现 N 个用户之间通信,只需要保存和记住 $2N$ 个密钥即可。公开密钥算法最大的优点是便于密钥的分配与管理,可以广泛用于应用系统的开放环境中。与此同时,该算法的缺点是加解密耗时长、速度慢,只适合对少量数据进行加密,不适合经常为大量的原始信息进行加密。

非对称加密、解密示意图如图 8-12 所示。

3. 混合加密技术

对称加密技术虽然执行速度快,但是密钥难以分配与管理。非对称加密(公开密钥加密)技术的出现也没有完全解决开放网络环境中电子商务体系安全暴露的所有问题,反而带来了另外的问题:算法复杂度高,运行时间长。在实际应用中,通常使用混合密码机制。混

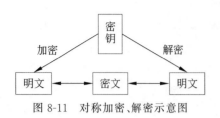

图 8-11　对称加密、解密示意图

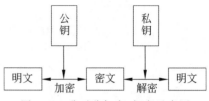

图 8-12　非对称加密、解密示意图

合加密技术的核心是电子信封(envelope)技术,具体实现步骤如下。

(1) 密钥的生成。首先,随机生成两个大素数 p 和 q;然后,通过非对称密码技术的 RSA 算法生成一对密钥,其中一个是可以完全公开的公钥,另一个是系统中用户秘密保存的私钥。

(2) 会话密钥的加密。首先,随机生成一个 64 位的大数,作为对称密钥分组算法的会话密钥,通过会话密钥完成等待传送信息明文的加密,形成密文;然后使用公钥对会话密钥进行加密后与密文合并;最后,在接收方通过用户私钥对接收的信息进行解密,随即通过会话密钥恢复信息明文。

混合密码技术可以较好地解决密钥更换以及公开密钥算法中的程序运行时间长和抗攻击脆弱的问题。混合密码机制不仅能够充分保障密钥的机密性,而且密钥的分配与管理也比较容易。

8.6　网络管理

随着社会经济与文化的高速发展、计算机应用的普及以及计算机技术和通信技术的发展,网络的应用越来越广泛,用户越来越多,网络结构越来越复杂,网络新技术层出不穷,网络系统的维护与管理日趋繁杂,要确保网络持续、稳定、可靠地提供各种应用服务,就必须有高效的网络管理。

1. 网络管理的概念

网络管理系统就是管理网络的软件系统。计算机网络管理就是收集网络中各个组成部分的静态、动态的运行信息,并在这些信息的基础上进行分析和作出相应的处理,以保证网络安全、可靠、高效地运行,从而合理分配网络资源,动态配置网络负载,优化网络性能,减少网络维护费用。

ISO 在 ISO/IEC 7498-4 文档中定义了网络管理的五大功能,即配置管理、故障管理、性能管理、计费管理与安全管理。

1) 配置管理

配置管理的主要功能包括:网络的拓扑结构关系,监视和管理网络设备的配置情况,根据事先定义的条件重构网络,等等,其目标是监视网络和系统的配置信息,以便跟踪和管理对不同的软硬件单元进行网络操作的结果。

2) 故障管理

故障管理的主要功能是故障检测、发现、报告、诊断和处理。由于差错可以导致系统瘫痪或不可接受的网络性能下降,所以故障管理也是 ISO 定义的网络管理功能中被最广泛地实现的一种管理。

3）性能管理

性能管理的主要功能是监测网络的各种性能数据，进行阈值检查，并自动地对当前性能数据、历史数据进行分析。其目标是衡量和显示网络各个方面的特性，使人们在一个可以接受的水平上维护网络的性能。

4）计费管理

计费管理的主要功能是根据网络资源使用情况进行计账。其目标是衡量网络的利用率，以便使一个或一组用户可以按一定规则利用网络资源，这样的规则可以使网络故障减到最小，也可以使所有用户对网络的访问更加公平。

5）安全管理

安全管理的主要功能是对网络资源访问权限的管理，包括用户认证、权限审批和网络访问控制（防火墙）等功能。其目标是按照本地的安全策略来控制对网络资源的访问，以保证网络不被侵害（有意识的或无意识的），并保证重要的信息不被未授权的用户访问。

图 8-13 是网络管理软件的界面。

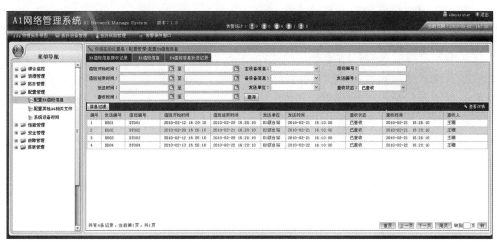

图 8-13　网络管理软件的界面

2. SNMP 协议

简单网络管理协议（simple network management protocol，SNMP）是专门用于网络管理的应用层协议。该协议能够支持网络管理系统，用以监测连接到网络上的设备是否有任何引起管理上应该关注的情况。

SNMP 是基于 TCP/IP 协议族的网络管理标准，是一种在 IP 网络中管理网络节点（如服务器、工作站、路由器、交换机等）的标准协议。SNMP 能够使网络管理员提高网络管理效能，及时发现并解决网络问题以及规划网络的增长。网络管理员还可以通过 SNMP 接收网络节点的通知消息以及告警事件报告等来获知网络出现的问题。

图 8-14 是 SNMP 管理模型。

从图 8-14 可以看出，在网络管理中，网络管理员通过运行和操作管理站来管理整个网络。值得注意的是，SNMP 协议并不是单个协议，它由以下 3 个协议组成。

（1）管理信息库（management information base，MIB）：包含状态信息的数据库。

（2）管理信息的结构与标识（structure and identification of management information，

图 8-14　SNMP 管理模型

SMI)：定义 MIB 的入口。

（3）简单网络管理协议：定义管理对象与服务器间的通信方法。

8.7　本章小结

计算机网络安全是指对网络系统的硬件、软件及其中的数据实施保护，使网络信息不因偶然或恶意攻击而遭到破坏、更改或泄露，并且保证网络系统连续、可靠、正常地运行，保证网络服务不中断。

计算机病毒与医学上的病毒不同，它不是天然存在的，而是某些人利用计算机软硬件所固有的脆弱性编制的具有特殊功能的程序。由于它与医学上的病毒同样具有传染和破坏的特性，故而得名。

杀毒软件也称反病毒软件或防毒软件，是用于消除计算机病毒、特洛伊木马和恶意软件等计算机威胁的一类软件。

防火墙是指设置在不同网络或网络安全域之间的一系列部件的组合，它能增强机构内部网络的安全性。它通过访问控制机制，确定哪些内部服务允许外部访问。它可以根据网络传输的类型决定 IP 包是否可以传进或传出内部网络。

网络管理系统就是管理网络的软件系统。计算机网络管理就是收集网络中各个组成部分的静态、动态的运行信息，并在这些信息的基础上进行分析和作出相应的处理，以保证网络安全、可靠、高效地运行，从而合理分配网络资源，动态配置网络负载，优化网络性能，减少网络维护费用。

8.8　实训

8.8.1　制作宏病毒

1. 预备知识

宏病毒是一种寄生在文档或模板的宏中的计算机病毒。一旦打开这样的文档，其中的宏就会被执行，于是宏病毒就会被激活，转移到计算机上，并驻留在 Normal 模板上。从此以后，所有自动保存的文档都会感染这种宏病毒；如果其他用户打开了感染病毒的文档，宏病毒又会转移到他的计算机上。

2. 实训目的

（1）了解宏的基本知识。

（2）掌握宏的制作方法。

3. 详细步骤

（1）写一个宏，把相应的工具栏显示出来。打开 Excel，在快速访问工具栏上右击，在弹出的快捷菜单中选择"自定义功能区"命令，如图 8-15 所示。

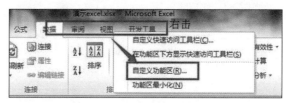

图 8-15　自定义快速访问工具栏

（2）在弹出的对话框中选择"开发工具"复选框，然后单击"确定"按钮，如图 8-16 所示，这样，开发工具就会显示在快速访问工具栏中，方便使用。

（3）单击"开发工具"，然后单击"插入"按钮，在下拉菜单的"表单控件"里面选择按钮控件，如图 8-17 所示。

图 8-16　选择"开发工具"复选框

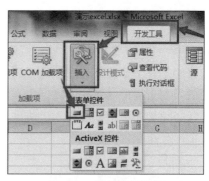

图 8-17　选择按钮控件

（4）这时会弹出"指定宏"对话框，单击"新建"按钮，如图 8-18 所示。

（5）这样就会进入后台的宏编辑界面，其中，宏的头和尾已经写好了，只需要在中间写入一行：MsgBox("hello world")，如图 8-19 所示，然后单击"保存"按钮。这时会显示一些警告信息，全部选"是"，然后退出宏编辑界面。

（6）这个时候，宏已经写好了。单击 Excel 工作表中的"按钮 1"，屏幕就会弹出一个 hello world 的消息框，这就说明宏编写成功了，如图 8-20 所示。

图 8-18　新建宏

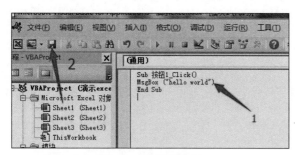

图 8-19　编写宏代码

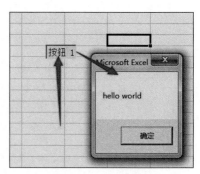

图 8-20　运行结果

8.8.2　防火墙

1. 预备知识

防火墙是一个由软件和硬件设备组合而成,在内部网络和外部网络之间、专用网与公共网之间的界面上构造的保护屏障。它在因特网和内部网络之间建立一个安全网关,从而保护内部网络免受非法用户的侵入。防火墙主要由服务访问规则、验证工具、包过滤器和应用网关4个部分组成。

2. 实训目的

(1) 了解防火墙的基本知识。

(2) 掌握防火墙的设置方法。

3. 实训步骤

下面介绍在 Windows 7 系统中设置 Windows 防火墙的方法。

(1) 在 Windows 7 系统中内置了 Windows 防火墙,功能很实用。首先打开控制面板,找到 Windows 防火墙,如图 8-21 所示。

(2) 单击"允许程序或功能通过 Windows 防火墙",如图 8-22 所示。

(3) 在弹出的对话框中,列出了很多允许通过家庭网或者公用网的第三方软件。可以限制一部分软件通过网络,如图 8-23 所示。

(4) 在图 8-22 中的"更改通知设置"中开启或者关闭每种网络类型的防火墙。

图 8-21　Windows 防火墙选项

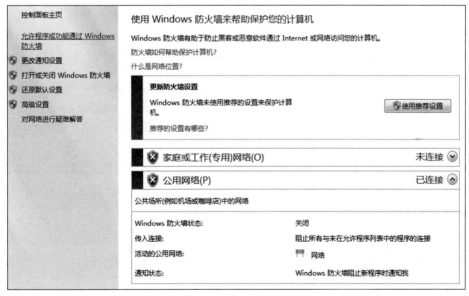

图 8-22　单击"允许程序或功能通过 Windows 防火墙"

8.8.3　浏览器安全等级

1. 预备知识

IE 浏览器将因特网按区域划分,以便能够将网站分配到具有适当安全级别的区域。对

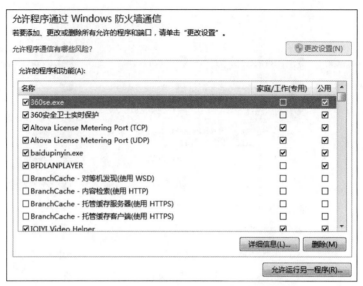

图 8-23　设置防火墙

不同区域的 Web 内容指定安全设置,可以提高 IE 浏览器的安全性。

2. 实训目的

(1)了解 IE 浏览器安全设置的基本知识。

(2)掌握 IE 浏览器的安全设置方法。

3. 实训步骤

(1)打开 IE 浏览器,选择菜单"工具"→"Internet 选项"命令,如图 8-24 所示。

(2)选择"安全"选项卡,单击"自定义级别"按钮,如图 8-25 所示。

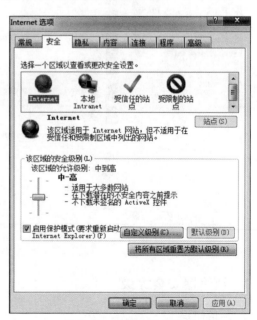

图 8-24　设置 Internet 选项　　　　　图 8-25　设置自定义级别

（3）在弹出的对话框内可进行相应的安全设置，如图 8-26 所示。

图 8-26　安全设置

（4）单击"确定"按钮，完成此次操作。

习题 8

1. 网络安全的定义是什么？
2. 什么是计算机病毒？
3. 简述计算机病毒的防范方法。
4. 简述主要的杀毒软件。
5. 简述防火墙的分类。防火墙的系统结构是什么？
6. 什么是网络管理？网络管理系统的功能有哪些？

第 9 章 常见网络故障排除

本章学习目标
- 了解计算机网络故障的产生原因。
- 了解计算机网络故障的分类。
- 掌握计算机网络故障排除方法。
- 掌握计算机网络故障排除工具。

本章介绍计算机网络故障的产生原因、排除流程、检测命令以及局域网常见故障诊断与排除方法。

9.1 计算机网络故障的产生和检测

9.1.1 计算机网络故障概述

随着计算机技术的飞速发展和网络规模的不断扩大,网络故障也随之出现。网络故障是人们上网时不可避免地遇到的现象。如不能正常上网、不能实现文件共享。网络中出现的故障多种多样,具有极强的偶然性,不同的环境、不同的工作状态都有可能出现网络故障。图 9-1 为因网络故障而导致无法正常浏览网页的情况。

图 9-1　网络故障

9.1.2 计算机网络故障产生的原因

网络故障是指网络因为某些原因而不能正常、有效地工作,或者网络连接中断。网络十分复杂,涉及很多东西,硬件的问题、软件的漏洞、病毒的侵入等都可以引起网络故障。

1. 硬件故障

网络硬件故障一般是由网络设备,如网卡、网线、路由器、交换机、调制解调器等引起的,如果其中一个设备出现问题,常常会导致整个网络无法正常工作。对于这种故障,人们除了可以直接查看外,还可以通过 ping 和 tracert 等命令查看。例如,当一台计算机不能正常浏览网页时,就可以使用 ping 命令来测试该计算机是否能够连接到网络,或者使用"网上邻居"来查看其他计算机,以判断该计算机网络连接是否正常。图 9-2 显示了因计算机中的网线断开而无法连接到网络的情况。

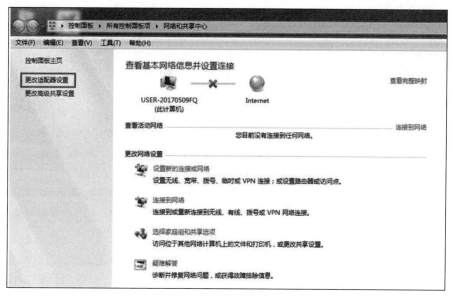

图 9-2　网络硬件故障

2. 软件故障

软件故障较为复杂。例如,TCP/IP 如果出现故障,网络肯定就会出现问题。又如,用户管理、防火墙的设置也会出现问题。

目前,一般认为网络中的软件故障有以下几个原因。

(1)计算机的配置信息或应用程序的参数设置不当。例如计算机 IP 地址、网关或网卡配置不当,导致无法上网;IE 浏览器设置不当,导致无法浏览网页;服务器权限设置不当,导致无法共享系统服务;等等。

(2)网络协议故障。网络协议在计算机网络中起着至关重要的作用,如果缺乏合适的网络协议,则局域网中的计算机就无法建立通信连接。

(3)病毒的袭击。例如,局域网中常见的蠕虫病毒、木马病毒以及网络中的 DDoS 攻击等,都会影响用户的正常上网。图 9-3 为熊猫烧香蠕虫病毒的标识。

图 9-3　熊猫烧香蠕虫病毒

9.1.3　计算机网络故障排除流程

排除局域网中的网络故障时,应当遵循从简单到复杂、先硬后软的原则,从硬件入手,检测完硬件后再检测软件,最终找出故障并实施排除。具体流程如图9-4所示。

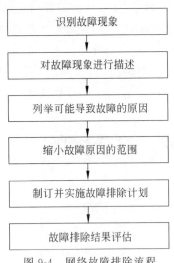

图 9-4　网络故障排除流程

流程框图内容:
识别故障现象 → 对故障现象进行描述 → 列举可能导致故障的原因 → 缩小故障原因的范围 → 制订并实施故障排除计划 → 故障排除结果评估

1. 识别故障现象

对故障进行排除之前,必须知道该故障出现的原因和准确的位置。为了与故障现象进行对比,用户必须清楚网络的正常运行状态,例如了解网络各种设备的运行、网络软件、网络资源以及网络协议和网络拓扑图等。

总的来说,在识别网络故障时应着重考虑以下几点。

(1) 故障现象发生时,正在运行什么进程?业务有什么反应?

(2) 这个进程以前运行过没有?

(3) 以前这个进程的运行是不是可以成功?

(4) 这个进程最后一次成功运行是什么时候?

(5) 从最后一次成功运行起,哪些进程发生了改变?

(6) 在发生故障之前,是否对计算机的软硬件以及配置文件作了更改?

2. 对故障现象进行描述

对故障现象的详细描述显得尤为重要。如果仅凭用户对故障表面的描述,有时并不能得出结论。这时就需要手动运行一下导致故障的程序,并注意相关的出错信息。例如,使用IE浏览器无法打开网页,应尝试是否使用其他浏览器可以打开网页。

3. 列举可能导致故障的原因

在得知网络故障后,还要从多方面来列举造成此故障的原因。只有根据出错的可能性将所有原因一一列举出来,才能找出问题的真正所在。

网络常见故障原因主要有以下几点。

(1) 服务器硬件故障原因(网卡、内存、硬盘等)。

(2) 网络设备故障原因(集线器、交换机、路由器、网线等)。

(3) 操作系统故障原因(内核配置、防火墙等)。

(4) 应用程序故障原因(配置文件参数的更改、版本变更等)。

(5) 病毒原因(蠕虫病毒、木马病毒等)。

4. 缩小故障原因的范围

排除网络故障时,可根据出错的可能性把这些原因按优先级别进行排序,逐个排除。不要根据一次测试就断定某一点是否正常。另外,也不要在已经确定了的第一个故障原因上就停下来,应该把列出的所有可能原因检查一遍,要尽量使用各种方法来测试导致故障的可能性。

5. 制订并实施故障排除计划

确定了导致问题产生的最有可能的原因后,要制订一个详细的故障排除计划。确定操作步骤时,应尽量做到详细,计划越详细,按照计划执行的可能性就越大。一旦制订好计划,就要按步骤实施这个计划。

实施故障排除时,可以采用各种办法来尽快解决问题。遇到网络故障时,人们常常使用替换法、对比法以及试错法来解决问题。

（1）排除法。这种方法是指依据所观察到的故障现象，尽可能全面地列举出所有可能发生的故障，然后逐个分析、排除。在排除时要遵循由简到繁的原则，提高效率。使用这种方法可以应付各种各样的故障，但维护人员需要有较强的逻辑思维，对网络知识有全面深入的了解。

（2）对比法。这种方法是利用现有的、相同型号的且能够正常运行的设备作为参考对象，和故障设备之间进行对比，从而找出故障点。这种方法简单有效，尤其是系统配置上的故障，只要简单地对比一下就能找出配置的不同点。

（3）替换法。这是最常用的方法，也是在维修中使用频率较高的方法。替换法是指使用正常的设备部件来替换可能有故障的部件，从而找出故障点的方法。它主要用于硬件故障的诊断。

6. 故障排除结果评估

故障排除计划实施后，应测试是否达到了预期目的。当排错行动没有产生预期的效果时，首先应该撤销在解决问题过程中对系统作过的修改。如果保留了这些修改，可能会导致出现另外一些人为故障。

如果遇到了较为复杂的网络故障，就要严格按照以上步骤进行排查，否则很可能无法彻底解决问题，或者侥幸解决了网络故障，也不知道该故障产生的真正原因，下次遇到了该故障还是束手无策。

此外，每当解决了一个网络故障之后，应当将整个步骤记录下来，以积累经验。

9.2　计算机网络故障检测命令

1. 查看目标主机的连通性命令

ping 命令主要用来检查路由能否到达。使用 ping 命令可以向计算机发送 ICMP（Internet 控制消息协议）数据包并监听回应数据包，以校验与远程或本地计算机的连接。ping 还可以测试计算机名、域名和 IP 地址，如果能够成功校验 IP 地址却不能成功校验计算机名或域名，则说明名称解析存在问题。

要获取 ping 命令的参数信息，可以选择"开始"→"程序"→"附件"→"命令提示符"选项，在文本框中输入 cmd 命令，进入 DOS 提示符界面，在提示符后输入 ping/？或者 ping/help 命令，如图 9-5 和图 9-6 所示。

图 9-5　执行 cmd 命令

ping 命令的语法如下。

```
ping [-t] [-a] [-n Count] [-l Size] Target_name
```

参数含义如下。

-t：不间断地向目标主机发送数据，直到用户按 Ctrl＋C 快捷键为止。

-a：以 IP 地址格式显示目标主机的网络地址。

-n Count：指定 ping 多少次，具体次数由 count 来指定，默认值为 4。

-l Size：指定发送到目标主机的数据包的大小，默认值为 32B，最大值为 65 527B。

Target_name：指定要连接的目标计算机。

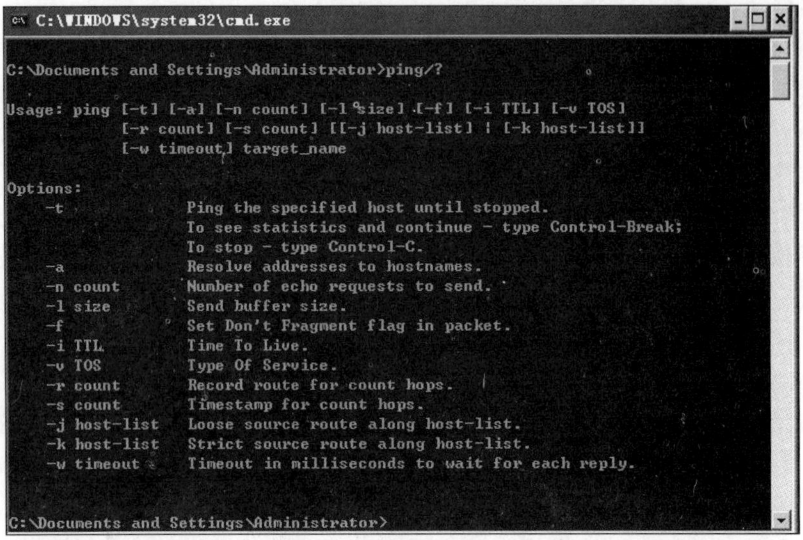

图 9-6　执行 ping 命令

例如,输入命令

```
ping www.163.com
```

可查看主机与 www.163.com 的连接情况,如图 9-7 所示。

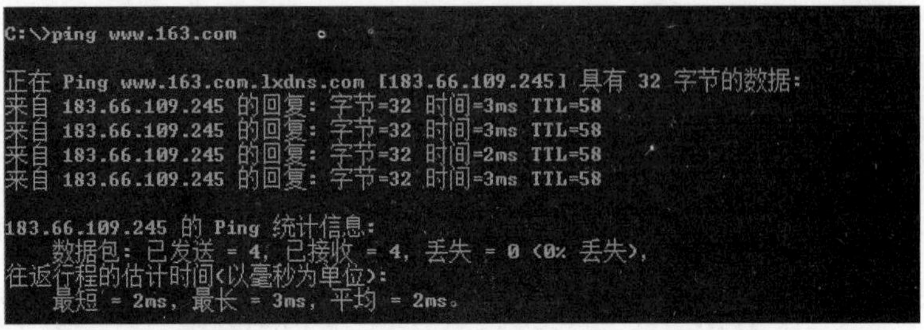

图 9-7　ping www.163.com 的执行结果

从图 9-7 可以看出,该主机与目标主机的连接是畅通的。

2. IP 配置查询命令

ipconfig 命令用于显示当前的 TCP/IP 配置的设置值。这些信息一般用来检验人工配置的 TCP/IP 设置是否正确。ipconfig 可以了解自己的计算机是否成功地租用到一个 IP 地址,如果是,则可以了解它目前分配到的是什么地址。计算机当前的 IP 地址、子网掩码和默认网关是进行测试盒故障分析的必要项目。

ipconfig 命令的语法如下。

```
ipconfig [参数]
```

具体参数如下。

/?：显示帮助信息。

/all：显示所有配置信息。

/release：释放指定网络适配器的 IP 地址。

/renew：刷新指定网络适配器的 IP 地址。

/flushdns：清空 DNS 缓存。

/registerdns：刷新所有 DHCP 地址信息并重新注册 DNS 名称。

/displaydns：显示 DNS 缓存。

/showclassid：显示指定适配器的 DHCP ClassID。

/setclassid：设置指定适配器的 DHCP ClassID。

/adapter：显示网络适配器名称，即在系统网络连接中所看到的连接名称，支持使用?、
* 通配符。

执行 ipconfig/all 命令，结果如图 9-8 所示。

图 9-8　ipconfig 命令执行结果

图 9-8 中显示了与 TCP/IP 相关的所有细节信息，包括测试的主机名（Host Name）、IP
地址（IP Address）、子网掩码（Subent Mask）、默认网关（Default Gateway）、节点类型（Node
Type）、IP 路由（IP Routing Enabled）、网卡物理地址（Physical Address）、DNS 服务器地址
（DNS Servers）等。

3. 网络状态查询命令

netstat 是一个控制台命令，常用于监控 TCP/IP 网络，如查看网络自身的状况、开启的
端口、用户的服务等。此外，它还可以显示系统路由表以及网络接口等。因此，该命令是一
个综合性的网络状态查看工具。

netstat 命令的语法如下。

```
netstat[参数]
```

具体参数如下。

-a：列出所有当前的连接。

-at：列出 TCP 连接。

-au：列出 UDP 连接。

-nr：列出路由表。

-s：显示每个协议的统计。

-c：每隔 1s 就重新显示一遍，直到用户中断它。

-t：显示 TCP 的连接情况。

-e：显示以太网统计。

-g：显示多重广播功能群组名单。

-i：显示网络界面信息表单。

-u：显示 UDP 的连接。

-l：显示监控中的服务器的 Socket。

-w：显示 RAW 传输协议的连接。

-n：直接使用 IP 地址。

-h：在线帮助。

例如，直接输入 netstat 命令查看本地主机与远程主机的连接状态，如图 9-9 所示。

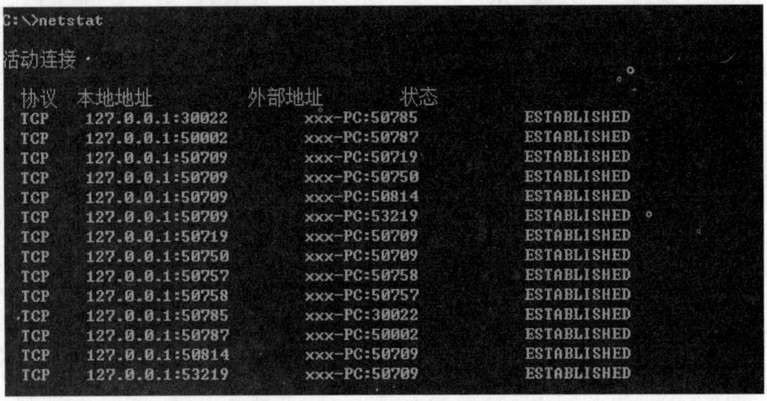

```
C:\>netstat

活动连接

  协议  本地地址              外部地址          状态
  TCP    127.0.0.1:30022        xxx-PC:50785           ESTABLISHED
  TCP    127.0.0.1:50002        xxx-PC:50787           ESTABLISHED
  TCP    127.0.0.1:50709        xxx-PC:50719           ESTABLISHED
  TCP    127.0.0.1:50709        xxx-PC:50750           ESTABLISHED
  TCP    127.0.0.1:50709        xxx-PC:50814           ESTABLISHED
  TCP    127.0.0.1:50709        xxx-PC:53219           ESTABLISHED
  TCP    127.0.0.1:50719        xxx-PC:50709           ESTABLISHED
  TCP    127.0.0.1:50750        xxx-PC:50709           ESTABLISHED
  TCP    127.0.0.1:50757        xxx-PC:50758           ESTABLISHED
  TCP    127.0.0.1:50758        xxx-PC:50757           ESTABLISHED
  TCP    127.0.0.1:50785        xxx-PC:30022           ESTABLISHED
  TCP    127.0.0.1:50787        xxx-PC:50002           ESTABLISHED
  TCP    127.0.0.1:50814        xxx-PC:50709           ESTABLISHED
  TCP    127.0.0.1:53219        xxx-PC:50709           ESTABLISHED
```

图 9-9　netstat 命令执行结果

还可以通过 netstat -r 命令查询与本机相连的路由器地址分配信息，如图 9-10 所示。

4. 路由表管理命令

路由表管理命令 route 用于查看并编辑计算机的 IP 路由表。路由器的工作是协调一个网络与另一个网络之间的通信。因此，一台路由器可以包含多个网卡，每一个网卡连接到不同的网段。当用户把一个数据包发送到本机以外的另一个的网段时，这个数据包将被发送到路由器。路由器将决定这个数据包应该转发给哪一个网段。即使这台路由器连接两个网段或者十几个网段也没有关系，收发的过程都是一样的，而且都是根据路由表进行的。

值得注意的是，在 Windows 中，路由表是 TCP/IP 协议栈的一个重要的部分。但是，路由表不是 Windows 操作系统向普通用户显示的东西。如果要看到这个路由表，必须在命令提示符对话框中输入 route print 命令。

route 命令的语法如下。

```
route [-f] [-p] [Command [Destination] [mask Sub netmask] [Gateway] [metric
Metric]] [if Interface]]
```

参数含义如下。

-f：清除所有不是主路由(子网掩码为 255.255.255.255 的路由)、环回网络路由(目标地址为 127.0.0.0，子网掩码为 255.255.255.0 的路由)或多播路由(目标地址为 224.0.0.0，子网掩

```
C:\>netstat -r

接口列表
 14...f8 f8 f8 f8 f8 f8 ......Sangfor UPN virtual network adapter
 11...9c 5c 8e 71 b5 91 ......Realtek PCIe GBE Family Controller
  1...........................Software Loopback Interface 1
 12...00 00 00 00 00 00 00 e0 Microsoft ISATAP Adapter
 13...00 00 00 00 00 00 00 e0 Teredo Tunneling Pseudo-Interface
 15...00 00 00 00 00 00 00 e0 Microsoft ISATAP Adapter #2


IPv4 路由表

活动路由:
网络目标        网络掩码          网关          接口    跃点数
      0.0.0.0          0.0.0.0      192.168.0.1   192.168.0.101     20
    127.0.0.0        255.0.0.0        在链路上        127.0.0.1    306
    127.0.0.1  255.255.255.255        在链路上        127.0.0.1    306
127.255.255.255 255.255.255.255       在链路上        127.0.0.1    306
  192.168.0.0    255.255.255.0        在链路上    192.168.0.101    276
192.168.0.101  255.255.255.255        在链路上    192.168.0.101    276
192.168.0.255  255.255.255.255        在链路上    192.168.0.101    276
    224.0.0.0        240.0.0.0        在链路上        127.0.0.1    306
    224.0.0.0        240.0.0.0        在链路上    192.168.0.101    276
255.255.255.255 255.255.255.255       在链路上        127.0.0.1    306
255.255.255.255 255.255.255.255       在链路上    192.168.0.101    276

永久路由:
  无

IPv6 路由表

活动路由:
 如果跃点数网络目标        网关
  1    306 ::1/128                     在链路上
 11    276 fe80::/64                   在链路上
 11    276 fe80::ec8a:c176:78d2:2674/128
                                       在链路上
  1    306 ff00::/8                    在链路上
 11    276 ff00::/8                    在链路上

永久路由:
```

图 9-10　netstat -r 命令执行结果

码为 240.0.0.0 的路由)的条目的路由表。

-p：与 add 命令共同使用时，指定路由被添加到注册表并在启动 TCP/IP 的时候初始化 IP 路由表。默认情况下，启动 TCP/IP 时不会保存添加的路由。与 print 命令一起使用时，则显示永久路由列表。所有其他的命令都忽略此参数。

Command：指定要运行的命令，包括

(1) add：添加路由。

(2) change：更改现存路由。

(3) delete：删除路由。

(4) print：打印路由。

Destination：目标地址。

mask Sub netmask：指定与网络目标地址相关联的子网掩码。

Gateway：指定超过由网络目标和子网掩码定义的可达到的地址集的前一个或下一个跃点 IP 地址。对于本地连接的子网路由，网关地址是分配给连接子网接口的 IP 地址。

metric Metric：为路由指定所需跃点数的整数值(范围是 1~9999)，它用来在路由表里的多个路由中选择与转发包中的目标地址最匹配的路由。所选的路由具有最少的跃点数。跃点数能够反映路径的长度、路径的速度、路径可靠性、路径吞吐量以及管理属性。

if Interface：指定目标可以到达的接口的接口索引。使用 route print 命令可以显示接口及其对应接口索引的列表。接口索引可以使用十进制或十六进制的值,十六进制值的前面要加上 0x。忽略 if 参数时,接口由网关地址确定。

图 9-11 显示了 route print 命令的执行结果。

```
C:\>route print
接口列表
14...f8 f8 f8 f8 f8 f8 ......Sangfor UPN virtual network adapter
11...9c 5c 8e 71 b5 91 ......Realtek PCIe GBE Family Controller
 1...........................Software Loopback Interface 1
12...00 00 00 00 00 00 00 e0 Microsoft ISATAP Adapter
13...00 00 00 00 00 00 00 e0 Teredo Tunneling Pseudo-Interface
15...00 00 00 00 00 00 00 e0 Microsoft ISATAP Adapter #2
===========================================================================

IPv4 路由表
===========================================================================
活动路由:
网络目标          网络掩码            网关           接口       跃点数
       0.0.0.0          0.0.0.0     192.168.0.1   192.168.0.101      20
     127.0.0.0        255.0.0.0        在链路上        127.0.0.1     306
     127.0.0.1  255.255.255.255        在链路上        127.0.0.1     306
127.255.255.255  255.255.255.255        在链路上        127.0.0.1     306
   192.168.0.0    255.255.255.0        在链路上    192.168.0.101     276
 192.168.0.101  255.255.255.255        在链路上    192.168.0.101     276
 192.168.0.255  255.255.255.255        在链路上    192.168.0.101     276
     224.0.0.0        240.0.0.0        在链路上        127.0.0.1     306
     224.0.0.0        240.0.0.0        在链路上    192.168.0.101     276
255.255.255.255  255.255.255.255        在链路上        127.0.0.1     306
255.255.255.255  255.255.255.255        在链路上    192.168.0.101     276
===========================================================================
永久路由:
无
```

图 9-11　route 命令执行结果

从图 9-11 可以看出,在"网络目标"中列出了路由器连接的所有网段。

5. 路由表分析诊断命令

当数据报从源计算机经过多个网关传送到目的地时,tracert 命令可以用来跟踪数据报使用的路由(路径)。该实用程序跟踪的路径是源计算机到目的地的一条路径,不能保证或认为数据报总遵循这个路径。如果配置使用 DNS,那么常常会从应答中得到城市、地址和常见通信公司的名字。tracert 是一个运行得比较慢的命令(如果指定的目标地址比较远),每个路由器大约需要 15s。

tracert 的使用很简单,只需要在 tracert 后面跟一个 IP 地址或 URL,tracert 就会进行相应的域名转换。tracert 一般用来检测故障的位置,可以用 tracert IP 确定在哪个环节上出了问题,虽然它不能确定是什么问题,但能够确定出现问题的位置。

tracert 将包含不同生存时间(TTL)值的 Internet 控制消息协议(ICMP)回显数据包发送到目标,以决定到达目标采用的路由。TTL 字段由 IP 数据包的发送者设置,在 IP 数据包从源到目的的整个转发路径上,每经过一个路由器,路由器都会修改这个 TTL 字段值,具体的做法是把该 TTL 的值减 1,然后再将 IP 包转发出去,所以 TTL 是有效的跃点计数。数据包上的 TTL 为 0 时,路由器应该将"ICMP 已超时"的消息发送回源系统。tracert 先发送 TTL 为 1 的回显数据包,并在随后的每次发送过程中将 TTL 递增 1,直到目标响应或 TTL 达到最大值为止,即可确定路由。源系统通过检查中级路由器发送回的"ICMP 已超时"的消息来确定路由。不过,有些路由器悄悄地下传包含过期 TTL 值的数据包,而 tracert 无法发现这一情况。

tracert 命令的语法格式如下。

```
tracert [-d] [-h Maximum_hops] [-j Host_list] [-w Timeout] [-r] [-s Srcaddr] [-4|
-6] Target_name
```

参数含义如下。

-d：不将地址解析成主机名。

-h Maximum_hops：搜索目标的最大跃点数。

-j Host-list：与主机列表一起的松散源路由(仅适用于 IPv4)。

-w Timeout：等待每个回复的超时时间(以毫秒为单位)。

-r：跟踪往返行程路径(仅适用于 IPv6)。

-s Srcaddr：要使用的源地址(仅适用于 IPv6)。

-4：强制使用 IPv4。

-6：强制使用 IPv6。

Target_name：可以使域名或 IP 地址

例如，执行 tracert www.163.com 命令，结果如图 9-12 所示。

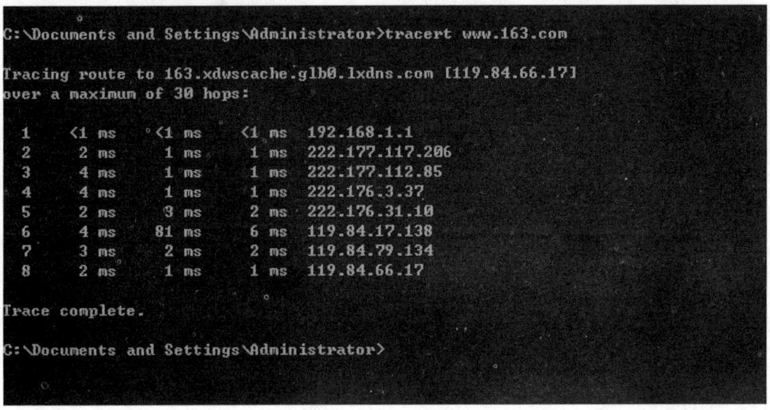

图 9-12　tracert 命令执行结果

从图 9-12 可发现，到达 www.163.com 需要经过 8 个跃点。最大的跃点数不超过 30。

tracert 是跟踪数据包到达目的主机的路径的命令。如果使用 ping 命令时发现网络不通，可以使用 tracert 命令确定数据包到达哪一级时发生故障。例如，输入 tracert www.123.com 命令，显示信息如图 9-13 所示。

该命令解析出站点 www.123.com 的主机 IP 地址 200.72.1.120，最大跃点数为 30，从 195.22.221.42 到上一级路由器时发生了故障，导致连接不了在线站点。

6. 路由跟踪命令

pathping 是一个基于 TCP/IP 的路由跟踪工具，该命令结合了 ping 和 tracert 命令的功能，返回两部分内容，反映出数据包从源主机到目标主机所经过的路径、网络延时以及丢包率。由于 pathping 命令能提供有关在源和目标之间的中间跃点处网络延时和数据包丢失的信息，用户可据此确定存在网络问题的路由器或子网。

pathping 命令的语法如下。

```
pathping [-n] [-h Maximum_hops] [-g Host_list] [-p Period] [-q Num-queries [-w
Timeout] [-i IP_address] [-4|-6][Target_name]
```

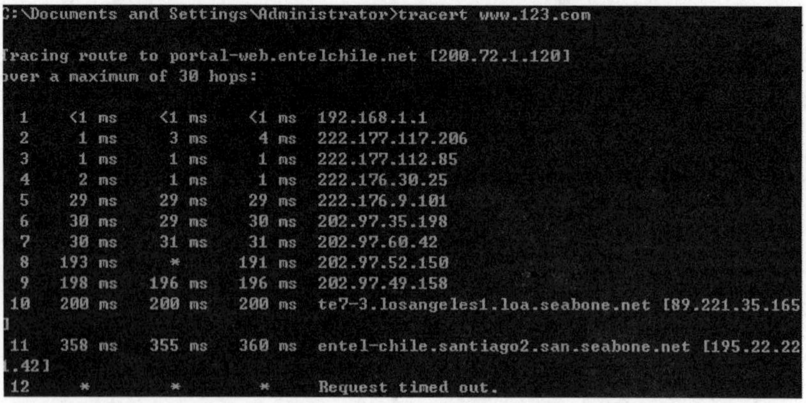

```
C:\Documents and Settings\Administrator>tracert www.123.com

Tracing route to portal-web.entelchile.net [200.72.1.120]
over a maximum of 30 hops:

  1    <1 ms    <1 ms    <1 ms  192.168.1.1
  2     1 ms     3 ms     4 ms  222.177.117.206
  3     1 ms     1 ms     1 ms  222.177.112.85
  4     2 ms     1 ms     1 ms  222.176.30.25
  5    29 ms    29 ms    29 ms  222.176.9.101
  6    30 ms    29 ms    30 ms  202.97.35.198
  7    30 ms    31 ms    31 ms  202.97.60.42
  8   193 ms     *      191 ms  202.97.52.150
  9   198 ms   196 ms   196 ms  202.97.49.158
 10   200 ms   200 ms   200 ms  te7-3.losangeles1.loa.seabone.net [89.221.35.165
]
 11   358 ms   355 ms   360 ms  entel-chile.santiago2.san.seabone.net [195.22.22
1.42]
 12     *        *        *     Request timed out.
```

图 9-13　tracert www.123.com 命令执行结果

参数含义如下。

-n：阻止 pathping 试图将中间路由器的 IP 地址解析为各自的名称。这有可能加快 pathping 的结果显示。

-h Maximum_hops：指定搜索目标的路径中的最大跃点数。默认值为 30 个跃点。

-g Host_list：指定响应请求消息利用 Host_list 中指定的中间目标集在 IP 数据包头中使用稀疏来源路由选项。

-p Period：指定两个连续的 ping 之间的时间间隔(以毫秒为单位)。默认值为 250ms (1/4s)。

-q Num_queries：指定发送到路径中每个路由器的响应请求消息数。默认值为 100。

-w Timeout：指定等待每个响应的时间(以毫秒为单位)。默认值为 3000ms(3s)。

-i IP_address：指定源地址。

-4：强制使用 IPv4。

-6：强制使用 IPv6。

Target_name：指定目的端，它既可以是 IP 地址，也可以是主机名。

例如，执行 pathping www.163.com 命令，显示如图 9-14 和图 9-15 所示。

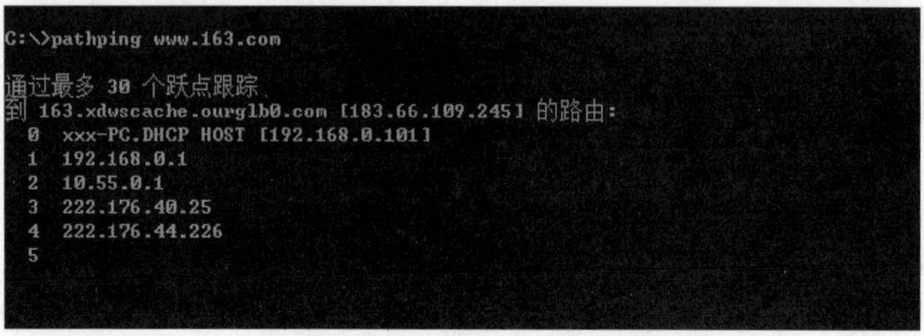

```
C:\>pathping www.163.com

通过最多 30 个跃点跟踪
到 163.xdwscache.ourglb0.com [183.66.109.245] 的路由:
  0  xxx-PC.DHCP HOST [192.168.0.101]
  1  192.168.0.1
  2  10.55.0.1
  3  222.176.40.25
  4  222.176.44.226
  5
```

图 9-14　pathping www.163.com 命令执行结果的第一部分

从图 9-14 和图 9-15 可以看出，该命令的执行结果返回两部分内容，第一部分显示到达目的地经过的路由，第二部分显示了路径中每个路由器上的网络延时以及数据包丢失的情况。

值得注意的是，如果测试至某一节点时网络超时，会中断测试过程。

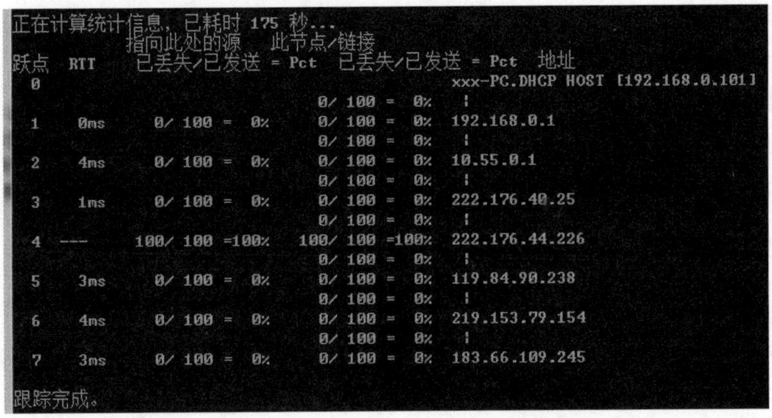

图 9-15　pathping www.163.com 命令执行结果的第二部分

9.3　局域网常见的网络故障诊断与排除

9.3.1　局域网常见故障及解决方法

1. 故障表现

局域网常见故障表现如下。

（1）计算机无法登录到服务器。

（2）计算机无法通过局域网接入因特网。

（3）计算机在"网上邻居"中只能看到自己，而看不到其他计算机，从而无法使用其他计算机上的共享资源和共享打印机。

（4）计算机无法在网络内访问其他计算机上的资源。

（5）计算机在"网上邻居"中能看到自己和其他成员，但无法访问其他计算机。

（6）计算机打开网页速度过于缓慢。

（7）计算机无法访问任何其他设备。

2. 故障原因

局域网常见故障原因如下。

（1）网卡未安装，或未安装正确，或与其他设备有冲突。

（2）网卡驱动程序未安装好。

（3）网卡出现硬件故障。

（4）网络协议未安装。

（5）IP 地址设置错误。

（6）网线、信息模块故障。

（7）计算机或服务器配置不当。

（8）交换机或路由器安装不当。

3. 解决方法

局域网常见故障解决方法如下。

（1）重新安装网卡。

（2）更换新的网卡或网线。

（3）重新安装 TCP/IP。

（4）重新设置 IP 地址。

（5）重新安装网络信息模块。

（6）重新配置服务器。

9.3.2 局域网故障综合案例

1. 计算机经常掉线或无法登录网络

某学校新建一个机房,内有 50 台计算机,配备了专用的机房,放置交换机和服务器。结果发现计算机调试时经常掉线或者无法登录网络。

故障分析:用 ping 命令检查时,发现严重丢包和超时。网络全部用测线仪测试,一切正常。检查发现从交换机到工作主机的距离太长,为 100m,超出了双绞线的传输距离。其原因是:在施工时只为了追求快速完成,忽视了网线传输距离的极限。

解决方法:将交换机的位置重新安置,距离工作主机为 50m 以内,经测试计算机再无掉线情况,运行恢复正常。

2. IP 地址与地址串发生冲突

某公司新建一个机房,内有 50 台计算机,所有计算机的 IP 地址在网络中都是唯一的,但是总有两台在启动时出现 IP 地址与地址串冲突的问题。更改 IP 地址后问题依旧,而且在冲突时,只有一台计算机可以上网。

故障分析:用软件扫描整个网络段,结果发现这两台计算机的网卡的 MAC 地址是完全相同的。MAC 地址冲突也会造成网络中断,问题就出在网卡上面。

解决方法:更换网卡,问题解决,计算机可以正常上网。

3. 网线接触不良故障

某网络系统中有一台计算机,运行本机的程序十分正常,可是一旦数据传输量大就会死机。

故障分析:用 ping 命令检查本机及其他计算机的 IP 地址,都是连通的,在"网上邻居"中,本机能看到别的计算机,别的计算机也能看到本机。由此判断网络没有问题,有可能是网卡或者网线出现了问题。

解决方法:更换了本机的网线,问题解决了。对更换下来的网线进行测试,发现该网线接触不良。当数据传输量小时,可以传输数据;当数据传输量增大时,因网线接触不良,就会出现数据堵塞的情况,从而造成死机。

4. 病毒感染导致无法打开网页

某网络系统中有一台计算机,每次打开 IE 时,IE 界面都会提示"正在打开网页",但很长时间没有响应。

故障分析:在任务管理器里查看进程,发现 CPU 的使用率是 100%,可以肯定这台计算机感染了病毒。

解决方法:使用杀毒软件进行杀毒。在彻底清除了病毒以后,这台计算机又可以正常上网了。

5. 在局域网中不能相互访问

某网络系统中有一台计算机,从"网上邻居"中可以看到其他计算机,但是不能读取其他计算机中的数据。

　　故障分析：有可能是没有设置局域网中的资源共享，导致无法访问其他计算机。

　　解决方法：选择"网络"→"配置"，添加"文件与打印机共享"组件。组件安装成功后，即可读取其他计算机中的数据。

9.4　本章小结

　　网络故障是指网络因为某些原因而不能正常、有效地工作，或者网络连接出现中断。网络很复杂，牵涉很多方面，硬件问题、软件漏洞、病毒入侵等都可以引起网络故障。

　　检测局域网中的网络故障时，应当遵循"先硬后软"的原则，从硬件入手，检测完硬件再检测软件，最终找出故障并实施排除。

　　检测局域网故障时，应利用相应的工具，并结合常见命令来测试网络连通状况。

9.5　实训

1. 实训目的

了解计算机网络发生故障的原因，能使用工具和命令排除网络故障。

2. 实训内容

当某台计算机不能正常上网时，可以按照以下步骤检测。

（1）打开"网络和共享中心"，查看网络连接是否正常，如果网络没有正常连接，则应当检查是否有设备故障或者网线故障，如图 9-16 所示。

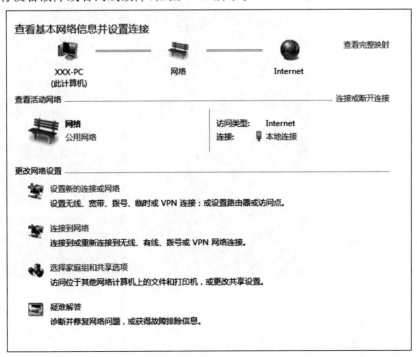

图 9-16　查看网络连接情况

(2) 在"设备管理器"中查看网卡驱动程序是否正常工作。如果网卡不能正常工作,则应当重新安装驱动程序,如图 9-17 和图 9-18 所示。

图 9-17　在"设备管理器"中选择网卡

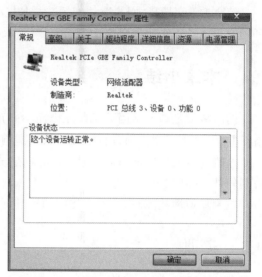

图 9-18　查看网卡驱动程序是否正常工作

(3) 检查网线制作与连接是否正确,是否有破损现象,如图 9-19 所示。

(4) 执行 ping 命令检测该计算机到网关是否连通,若不能连通,则有可能是 IP 地址设置问题或者路由器设置问题,应当重新设置设备的 IP 地址或者路由地址,如图 9-20 所示。

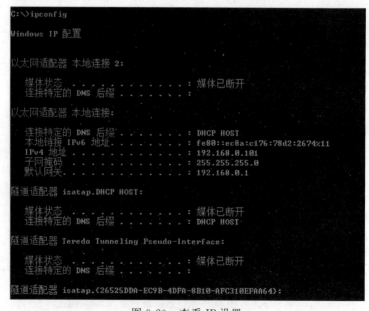

图 9-19　检查网线

图 9-20　查看 IP 设置

(5) 如果上网过程中出现问题,也可以借助网络命令查看该网络的路由是否出现问题,如图 9-21 所示。

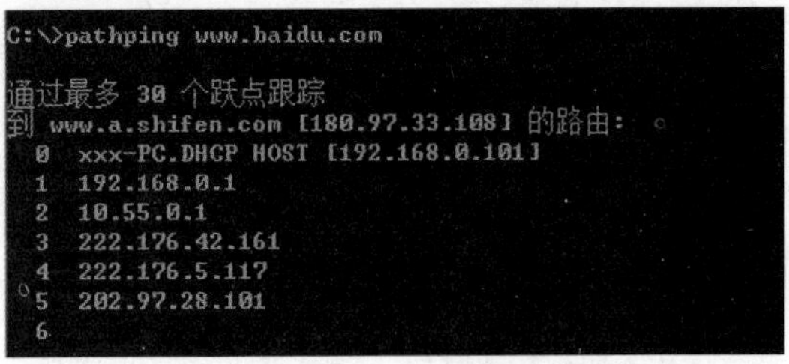

图 9-21　追踪路由

习题 9

1. 计算机网络故障产生的原因有哪些？
2. 简述计算机网络故障检测的步骤。
3. 简述计算机网络故障检测的主要命令。
4. 局域网的常见故障有哪些？

参 考 文 献

[1] 朱迅.计算机网络基础[M].北京：机械工业出版社,2017.

[2] 米应凯.计算机网络基础与实训[M].北京：电子工业出版社,2010.

[3] 王巧莲.计算机网络基础与实训[M].北京：科学出版社,2010.

[4] 胡奇峰.SEO搜索引擎优化从入门到精通[M].广州：广东经济出版社,2015.

[5] 龚娟.计算机网络基础[M].3版.北京：人民邮电出版社,2017.

[6] 汪双顶.计算机网络基础[M].北京：人民邮电出版社,2017.

图书资源支持

感谢您一直以来对清华版图书的支持和爱护。为了配合本书的使用，本书提供配套的资源，有需求的读者请扫描下方的"书圈"微信公众号二维码，在图书专区下载，也可以拨打电话或发送电子邮件咨询。

如果您在使用本书的过程中遇到了什么问题，或者有相关图书出版计划，也请您发邮件告诉我们，以便我们更好地为您服务。

我们的联系方式：

地　　址：北京市海淀区双清路学研大厦 A 座 714

邮　　编：100084

电　　话：010-83470236　　010-83470237

客服邮箱：2301891038@qq.com

QQ：2301891038（请写明您的单位和姓名）

资源下载：关注公众号"书圈"下载配套资源。

资源下载、样书申请

书圈

图书案例

清华计算机学堂

观看课程直播